圖 1.5 IBM 公司使用 LPE 成長之 GaP LED，並從鋅和氧摻雜形成的 p-n 接面區域發出「鮮豔的紅光（brilliant red light）」。

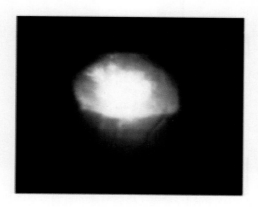

圖 1.6 1972 年 Maruska 使用高阻值的 GaN 結構，讓電子電洞對複合激發藍光，其中 GaN 使用矽和鎂摻雜。

圖 1.7　日亞公司所發表的 GaInN/GaN 藍光二極體陣列。

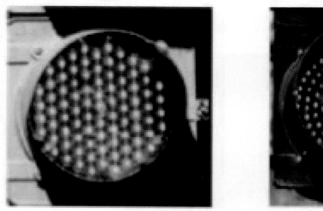

圖 1.8　GaInN/GaN 的綠光發光二極體普遍的應用於交通號誌指示燈。

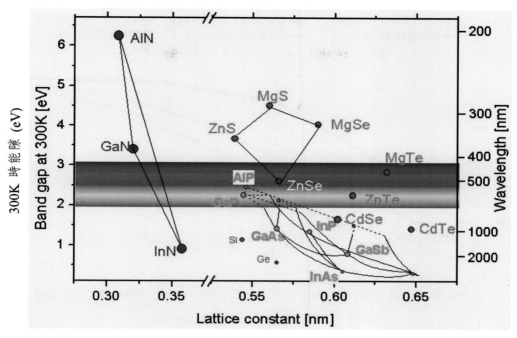

圖 1.10　即為常用之磊晶材料晶格常數與波長之關係圖。

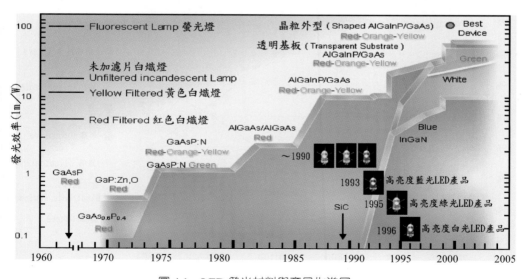

圖 4.1　LED 發光材料與產品化進展。

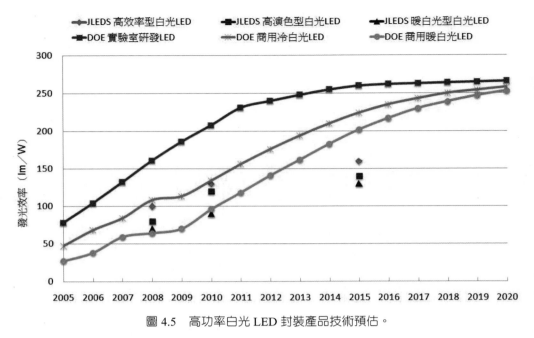

圖 4.5 高功率白光 LED 封裝產品技術預估。

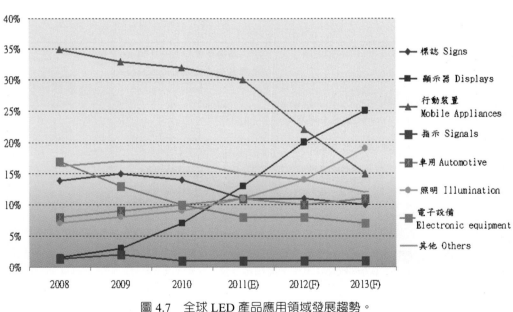

圖 4.7 全球 LED 產品應用領域發展趨勢。

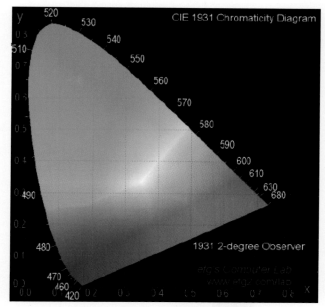

圖 10.19　1931 CIE-XYZ 色度圖。

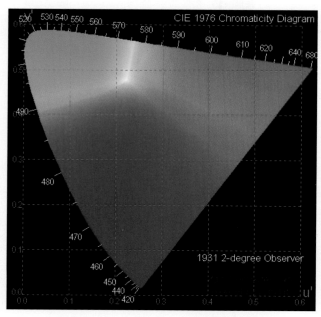

圖 10.21　1960 CIE-UCS 色座標圖。

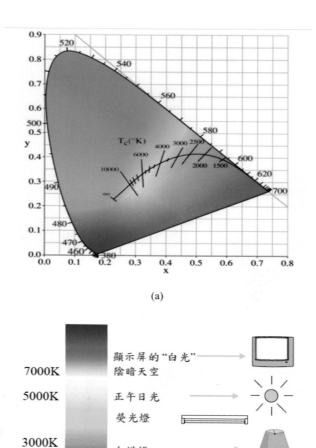

(a)

(b)

圖10.23 (a) 色溫對應之顏色 (b) 色溫對應日常生活中之光源

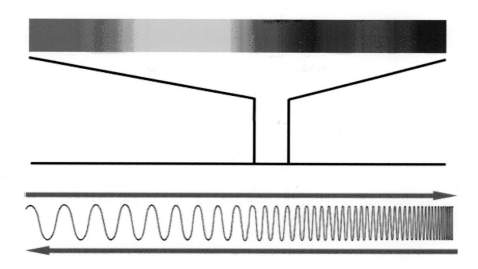

圖 11.4　可見光涵蓋範圍。

資料來源：http://www.lcse.umn.edu/。

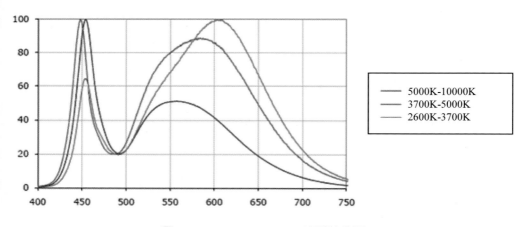

圖 11.5　CREE XR-E LED 光譜特性圖

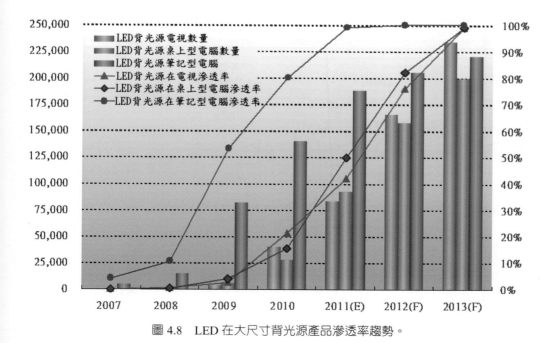

圖 4.8　LED 在大尺寸背光源產品滲透率趨勢。

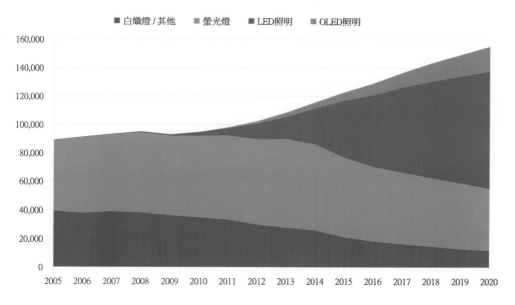

圖 4.9　全球照明技術之市場趨勢情境推估。

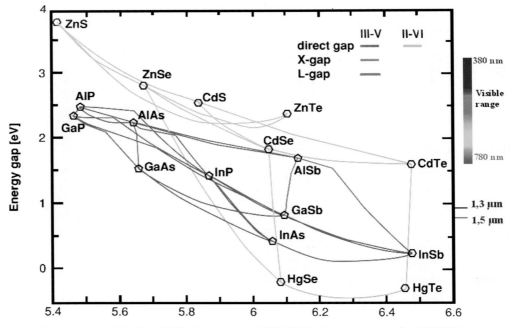

圖 5.1　III-V 族元素之能隙（bandgap）與晶格常數（lattice constant）之關係圖。

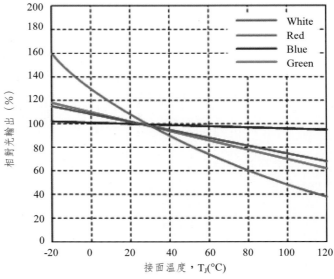

圖 6.1　(c) LED 之光輸出與溫度之關係。

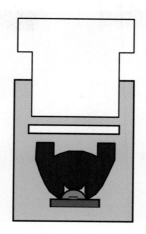

圖 7.1　LED 結構與相關光學議題的位置圖（紅色一次光學、綠色二次光學、藍色三次光學）。

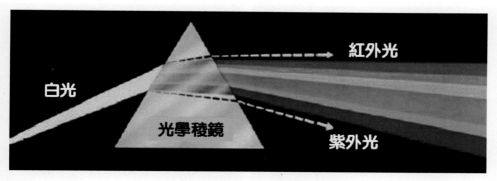

圖 7.5　光透過稜鏡所呈現的連續光譜。

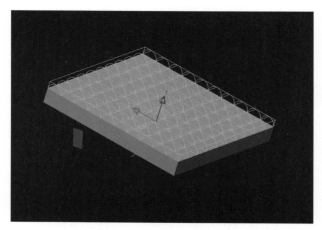

圖 7.7　LED 晶片表面微結構的模擬議題（此為 LightTool 軟體的 Texture 功能）。

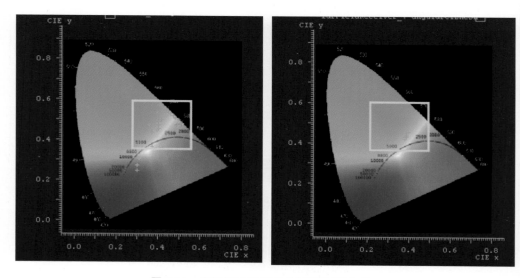

圖 7.11　光線數增加時色座標應該要收斂。

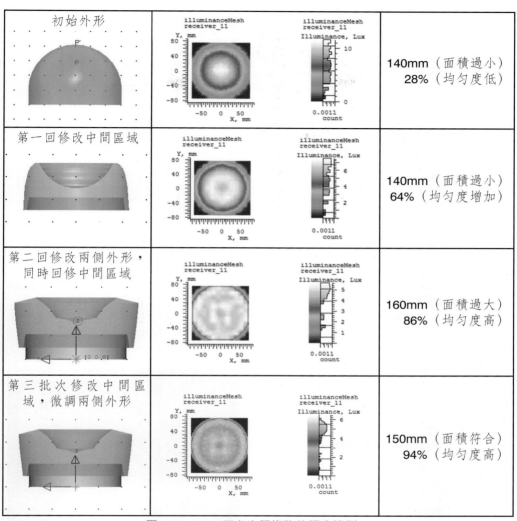

初始外形	illuminanceMesh receiver_11 / illuminanceMesh receiver_11	140mm（面積過小） 28%（均勻度低）
第一回修改中間區域	illuminanceMesh receiver_11 / illuminanceMesh receiver_11	140mm（面積過小） 64%（均勻度增加）
第二回修改兩側外形，同時回修中間區域	illuminanceMesh receiver_11 / illuminanceMesh receiver_11	160mm（面積過大） 86%（均勻度高）
第三批次修改中間區域，微調兩側外形	illuminanceMesh receiver_11 / illuminanceMesh receiver_11	150mm（面積符合） 94%（均勻度高）

圖 7.22　LED 二次光學修改的程序範例。

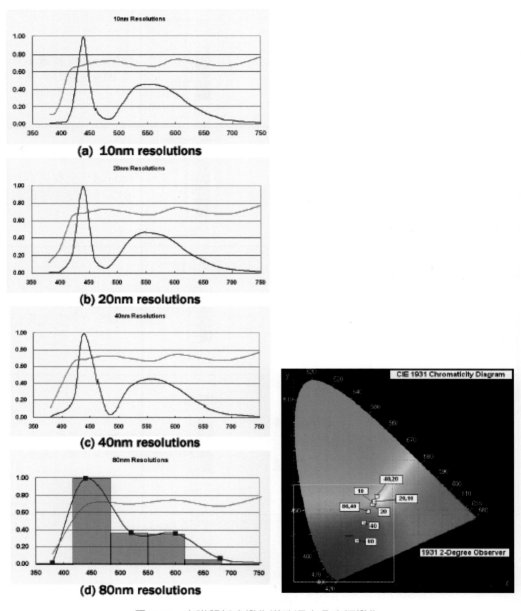

圖 7.27　光譜解析度變化導致混光色座標變化。

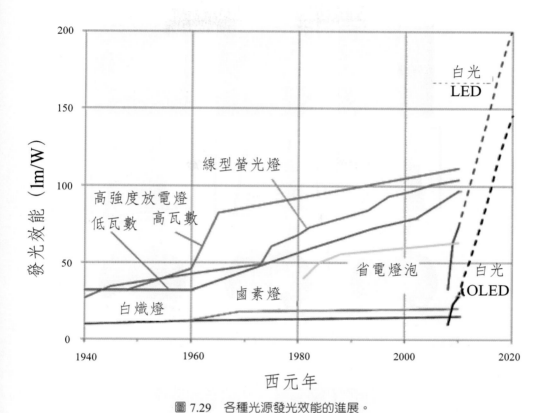

圖 7.29　各種光源發光效能的進展。

資料來源：Navigant Consulting, Inc - Updated Lumileds' chart with data from product catalogues and press releases.

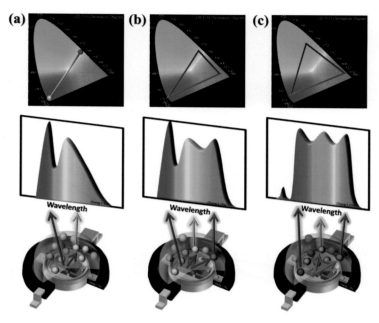

圖 8.1　單晶片型白光發光二極體 (a) 藍光晶片加黃色螢光粉 (b) 藍光。

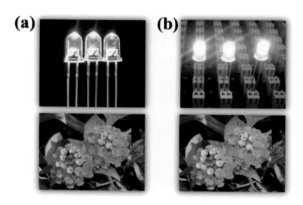

圖 8.2　LED 照片與其照射物之差異 (a) 藍光LED加黃色螢光粉（演色性約 75）(b)藍光 LED 加黃色與紅色螢光粉（演色性約 85）

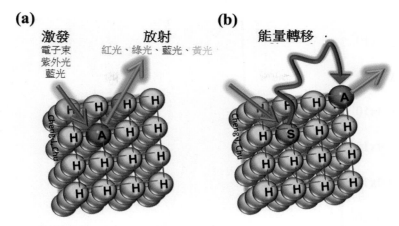

圖 8.4　螢光粉結構示意圖 (a) 主體晶格（黃色圓球; H）與活化劑（紅色圓球; A）示意圖；(b)
　　　　增感劑（綠色圓球; S）扮演能量傳遞之角色。

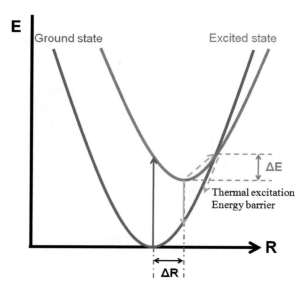

圖 8.11　基態與激發態能階之結構座標圖。

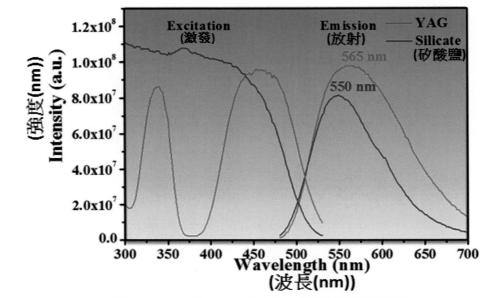

圖 8.16　YAG 與 Silicate 螢光粉之光激發與放射光譜圖。

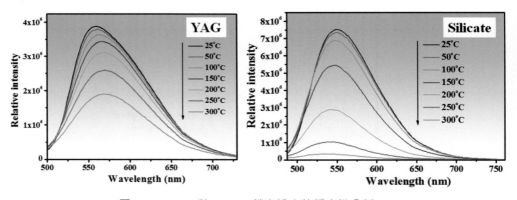

圖 8.17　YAG 與 Silicate 螢光粉之熱穩定性分析。

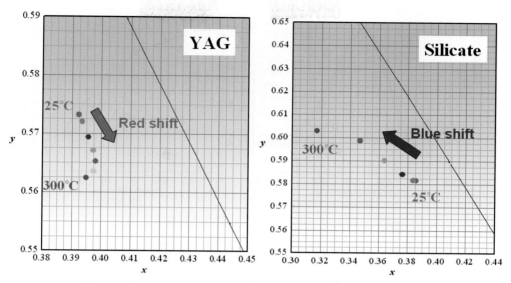

圖 8.18　隨溫度變化之放射波長位置改變於色度座標圖之呈現。

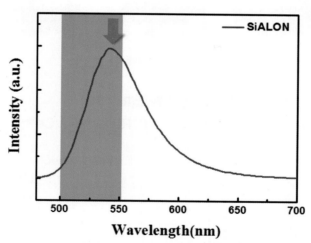

圖 8.21　β-sialon 之放射光譜圖。

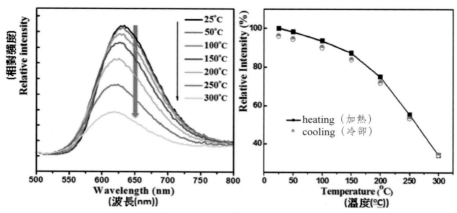

圖 8.25　$Sr_2Si_5N_8:Eu^{2+}$ 之熱特性現象。

演色性(CRI)

圖 8.29　演色性優劣差異之示意圖。

(YAG:Ce³⁺演色性較低(Ra < 80))

Poor Color Rendering Index (CRI) for YAG:Ce³⁺
Ra < 80

because of weak emission in red spectral region
(因紅色光譜區域放射強度較弱)

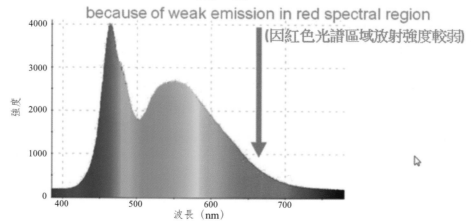

圖 8.30　藍光 LED 晶片與黃色螢光粉之缺點示意圖。

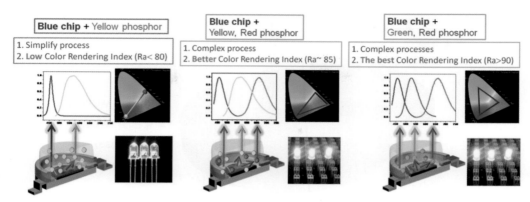

圖 8.31　用於 LED 照明之三大類配製方式。

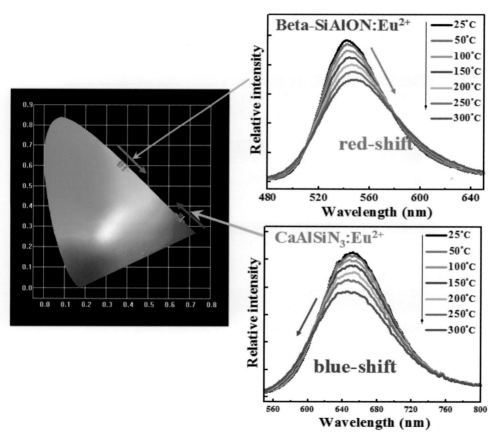

圖 8.32　紅色與綠色螢光粉之熱淬熄效應及色偏現象。

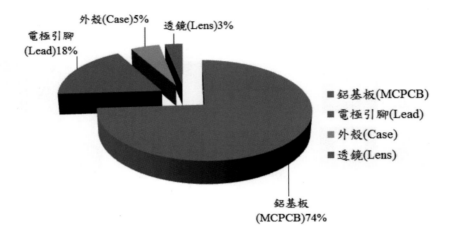

圖 9.2　LED 各部位散熱比例。

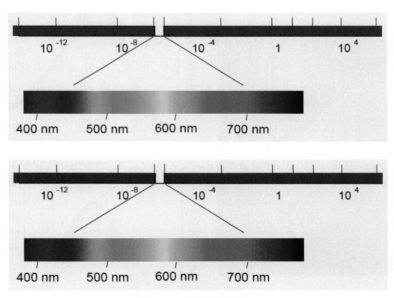

圖 10.1　光譜分佈圖。

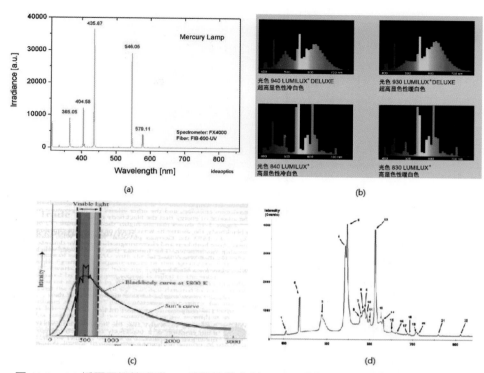

圖 10.2 　(a) 低壓汞燈線光譜 (b) 節能燈帶光譜 (c) 太陽連續光譜 (d) 螢光燈混合光譜。

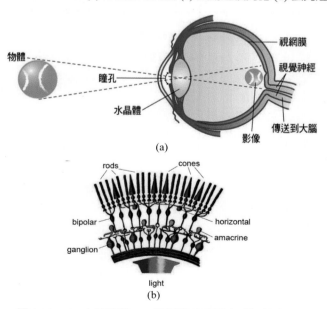

圖 10.3 　(a) 人眼構造 (b) 視網膜上兩種光感知細胞。

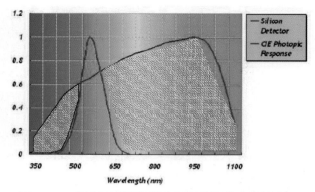

圖 10.12　視效函數濾片與人眼視效函數光譜差異。

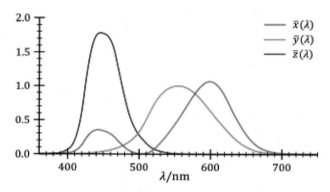

圖 10.18　CIE 1931 標準色度觀察者光譜三刺激值函數。

LED
工程師基礎概念與應用

Fundamental and Applications of LED Engineers

附贈LED專業人才能力鑑定試題

中華民國光電學會 編著

召集人 李正中
總編輯 蘇炎坤
編　審 孫慶成
作　者 洪瑞華　陳建宇　賴芳儀　呂紹旭　吳孟奇　黃麒甄　梁從主
　　　　歐崇仁　林俊良　劉如熹　黃琬瑜　朱紹舒　郭文凱　謝其昌

五南圖書出版公司 印行

序

　　節能與環保已是全人類的共識，這使得 LED 逐漸在取代鎢絲燈泡及各類螢光燈，成為新照明的光源。因此 LED 燈源及其照明相關產品已成為一項新興產業，預期產業界將需要大量與 LED 照明相關的工程師。有鑑於此，經濟部工業局委託工研院產業學院與中華民國光電學會，擬定 LED 工程師能力鑑定制度，並辦理 LED 工程師基礎能力鑑定及 LED 照明工程師能力鑑定，期望我國的 LED 產業能領先全世界。

　　要通過鑑定考試需要對 LED 的諸多相關事項有充分的瞭解，這些 LED 的相關資料在坊間書籍與雜誌都可以找到，只是要購買多種書本與雜誌。為節省參加鑑定考試者搜尋資料的時間，中華民國光電學會與工研院產業學院商議，邀請學者專家寫一本 LED 工程師所應瞭解的有關 LED 之知識，集結成冊，全書共分 11 章，涵蓋產業概況、國際照明規範、LED 的學理與製作技術、成品之光電特性等等，讓參加鑑定考試者有所依循之參考資料。

　　本書之完成除了要感謝書寫各章節的學者專家、總編輯與編審委員，也要感謝工研院產業學院、電力公會 LED 與照明委員會葉寅夫召集人、LED 專業人才能力鑑定推動委員會李秉傑主任委員、光電科技工業協進會（PIDA）馬松亞執行長等諸位同仁與本學會秘書黃耀田的協助。

中華民國光電學會　理事長　**李正中**　謹誌

二〇一二年四月

目　錄

序

第一章　發光二極體產業概論　❚洪瑞華

第二章　LED 照明應用　▍陳建宇

第三章　LED 國際照明規範常識　❚賴芳儀

第四章　LED 產品發展趨勢　❚呂紹旭

第五章　光電半導體元件　❚吳孟奇　黃麒甄

第十一章　LED 光學特性　❙謝其昌

發光二極體產業概論

作者　洪瑞華

1. 發光二極體（Light-Emitting Diode, LED）發展歷史

1.1　碳化矽（SiC）發光二極體發展歷史

　　於 20 世紀初期，即發現與報導固態物質碳化矽（SiC）晶體經由外加電力而發光，此一現象稱為電致發光；第一顆發光二極體（LED）亦因此而誕生。但在當時，由於材料特性控制不易，因此發光過程難以理解，且此一 SiC 晶體在當時是用來做砂紙研磨的材料。

　　西元 1907 年由 Henry Joseph Round 首位發現 LEDs 並公開刊載於期刊上；Round 是一位無線電工程師同時也是位有豐富創造力的發明家，在其職業生涯結束時，他手上持有 117 件專利。此真正第一顆發光的元件具有整流的電流-電壓特性，因此這首顆元件即稱為發光二極體或縮寫為 LEDs。藉由電極與碳化矽晶體接觸後，使接面形成具有整流功能的蕭特基接觸而產生發光的現象。蕭特基二極體通常是多數載子導通的元件，然而，少數載子亦可以在強順向偏壓或是逆向偏壓產生倍增崩潰效應條件下產生出來。

　　蕭特基二極體順向偏壓的發光機制如圖 1.1 所示，圖 1.1 分別顯示(a)為平衡條件下，(b)一般順向偏壓條件下以及(c)強順向偏壓條件下之金屬與半導體接面能帶圖。此半導體假設為一個 n 型傳導的半導體。在強順向偏壓的條件下，少數載子會經由穿遂效應（tunning effect）通過表面能障而入射到半導體。當少數載子與 n 型多數載子複合之後，光立即放射出來。在蕭特基二極體中，施加於少數載子的電壓高過一般傳統 p-n 接面的發光二極體所需的電壓。Round 於 1907 年發表第一顆發光二極體其操作電壓範圍介於 10 伏特到 110 伏特之間。

　　當蕭特基二極體操作在逆向偏壓時，由於半導體中的高能量撞擊游離原子而發生崩潰效應，光也能在此情況下產生出來。在此過程中，電洞與電子分別在價帶（valence band）以及傳導帶（conduction band）產生，最終彼此複合而發光。

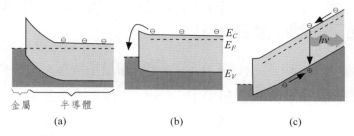

圖 1.1　蕭特基二極體的能帶圖，分別操作在(a)平衡狀態下，(b)順向偏壓下和(c)強順向偏壓下。當在強順向偏壓條件下，少數載子入射可能會發生近能隙光發射現象。

　　1928 年，Lossev 詳細研究並發表了在碳化矽金屬-半導體整流器所觀察到的發光現象。這些整流器主要應用於固態調變射頻電路上，然而在射頻電路上並沒有使用真空管。Lossev 發現某些二極體當順向偏壓時會有發光的現象，而某些二極體則是在順向和逆向偏壓時均會發生發光現象。這使得 Lossev 對發光現象的物理起因感到疑惑。他將液態苯滴一小滴到發光的樣品表面，測試其蒸發的速率來研究光是否由熱發光所導致。然而他發現液態苯蒸發的速率非常緩慢，因此 Lossev 得到正確的結論為發光現象不是由熱發光所引發的。於是他假定發光的過程與冷電子放電過程非常相似。Lossev 也發現到光線能快速的在開與關之間做切換，使得此元件適合做為他所稱的光繼電器。若需要清楚瞭解 1960 年前發光二極體的歷史，可回顧 Loebner 於 1976 年所發表的文章。

　　在 1960 年之後，碳化矽薄膜透過更周詳及仔細的製程來製作（Violin 等人，1969 年），因而製作出 p-n 接面元件，甚至製作出發藍光的發光二極體。但此時藍光 LED 電光轉換效率只有 0.005%（Potter 等人，1969 年）。在往後的十年間，因 SiC 是一個間接能隙材料，造成 SiC 藍光 LED 在發展上並沒有太大的進展。雖然在 1990 年代初期，SiC 藍光 LED 已經有許多商品在銷售，但始終受限本身材料特性，使其沒辦法成為具有競爭力的產品。到最後，最好的 SiC LED 雖可發出波長為 470 nm 的藍光，但其電光轉換效率僅有 0.03%（Edmond 等人，1993 年）。因此 SiC 這個最早的 LED 材料，沒有辦法與後來使用 III-V 族半導體材料製作的 LED 來競爭。

1.2 砷化鎵（GaAs）和砷化鋁鎵（AlGaAs）紅外光和紅光發光二極體的發展歷史

在 1950 年代以前，碳化矽與 II-VI 族半導體已是廣為人知的材料。這兩種材料皆存在於自然界。最早的 LED 使用 SiC 材料，另外在 1936 年 Destriauz 發表使用硫化鋅（ZnS）材料來製作 LED。

III-V 化合物半導體開始於 1950 年代初期，在當時化合物半導體材料的種類由 Welker（1952 年，1953 年）推論並證明。在 1950 年之前，III-V 化合物半導體種類是一直是未知的物質，因為化合物半導體並不會自然生成。新穎的人造 III-V 化合物被證實是可行的，而且對現代 LED 技術有相當大的幫助。

III-V 化合物 GaAs 塊材（bulk）的成長開始於 1954 年。在 1950 年代中期，大塊 GaAs 晶棒從熔化狀態下被拉出來。將單晶棒經過切片及研磨拋光後形成基板，此基板可以經由氣相磊晶（vapor phase epitaxy, VPE）與液相磊晶（liquid phase epitaxy, LPE）來成長 p-n 接面二極體結構。第一個以 GaAs 化合物材料製作的紅外光（波長為 870～980 nm）LED 與雷射由數個機構 RCA、GE、IBM 以及 MIT 合作完成並發表。（Pankove 與 Berkeyheiser，1962 年；Pankove 與 Massoulie，1962 年；Hall 等人，1962 年；Nathan 等人；1962 年；Quist 等人，1962 年）。

IBM Thomas J. Watson 研究中心位於紐約市往北約一小時車程的 Yorktown Heights 內，研究中心從 1960 年初期開始即一直持續研究砷化鎵和砷化鋁鎵／砷化鎵元件。IBM 研究團隊包含 Jerry Woodall、Hans Rupprecht、Manfred Pilkuhn、Marshall Nathan 等知名研究人員。

Woodall（2000 年）回顧他工作研究的重點在成長砷化鎵的塊材晶體，以製作半絕緣砷化鎵基板，此半絕緣基板是提供給鍺（Ge）元件磊晶之用。另外研究重點還有 n 型砷化鎵基板透過使用鋅擴散方式來製作注入式雷射（injection laser）。當時，以砷化鎵為基板的注入式雷射在 IBM、GE 以及 MIT 內的林肯實驗室已驗證成功。Rupprecht 的興趣在雜質擴散理論與實驗

上，以及新發現注入式雷射的實驗性研究。Rupprecht 與 Marshall Nathan 共同主持雷射元件物理組，而且他們也是第一個注入式雷射的共同發明人（Nathan 等人，1962 年）。隨著 Woodall 發展出最先進的水平式 Bridgman 法成長砷化鎵晶體，Rupprecht 也運用此砷化鎵材料製作出雷射並描述其特性。這共同研究很快就有成果，製作出可在溫度 77K 下以連續波（cw）模式操作的砷化鎵雷射（Rupprecht 等人，1963 年）。後來他們知道 Herb Nelson 在普林斯頓的 RCA 實驗室開發出液相磊晶技術。將此液相磊晶技術使用於成長砷化鎵雷射上，在 300K 溫度下可達到比使用鋅擴散方法製作的雷射有更低的起始電流密度（threshold current density）。Woodall 經由搜尋文獻並從中獲得靈感，他開始在成長砷化鎵 p-n 接面二極體時，將矽當成雙性摻雜，即摻雜矽原子在鎵原子處形成施體（donor）；摻雜矽原子在砷原子處則形成受體（acceptor）。雖然至今使用液相磊晶法成長時，只成長單一種傳導態的半導體，但這仍是一個有趣的想法。

使用液相磊晶法形成矽摻雜 p-n 接面的條件很快即被發現。矽摻雜於砷化鎵 p-n 接面可用以下條件完成：將鎵-砷-矽從 900°C 熔融態冷卻可形成矽施體；將鎵-砷-矽從 850°C 熔融態冷卻可形成矽受體。藉由觀察磊晶層使用化學著色後的側面，成長於 900°C 且位於下方的磊晶層可確認為 n 型磊晶層，而成長於 850°C 位置較高的磊晶層可確認為 p 型磊晶層。在低溫磊晶成長的區域並沒有因此犧牲磊晶膜品質。另外，因為重摻雜所引發的帶尾效應（band tail effect），p-n 接面的補償區域，使得砷化鎵發光二極體發光範圍落在 900～980 nm 之間，已遠離於砷化鎵能帶邊緣（870 nm），這樣砷化鎵基板與砷化鎵磊晶層即沒有辦法吸收所發出的光，因此形成可穿透的「窗口層」。於 1966 年時，發光二極體技術有了突破性的進展，當時發光二極體的外部量子效率可達到 6%（Rupprecht 等人，1966 年）。Rupprecht 於 2000 年所描述：我們提出的高效率砷化鎵發光二極體其實是在無意中所發現的獨特樣品。使用雙重性摻雜製作的砷化鎵發光二極體其量子效率比用鋅擴散製作的砷化鎵 p-n 接面還要高出五倍。矽摻雜比鋅摻雜形成受體的能帶位置來得更深，以至於光從矽摻雜

補償主動區發出，且波長更遠離砷化鎵，使得砷化鎵變得更透明更不易吸收。作為發光二極體研究事業群，IBM 的小組成員想知道如果這種摻雜效應可以擴展到發射可見光的晶體上時會有何結果。於是他們想到有兩個可能的化合物，磷砷化鎵（GaAsP）和砷化鋁鎵（AlGaAs）。因此，Rupprecht 開始嘗試透過液相磊晶來成長磷砷化鎵；而 Woodall 則建立成長砷化鋁鎵的相關儀器與設備。然而要利用液相磊晶法成長高品質的磷砷化鎵磊晶膜是非常困難的，主要是因為磷化鎵與砷化鎵材料間存在著 3.6% 的晶格不匹配。另外在砷化鋁鎵材料也因自身特性而在製作上有相當的困難性，在當時普遍的說法是砷化鋁鎵是不潔淨的材料，如同 Woodall 在 2000 年所做的描述：「鋁喜歡與氧結合」。砷化鋁鎵磊晶層內存在著氧，這兩者的結合使其成為發光現象的殺手，在使用氣相磊晶法成長砷化鋁鎵時特別明顯，而使用液相磊晶法則較少發生。

　　當 IBM 管理階層不再支持他們的研究時，Rupprech 與 Woodall 轉而利用下班時間及週末秘密地利用液相磊晶法成長砷化鋁鎵以繼續他們的研究。Woodall 設計並建構「垂直下降浸泡」式的液相磊晶設備，此設備使用石墨與氧化鋁所熔製而成的容器。當 Woodall 在 MIT 念大學時，因為主修冶金學而記得一些材料的相圖。於是他做了一個聰明的推測，將適當的鋁濃度摻入參與液相磊晶的反應融化物內。另外他在第一次實驗時，也添加矽於反應融化物內，之後將砷化鎵基板下降浸泡於反應融化物內並將溫度從 925°C 降到 850°C。最後將基板與磊晶層從反應物中取出，並等待設備回到室溫 300 K。雖然並沒有觀察到有矽摻雜的 p-n 接面，但是成長出 100 μm 厚的高品質砷化鋁鎵，且此砷化鋁鎵的發光能隙落在紅光頻譜內。（Rupprecht 等人，1967、1968 年）

　　AlGaAs 也可以成長在 GaP 基板上面，GaP 是透明的基板，但是 GaP 和 AlGaAs 之間有一個晶格不匹配存在。當 AlGaAs 成長在 GaP 基板上，因為 Al 的熔化分佈係數的關係，液相磊晶法（LPE）的熱力學使得一開始的 AlGaAs 是富含 Al 的。所以，這個高 Al 含量的 AlGaAs 在發光的低 Al 含量 AlGaAs 主動區域裡，表現得像是一個透明的透光窗口層。（Woodall 等人，1972），如圖 1.2 所示。

 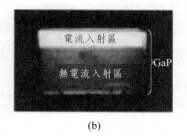

（a）　　　　　　　　　　　　　　　　　　（b）

圖 1.2　(a) 砷化鋁鎵發光二極體成長在磷化鎵透明基板上之側向圖。
　　　　(b) 條狀接觸下方的電流入射區可產生電致發光現象，並可透過磷化鎵透明基板觀察
　　　　　 到。（Woodall 等人，1972 年）

　　Pilkuhn，一位 IBM 的工作者，他曾經與 Rupprecht 一起開發 GaAsP 發光二極體和雷射（Pilkuhn and Rupprecht, 1965），他開發了一個小的電池操作電路，並且將它和一個可以發出紅光的二極體連接在一起，然後展示給他在 IBM 的同事和上司觀看（Pilkuhn, 2000）。這個元件的感應可以從「不錯但是無用的」變化到「很好並且有用的」，然而很快地他了解到有件事情是確定的，那就是這個發光二極體對許多元件是非常有用的。GaAsP 發光二極體的第一個應用是被當作電路板的顯示燈，它可以顯示出電路板的狀態跟適當的功能。這個發光二極體也使用在典型 IBM 系統 360 大型電腦主機的資料處理器上，如圖 1.3 所示。

圖 1.3　典型的 1964 大型電腦主機 IBM 系統 360 使用高電壓的氣體放電燈來顯示計算器的狀態。在之後的型號，這個燈管被發光二極體所取代。這個櫥櫃大小的 360 系統電腦主機和目前低價的膝上型電腦有一性能上的區別。

根據 Rostky 的說法（1997），第一個商用 GaAs 發光二極體是由 Texas Instruments 公司在 1960 年代早期所供應的。這個發光二極體發出的紅外光靠近波長 870 nm，可能是因為它的單價高達 130 美元，導致這項產品當時的製造量很低，並不普遍。

共振腔發光二極體（resonant-cavity light-emitting diode, RCLED）一開始是展示在 AlGaAs/GaAs 材料系統中（Schubert et al., 1992, 1994）。利用發生於顯微光學共振腔的自發輻射提升，RCLED 代表了一個新的等級的發光二極體，這樣的提升對於基礎模態共振腔的波長共振是很重要的。RCLED 在沿著共振腔光軸的方向有較高的發光強度，能夠給予光纖較高的耦合效率。

目前，紅外光 GaAs/AlGaAs 發光二極體廣泛地應用在影音遙控器及區域性的網路連結的光源。此外，紅光 AlGaAs/AlGaAs 元件使用在高亮度的可見光發光二極體，它的發光效率高於 GaAsP/GaAs 紅光發光二極體，但是比 AlGaInP/GaAs 紅光發光二極體低。

1.3　GaAsP 發光二極體的發展歷史

可見光發光二極體的起源始於 1962 年，當時 Holonyak 和 Bevacqua 發表有關同調可見光從 GaAsP 的接面散發出來的結果被刊登在 Applied Physics Letters 期刊的第一卷上面。雖然此同調可見光的散發只能在低溫時觀察到，但 Applied Physics Letters 期刊仍然強調這是可見光 p-n 接面發光二極體的起源。

Nick Holonyak Jr. 在 1962 年工作於紐約的 General Electric（GE）公司，隨後工作於伊利諾大學並且使用氣相磊晶法（vapor-phase epitaxy, VPE）成長 GaAsP 在 GaAs 基板上。這項技術對於學術研究和量產製造都適用於晶片的大體積成長。Holonyak 回憶起當他製作出這些第一批的發光二極體，在當時他已經想像這個發光二極體會被應用在許多新的元件上，包括顯示燈、七段數字顯示器及字母數字顯示器。

然而，儘管 Holonyak 團隊早期在展示這個半導體雷射很成功，它能夠在

室溫下運作仍然是不易實現的。由 Holonyak 團隊發現的 GaAsP 材料系統成長在 GaAs 基板上仍有許多問題。

雖然 Holonyak 團隊在 1963 年已經研製 GaAsP 優良的接面電特性（Holonyak et al., 1963a），它的光學性質卻是很低的。當 P 的含量在 GaAsP 裡達到 45-50% 時，會發現一個很強的發光效率衰退，這是因為 GaAsP 能隙的直接-間接轉換所造成（Holonyak et al., 1963b, 1966; Pilkuhn and Rupprecht, 1964, 1965）。當溫度為 300 K 時，GaAsP 元件的效率會下降到少於 0.005%，此時的 P 含量超過 44%。（Maruska and Pankove, 1967）

第一個商用的 GaAsP 發光二極體是在 1960 年代早期由 GE 公司所供應的，它的發光範圍在紅光波段。因為它的單價高達 260 美元，使得這項產品當時的製造量很低。這項產品提供給 Allied Radio 的目錄，這是一個針對業餘的無線電子產品所做的廣泛的目錄。（Rostky, 1997）

Monsanto 公司是第一個開始量產發光二極體產品的商業個體。在 1968 年，這間公司建造了一間工廠去製造低成本的 GaAsP 發光二極體並且銷售給顧客，固態照明的時代由此正式開啟。在 1968-1970 年代，發光二極體的銷售量向上猛漲，每數個月銷售量就會加倍一次（Rostky, 1997）。Monsanto 公司的發光二極體產品是立基在 GaAsP 的 p-n 接面成長於 GaAs 基板上，並且在紅光波長範圍發光。（Herzog 等人，1969；Craford 等人，1972）

Monsanto 公司和 Hewlett-Packard（HP）公司展開了一個友好的合作，當 Monsanto 公司提供 GaAsP 材料給 HP 公司時，HP 公司將這些材料製作成發光二極體及顯示器。在 1960 年代中期，Monsanto 公司派了一名科學家使用 Monsanto 公司的 GaAsP 材料去協助 HP 公司發展發光二極體事業。然而，HP 公司對於只依靠單一來源的 GaAsP 材料感到緊張不安。於是，兩家公司終止非正式的關係，且 HP 公司開始成長自己的 GaAsP 材料。（Rostky, 1997）

從 1960 年代末期至 1970 年代中期，有關數字顯示器的市場蓬勃發展，一開始是計算機產品帶動，然後是手錶產品，緊接著 Hamilton Watch 公司在 1972 年引進了 Pulsar 電子錶。有一陣子，Monsanto 公司和 HP 公司這兩個早

期的競爭者會輪流帶著先進的多位數字或字母的發光二極體顯示器進入市場。
（Rostky, 1997）

　　M. George Craford 是 Monsanto 公司的一個關鍵技術改革者和管理者，他在發光二極體做了許多的貢獻，包括第一個展示的黃光發光二極體（Craford et al., 1972），這個黃光發光二極體使用了氮摻雜的 GaAsP 主動層成長於 GaAs 基板上。當 Monsanto 公司在 1979 年廉價出售它的光電產品部門時，Craford 加入了 HP 公司並且成為該公司在發光二極體事業部門的關鍵人物。

　　由於 GaAs 基板和 GaAsP 磊晶層之間存在很大的晶格不匹配，造成高密度的差排（Wolfe 等人，1965; Nuese 等人，1966）。因此，這些發光二極體的外部效率相當低，大約只有 0.2% 或者更少（Isihamatsu and Okuno, 1989）。緩衝層的成長條件和厚度的重要性被 Nuese 等人在 1969 年所了解，他們指出一個較厚的梯度緩衝層可以產生提升亮度的紅光發光二極體。較厚的梯度緩衝層可以降低來自靠近 GaAsP 磊晶層和 GaAs 基板邊界的差排密度。

　　GaAsP 能隙的直接-間接轉換和高密度的差排一樣會限制 GaAsP 發光二極體的亮度。現今這個材料系統主要使用在標準的（低亮度）紅光發光二極體顯示燈的應用上。

1.4　GaP 和 GaAsP 發光二極體摻雜具旋光性雜質的發展歷史

　　1960 年代早期，Ralph Logan 和他的同事在新澤西州的貝爾實驗室完成 GaP 發光二極體的開創工作，在那裡他們發展了一套針對 GaP 為基礎材料的紅光及綠光發光二極體的製程。在那個時候，半導體已經廣泛使用來展示雙極和場效電晶體的電流轉換及增強。工程師和科學家們那時候也開始了解到半導體可以完美地適用於發光二極體。

　　根據 Logan（2000）的回憶，他的興趣是被 Allen 等人（1963）和 Grimmeiss 及 Scholz（1964）的第一份有關 GaP 的 p-n 接面發光二極體的報告所激發。這些元件能夠有效地發出紅光，使得這些光在周遭日光的條件下可

以被肉眼清楚地看見。使用 Sn 合金的 n 型摻雜進入 p 型的 GaP 則是被描述在 Grimmeiss-Scholz 接面中。

GaP 是非直接能隙半導體材料，其載子躍遷過程為了滿足動量守恆，將導致放光躍遷的比例下降。由圖 1.4 可知 GaP 的導帶與價帶的極值點處於不同的位置。文獻指出在 GaP 內摻雜同電價的雜質（如氮），將可增強光的放出。其現象可由 Thomas 於 1965 的研究證實，依據海森堡測不準原理，將波函數侷限於一小空間，將導致動量空間上的強烈變化，而 GaP 摻雜氮就是依據此原理，藉由摻雜氮所產生的深層能階將能有效提高能階密度，以增強放光躍遷。

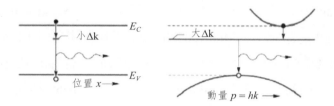

圖 1.4　(a)實體空間及(b)動量空間的光學轉換在 GaP 摻雜具旋光性雜質（像是氧和氮）分別發出紅光和綠光的可見光。GaP 發光二極體在使用測不準原理時可以由實體空間上的一個電子波函數侷限，預測動量空間上的位移，由此保持動量守恆轉移的可能。

最早的 GaP 製作方式為是採用 0.5 平方公分大小，厚約 1 公厘的 GaP 基板，藉由含有 Ga 與 P 的溶液加熱而產生 Ga 蒸氣與 P 蒸氣，進而發生鍵結反應沉積於基板上。雖然此 GaP 製作方式（Grimmeiss 和 Scholz 的實驗），在當時的貝爾實驗室並無法重現其再現性，貝爾實驗室仍藉由先前的 GaP 樣品於電性上做了許多研究探討。而無法再現性的原因在於成長 GaP 時會使用鋅氧（p 摻雜）作為摻雜源，而忽略沉積過程中空氣含有足夠的硫（可扮演 n 摻雜源），導致 GaP 的表面形成微量的 p-n 界面，這可充分解釋 Grimmeiss 的實驗為何無法再現，此現象的探討於 1967 年由 Logan 所發表。Logan 研究團隊也是第一個做出具有再現性的 GaP LED 結構，其結構為 n-type GaP 成長於 Zn-O-摻雜 GaP。同時他們也改良溶液沉積方式以製作大尺寸的 GaP LED（可達 1×

1 平方英吋）。Logan 進一步將製作後的樣品進行 400-725°C 的熱退火，發現其發光效率可增加一個數量級以上，良率提升 2%。顯示熱退火處理將有助鋅擴散至氧原子中，增加 Zn-O 鍵結的密度，以提升發光效率。

　　於 1960 末期，使用金屬熔化物在高溫高壓下製作 GaP 試片的技術已經成熟，這也是今日所熟知的方式。將氮摻雜至 GaP 中製作的綠光 LED 其效率最高只達 0.6%，部分的氮取代磷的位置而形成 GaN 並於 GaP 成長過程中形成 p-n 界面，其發光區域則集中於此 p-n 界面。儘管綠光 LED 的發光效率小於紅光，但因人眼對綠光的敏感度大於十倍的紅光，所以此 LED 仍可拿來運用。同時，其他研究團隊如 IBM、RCA 與 GE 也找到更高發光效率的材料（GaAsP）。而 IBM 的 Thomas J. Watson 研究中心（Yorktown, New York）也在此時趕上 GaP 的研究上。Manfred Pilkuhn 與其夥伴利用 LPE 的方式製作出 GaP 樣品，圖 1.5 為 IBM 研究期刊上所發布關於「鮮豔的紅光（brilliant red light）」的照片，這紅光是從 GaP p-n 界面發出。在 1960 年代，單一同調光需配合濾光片才有辦法達到，因此 LED 發出如此「窄頻寬」的紅光確實讓觀測者對此紅光留下又純又亮的深刻印象。

圖 1.5　IBM 公司使用 LPE 成長之 GaP LED，並從鋅和氧摻雜形成的 p-n 接面區域發出「鮮豔的紅光（*brilliant red light*）」。

　　Pilkuhn 也在 GaP LED 的主動區進行複合摻雜（co-doping），如鋅當作

受體，碲、硫與硒當施體，所產生的光將來自施體與受體的複合過程，且光的能量將小於 GaP 的能隙。此外，複合摻雜鋅氧於 GaP 會使得發光波段產生平移，發光波段將移至紅光區。但對 GaP 而言，氧既非施體也非受體，其放光貢獻均來自其深層能階的作用。

Logan 所屬的 AT&T 團隊立即了解這些 LED 將具有許多應用的可能性，最直接的是電話產業。當時電話上的指示燈是使用 110V 的電壓。以當時著名的一款電話「公主（*princess*）」為例，這款電話普遍被放置於臥室中，當話筒拿起時其指示燈將自動亮起，是發展於 1960 年代相當時尚的電話。但由於 110V 容易造成指示燈的毀損，電話業者需要在當地設立服務據點以處理指示燈毀損的問題。假如 LED 可以取代原有的指示燈，電話線的電壓即可驅動 LED 發光而不再需要 110V 的電壓操作。此外，GaP LED 其壽命也比傳統指示燈長，預期約有 50 年。LED 的可靠性也對當時的電話業者（Bell system 或稱 Ma Bell）節省了許多成本。

讀者若有機會到 Murray Hill（New Jersey）的貝爾實驗室博物館，坐落於 600 山脈大道（*Mountain Avenue*），那裏展示了許多技術的工藝品，也包含 Logan 那時所製作的綠光 GaP:N LED。

Monsanto 團隊運用氮摻雜於 GaAsP 中以達到紅光、橙光、黃光與綠光的波段，許多參數如吸收波段或是放光波段與氮在 GaAsP 或是 GaP 的溶入率都被積極研究。氣相磊晶法（VPE）變成一個常見的研製 LED 技術，它可以控制氮摻雜於 p-n 界面的空缺（vicinity）中，如此可減少放出的光再被界面附近的空缺所吸收，以提高整體 LED 的效能。直到今天，GaP:N 仍是低亮度綠光 LED 的首選（如指示燈應用）發光元件。

另一個 LED 早期的應用在於手錶與計算器上的數字顯示器。採用七段式的紅光 GaAsP LED 顯示。所有使用 LED 的計算器有一個問題，就是當計算機拿到戶外使用時，其 LED 數字不易辨識，這是因為 LED 所放的光強度太暗。同時對於計算器而言，LED 的功率消耗太高。LED 運用在手錶上也有類似的問題。液晶顯示器導入於 70 年代末期，因為它的低功率耗損，使得它逐漸取

代 LED 於計算機與手錶上的運用（1980 年代）。

1.5　GaN 金屬半導體發光體發展歷史

在 1960 年末期，RCA 是家製作彩色電視機的廠商，它使用陰極射線管（CRT）來呈現電視影像。在 RCA 位於普林斯頓的研究中心，James Tietjen 是那時候材料研究部門的主管，他想發展如掛畫般可懸掛於牆上的平板電視顯示器。為了達到全彩影像，顯示器必須包含紅光、綠光與藍光的像素。Tietjen 了解紅光 LED 採用 GaAsP，綠光 LED 採用 GaP:N 的技術都已成熟，欠缺的就是高亮度的藍光 LED。

在 1968 五月，一名年輕人 Paul Maruska 加入他的團隊。Maruska 挑戰成長 GaN 材料以完成藍光 LED。他曾經利用金屬鹵化物氣相磊晶（MHVPE）成長 GaAsP 紅光 LED，也累積了很多關於 III-V 族化合物的經驗，包含磷，這種會起火的材質。在 1968 年的某天，磷的廢棄物還曾引起垃圾車在普林斯頓附近起火的事件，起因在司機於 RCA 實驗室收了含磷的廢棄物後，正要開往 New Jersey 途中，廢棄物突然起火，司機馬上轉回 RCA 地點並將此燃燒冒煙的廢棄物丟置於 RCA 的前方草坪上。

當 Maruska 開始研究 GaN 時，他先去普林斯頓大學的圖書館，將過去有關 GaN（1930-1940）的論文都研習透徹。當時 GaN 粉末已經可以利用氨氣與液態 Ga 金屬反應而製作。因為藍寶石（sapphire）不與氨氣反應，所以他選擇藍寶石當作成長的基板，不幸地他誤解了 Lorenz 和 Binkowski（1962）所發表的文章內容。Binkowski 在 1962 年的文章提出，真空中溫度達 $600°C$ 時 GaN 會被分解；為了阻止 GaN 的分解使其維持結晶的狀態，Binkowski 的 GaN 成長溫度都控制在 $600°C$ 以下。1969 年 3 月，Maruska 的實驗結果顯示，在氨氣的環境下可以成功的成長出 GaN 且不會被分解，因此他將 GaN 成長溫度提高至 $850°C$，這個溫度是典型的 GaAs 成長溫度；他在藍寶石基板上完成 GaN 的鍍膜後，因為 GaN 表面非常乾淨且光滑，因此無法判斷 GaN 是否有成長於

藍寶石基板之上，他就使用 RCA 實驗室的分析中心驗證 GaN 薄膜，Laue 繞射圖案顯示 GaN 確實有成長在藍寶石基板上，甚至呈現單晶的相圖（Maruska Tietjen, 1969）。

Maruska 發現沒有摻雜的 GaN 皆呈現 n 型半導體特性，他試圖找出 p 型摻雜的材料，用以製作 p-n 接面，鋅可以使用於 GaP 與 GaAs 的摻雜，似乎是一個適合的受體材料，重摻雜的鋅可以使 GaN 具有 p 型半導體特性；然而 Maruska 沒有成功作過具有導電的 p 型 GaN。（Maruska, 2000）

1969 年 Jacques Pankove 休假期間，他在柏克萊大學寫出經典的教科書「半導體光學製程，Optical Processes in Semiconductors」，當他 1970 年 1 月回到 RCA 實驗室時，他便專注於 GaN 薄膜的新研究開發。Pankove 等人便著手於 GaN 薄膜的光吸收和螢光特性等研究，在 1971 年夏天，他們發表了 GaN 的電致發光特性（Pankove et al., 1970a, 1970b），此電致發光的 GaN 樣品的發光波長為 475 nm，Pankove 和他的夥伴們將 n 型的 GaN、p 型的 GaN 以及銦表面接觸組成此發光元件，其中 p 型 GaN 即是採用鋅摻雜（Pankove et al., 1971, 1972），這種金屬-絕緣體-半導體（meal-insulator-semiconductor, MIS）的二極體是第一個電流注入的 GaN 發光體，可產生藍綠兩種顏色的光線。

RCA 實驗室的研究團隊當時在思考，是否有比鋅還要好的材料可用於 p 型的 GaN 摻雜，於是他們使用 MHVPE 技術將鎂摻雜於 GaN 薄膜之中，在 1972 年七月成功的製作出發光波長為 430 nm 的藍光發光元件（如圖 1.6 所示），至今這種技術仍然是製作藍光元件的其中一種方法，Maruska 等人將此結果發表於期刊之上，其標題為"Violet luminescence of Mg doped GaN"，此篇論文指出，雖然使用鎂摻雜於 GaN 之中，仍然無法獲得 p 型可導電的半導體，故此元件的激發光可能是薄膜裡面少數載子的注入，或是高電場下在絕緣區裡面有離子撞擊產生的發光現象。Pankove 以及 RCA 實驗室的團隊提出了這些元件的工作模型，是關於離子撞擊以及 Fowler-Nordheim 穿隧的理論（Pankove and Lampert, 1974; Maruska et al., 1974）。Tietjen 完成了這些元件的模擬工作，並證明這些發光元件的效率極低，因此這種 MIS 發光元件的研究工作就沒有再

繼續被研究。

圖 1.6　1972 年 Maruska 使用高阻值的 GaN 結構，讓電子電洞對複合激發藍光，其中 GaN 使用矽和鎂摻雜。

1.6　GaN p-n junction 之藍、綠及白光發光二極體的發展歷史

　　經過 Pankove 以及他的夥伴在 GaN 研究的努力過後，至 1982 年僅有一篇期刊論文在探討有關於 GaN 的研究，然而日本 Nagoya 大學的 Isamu Akasaki 和他的研究團隊並沒有放棄這類的研究，1989 年他們提出了世界第一個具有導電特性的 p 型 GaN，受體鎂是採用電子束輻射（electron-beam irradition）（Amano etal., 1989）技術摻雜到 GaN 之中，之後他們又使用高溫成長退火（post-growth anneal）方式，也可以成功的將鎂摻雜到 GaN 裡面，並具有導電特性（Nakamura et al., 1994a）。超晶格的摻雜技術（Schubert et al., 1996）更進一步的提升深層受體的活化，這些鎂摻雜的技術讓往後的 p-n junction LED 和雷射二極體的發展更為順利。如今鎂摻雜已經成為以 GaN 為主的發光二極體和雷射二極體主要的技術。

　　由於具有導電特性的 p 型 GaN 開發成功，因此第一個 GaN 的 p-n junction 二極體在 1992 年也由 Akasaki 團隊成功的開發出來，這個發光二極體是以藍

寶石為基板，在上面成長 GaN 的 p-n junction，發光波長為紫外光至藍光的範圍，這個結果發表在 1992 年日本 Karuizawa "GaAs related compounds" 的研討會，這個 LED 的效率大約為 1% GaN 成長在晶格非常不匹配的藍寶石基板之上得到這樣的效率，在當初是非常傑出的表現，這個結果也是第一個證明 III-V 族發光二極體的效率並不會受到磊晶薄膜與基板晶格不匹配的影響。

和 GaN 發光二極體這個名字緊密連結的是日本的日亞（Nichia）公司，此公司的研究團隊，包含中村（Nakamura）先生等研究人員，建立了許多 GaN 成長、發光二極體以及雷射開發的製程技術，其中雙氣流有機金屬氣相磊晶（two-flow organometallic vapor-phase epitaxy, OMVPE）成長系統，成功的製作出異質結構的藍綠光 GaInN 發光二極體，其效率可達 10%；並且製作出第一個脈衝及連續的藍光雷射，可在室溫下操作（Nakamura et al., 1996），詳細的製程記錄在 Nakamura 及 Fasol 所寫的「藍光雷射二極體，*The blue laser diode*」一書中。

日亞公司所製造的藍光二極體如圖 1.7 所示，其研製的高亮度的綠光二極體，普遍的應用於交通號誌的指示燈，如圖 1.8 所示，在此之前由於綠光二極體的亮度低，因此沒辦法應用於交通號誌的指示燈。

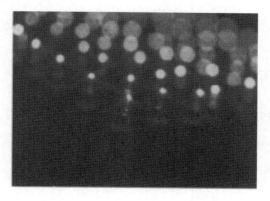

圖 1.7　日亞公司所發表的 GaInN/GaN 藍光二極體陣列。

圖 1.8 GaInN/GaN 的綠光發光二極體普遍的應用於交通號誌指示燈。

1990 年 Nakamura 投入 GaN 這個領域的研究，並同時在 Nichia 公司工作，這時後他才三十六歲，尚無博士學位並且沒有單一作者（Nakamura, Fasol 1997）的期刊與會議論文發表，但是在 1990 年結束後，他轉職至美國加州大學聖塔芭芭拉校區擔任教授，以及 Cree 照明公司的顧問，成為 Nichia 公司的主要競爭對手。

GaInN 系統的材料很適合用於白光的發光二極體，有不同的方法可以使這種材料發出白光，包含激發螢光粉發光，以及適當的波長混合產生白光；許多人預測白光發光二極體的各種特性會有很大的進展，因此白光發光二極體有極大的潛力取代傳統的照明，成為高輝度的照明光源；傳統照明光源在輝度效率的規範為 15-100 lm/W，而白光發光二極體的輝度效率有可能達到 300 lm/W。

1.7 AlGaInP 可見光發光二極體之發展歷史

AlGaInP 系列的材料適合使用於高亮度的發光二極體，例如紅光（625 nm）、橘光（610 nm）以及黃光（590 nm）的光譜範圍，圖 1.9 是常見的紅黃光指示燈，是使用 AlGaInP 所製作的發光二極體。

圖 1.9 紅黃光 AlGaInP/GaAs 發光二極體在信號指示燈的應用。

日本的 Kobayashi 等人（Kobayashi et al., 1985; Ohba et al., 1986; Ikeda et al., 1986; Itaya et al., 1990）開發出第一個以 AlGaInP 系列的材料為主的可見光雷射，他們使用 $Ga_{0.5}In_{0.5}P$ 作為二極體的主動層，將異質接面（AlGaInP/GaInP）的二極體雷射其成長在 GaAs 基板，其中 GaInP 的能隙為 1.9 eV（650 nm），適合製作紅光二極體雷射，這可應用於紅光雷射筆以及 DVD 放映機的雷射讀取頭。

若將鋁加入 GaInP 中，可以讓主動層的發光波長變短，激發出橘光或是黃光，然在 $(Al_xGa_{1-x})_{0.5}In_{0.5}P$ 的材料中，當 x 約為 0.53 時，此材料的能帶結構會轉變成非直接能隙，因此發光效率會大幅降低，尤其在波長低於 600 nm 波段的效率會更低。因此 AlGaInP 不適合用於波長低於 570 nm 高效率的發光二極體。

AlGaInP 雷射研究的發展早於 1980 年，相較於 AlGaInP 雷射結構，傳統的發光二極體是利用電流平均散佈的方法，讓光從 p-n 接面的平面發出，不是從歐姆接觸的區域。此出光結構的主動層未來將會使用多層量子井（Multiple Quantum Well, MQW）的方式取代（Huang Chen, 1997），Chang 等人亦提出這種 MQW 主動層類似的結構（Chang and Chang, 1998a, 1998b）；另外，Huang 和 Chang 提出了分散式布拉格反射層（distributed Bragg reflectors）結構（Huang and Chen, 1997; Chang et al., 1997），Kish 和 Fletcher 則提出透明

的 GaP 基板技術（Kish and Fletcher, 1997），這些技術都是用來提升 AlGaInP 雷射的效率。綜合上述的發展，AlGaInP 系列的材料以及 AlGaInP 發光二極體的發展技術都被記錄在 "Stringfellow and Craford, 1997; Mueller, 2000; Krames et al., 2002" 這些書本上。

　　欲製作成發光二極體，需有一材料具備發光二極體之特性與結構，一般而言，皆須所謂磊晶製程，即於基板上成長具發光特性之材料與結構，通常此一「具發光特性之材料」通常為半導體材料，且最好具直接能隙之特性，甚至須製作成所謂雙異質接面結構，或發光層須具備量子井結構，更重要者為須考量此磊晶結構須與基板之晶格常數相同，或儘量接近；圖 1.10 即為常用之磊晶材料晶格常數與波長之關係圖，目前常用之晶格匹配型發光二極體為 $(Al_xGa_{1-x})_{0.5}In_{0.5}P$ 磊晶於砷化鎵（GaAs）基板上，可藉由 Al 與 Ga 之成分控制製作成黃橙光至紅光（590-670 nm）；$(Al_xGa_{1-x})_{0.5}In_{0.5}As$ 磊晶於磷化銦（InP）基板上，可藉由 Al 與 Ga 之成分控制製作成不同波長之紅外線（900-1550 nm）；另一方面，關於氮化銦鎵（GaxIn1-xN）系列材料，其常用之磊晶基板為藍寶石（sapphire）基板或矽（Si）基板，儘管此一材料系統與藍寶石（sapphire）基板或矽（Si）基板晶格常數有很大之差異，然仍可製作出高亮度之藍光。

　　關於成長這些材料之磊晶系統有液相磊晶系統（LPE），分子束磊晶系統（MBE），氫化物氣相磊晶系統（HVPE）與有機金屬化學氣相沉積系統（MOCVD 或 MOVPE）；其中 LPE 其成長速率太快，不適用於成長含鋁之材料，早期多用於磊晶晶格匹配之材料系統。MBE 須超高真空系統，磊晶速率較慢，多用於新材料之研究用。HVPE 其沉積速率亦超快，每小時可成長至數百 um，目前較引人注意者為成長 GaN 之基板。MOCVD 為目前廣為量產之磊晶系統，可用於沉積 2-6 基板，且一次可從單片至 60 片。以下將針對以 MOCVD 磊晶 GaInN 藍光 LED 進行說明。

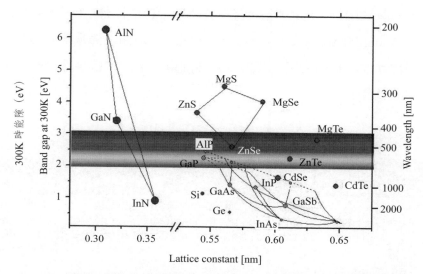

圖 1.10　即為常用之磊晶材料晶格常數與波長之關係圖。

2. 發光二極體基板的選擇

　　成長氮化物半導體最大的挑戰在於基板的選擇，良好的基板材料必須在晶格常數、結晶結構及熱膨脹係數上都能和磊晶薄膜有適合的搭配。理論上用氮化鎵基板成長氮化鎵的磊晶膜最佳。然而由於氮化鎵材料熔點很高，且熔點溫度分解壓力大於 10^5 Bar，若以單晶方式成長，則溫度必須要超過 1600°C，因此成長相當不易，到目前為止，大尺寸的氮化鎵晶圓多是以 HVPE 方式或水熱法製作，然而此類基板價格仍偏高，尚未廣為應用於成長藍光 LED 結構之基板。

　　由於取得氮化鎵之塊材基板不易且價格偏高，目前最普遍被用來成長氮化鎵磊晶膜之方法為異質磊晶（heteroepitaxial growth）。就量產而言，成長氮化鎵磊晶膜多以 MOCVD 為主。關於異質磊晶的主要問題可歸納成表 1.1，表 1.2 為氮化銦、氮化鎵、氮化鋁材料特性比較，表 1.3 是用於生長氮化鎵磊晶膜常用的基板之晶格常數及熱膨脹係數。異質磊晶在晶格常數差異下會造成缺

陷的產生，這些缺陷將在能隙中引起新的能階，當元件於操作時，將扮演非輻射複合中心（nonradiative recombination center），進而使得載子的壽命減少，缺陷也會增加元件的起始電壓，或造成元件漏電流增加，甚至使得元件之性能與壽命嚴重受影響。

表 1.1　異質磊晶的主要問題

基板性質 Substrate property	Consequence
Lateral (a-lattice constant) mismatch	High misfit (primarilyedge) dislocation densities causing: high device leakage currents; short minority carrier lifetimes; reduced thermal conductivity; rapid impurity diffusion pathways
Vertical (c-lattice constant) mismatch	Antiphase boundaries, inversion domain boundaries
Surface steps in non-isomorphic substrates	Double positioning boundaries (stacking mismatch boundaries)
Coefficient of thermal expansion mismatch	Thermally induced stress in the film and substrate; crack formation in the film and substrate
Low thermal conductivity	Poor heat dissipation
Different chemical composition than the epitaxial film	Contamination of the film by elements from the substrate; electronic interface atates created by dangling bonds; poor wetting of the substrate by the growing film
非極性表面 Non-polar surface	Mixed polarity in the epitaxial film; inversion domains

表 1.2　III 族氮化物其性質比較（W）：Wurtzite（Z）：Zincblende

	GaN	AlN	InN
室溫之能隙（eV） Band-gap energy at room temperature (eV)	3.39 (W) 3.2-3.3 (Z)	6.2 (W) 5.11 (Z) (theory)	0.75 (W) 2.2 (Z)(theory)
熱傳導係數（W/cm-K） Thermal conductivity (W/cm-K)	1.3 (W)	2 (W)	0.8 ± 0.2 (W)
折射率 Index of reflection	2.33 (W) 2.9 (Z)	2.15 ± 0.05 (W)	2.9～3.05 (W)
介電常數 Dielectric constant	9 (W)	8.5 ± 0.2 (W)	15 (W)

表 1.3　常用於成長氮化鎵的基板晶格常數及熱膨脹係數

基板材料 Substrate Material	晶體結構 Crystal Structure	格子參數 (Å) Lattice Parameter (Å)	熱膨脹係數 (K^{-1}) Thermal Expansion Coefficient (K^{-1})
GaN	wurtzite	a = 3.189 c = 5.185	a = 5.59×10^{-6} c = 3.17×10^{-6}
GaN	zincblende	a = 4.51	N/A
AlN	wurtzite	a = 3.112 c = 4.982	a = 4.2×10^{-6} c = 5.3×10^{-6}
Al_2O_3	rhombohedral	a = 4.758 c = 12.991	a = 7.5×10^{-6} c = 8.5×10^{-6}
Si	diamond cubic	a = 5.43	3.59×10^{-6}
GaAs	zincblende	a = 5.653	6.0×10^{-6}
6H-SiC	wurtzite	a = 3.08 c = 15.12	N/A
3H-SiC	zincblende	a = 4.36	N/A
MgO	Rock salt	a = 4.216	10.5×10^{-6}
ZnO	wurtzite	a = 3.252 c = 5.213	a = 2.9×10^{-6} c = 4.75×10^{-6}

目前產業界常用的磊晶基板有：C 面藍寶石基板，它和氮化鎵薄膜之間的晶格不匹配度約為 16%。此外，6H-碳化矽（SiC）基板，它和氮化鎵薄膜之間的晶格錯配度亦有 3.4%。至今為止，C 面藍寶石基板仍是最常被使用，雖然它與氮化鎵之晶格不匹配度較高，但商品化發光二極體及雷射二極體都已成功地在 C 面藍寶石基板上製成。至於碳化矽基板方面，有美國 Cree 公司及日本 Fujitu 兩家公司採用它當作基板來成長前述之元件。由於這兩種基板都屬於六方晶系，結構上和氮化鎵系列薄膜的六方晶系（其晶格為纖鋅礦類，而其能隙大小約為 3.4 eV）一樣。在立方晶型基板方面，（111）面之砷化鎵（GaAs）、矽（Si）、及碳化矽基板都曾被嘗試過，它們的晶格結構屬於閃鋅礦結構。氮化鎵系列薄膜成長於這類基板上，若成長參數條件控制合宜，有時候亦可產生閃鋅礦結構（其能隙為 3.2 eV）。

圖 1.11 顯示氮化鎵薄膜與 C 面藍寶石基板，原子排列之關係圖。雖然氮

化鎵薄膜之 C 面平行藍寶石基板之 C 面，但是氮化鎵薄膜之 C 面相對於藍寶石基板之 C 面以 C-軸為旋轉軸有 30° 的角度差異。根據角度差異，我們可知 C 面氮化鎵薄膜與 C 面藍寶石基板的晶格錯配程度為（1-1）式：

$$\frac{|aAL_2O_3 - \sqrt{3}aGaN|}{aAL_2O_3} = 0.16 \tag{1-1}$$

　　雖然藍寶石基板的物性及化性皆相當穩定，但是它與氮化鎵薄膜間約有 16% 的晶格不匹配度，造成生長在藍寶石基板上的氮化鎵薄膜缺陷密度很高，利用兩階段的磊晶製程，先在低溫約 400°C-600°C 成長很薄約 20-40 nm 氮化鎵緩衝層，以緩和磊晶薄膜和基板間的晶格不匹配，以改善後續生長之高溫氮化鎵的磊晶品質。即使如此，一般用於超高亮度藍綠色發光二極體之 III-族氮化物薄膜之差排密度卻仍高達 $10^8 \sim 10^{10}$ cm^{-2}。最近，中村博士利用晶面控制側向磊晶成長法（epitaxial lateral overgrowth; ELOG）方式製作出壽命達 10000 小時之藍光雷射二極體，主要的突破之一即是利用所謂 ELOG 方式大幅地降低貫穿式差排的密度。

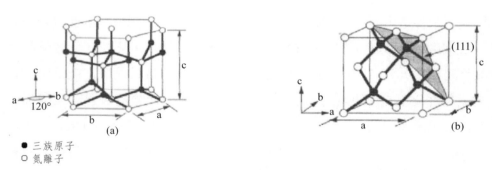

● 三族原子
○ 氮離子

圖 1.11　(a) wurtzite GaN 結構(b) zincblende GaN 結構示意圖。

3. 雙氣流 MOCVD 磊晶成長

　　中村博士於 1990 年發展出新的雙氣流（two-flow）MOCVD 反應器成長氮化鎵薄膜於圖 1.12，因為他發現在磊晶的高溫（大於 1000°C）條件下，主

要的化學反應物和載流氣體會產生氣流及其他不利於磊晶的現象，因此中村博士於反應石墨盤上方導入包含氮氣和氫氣的氣流垂直流向基板表面，藉此壓迫主要的載流和反應氣體使其流向基板表面反應成長氮化鎵圖 1.12 所示。有機金屬化學氣相沉積是將金屬類的反應源包含液態的有機金屬與固態的有機金屬，〔註：液態有機金屬：三甲基鎵（trimethylgallium; TMGa）和三甲基鋁（trimethylaluminum; TMAl）；固態的有機金屬如：三甲基銦（trimethylindium; TMIn）和環二戊烯基鎂（cyclopentadienyl magnesium; Cp_2Mg）〕，以載流氣體：氫氣（H_2）或氮氣（N_2）運送到加熱的基板上，靠熱解離重新組合，而在基板上堆積成膜，其餘的碳氫化合物氣體則排出系統之外。從商業的觀點來看，有機金屬化學氣相磊晶扮演著重要的角色，因為它能夠成長高品質的氮化物且有極大的產能例如：AIXTRON 公司最新的 G5 一次可以放入 56 片 2 吋藍寶石基板，此項技術有應用在未來製作更大尺寸的藍寶石基板例如：目前尚未商業化的 8 吋藍寶石基板。基本的有機金屬化學氣相磊晶沉積氮化鎵的反應式如 1-2 式所示：

$$Ga(CH_3)_{3(v)} + NH_{3(v)} \rightarrow GaN_{(s)} + 3CH_{4(v)} \tag{1-2}$$

v：氣相（vapor）；s：固相（solid）

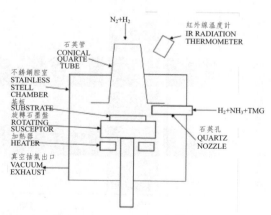

圖 1.12　雙氣流 MOCVD 長晶示意圖。

4. 側向磊晶成長技術

側向磊晶技術首先在 1994 年由 Y. Kato 等人提出，利用有機金屬化學氣相磊晶在藍寶石基板上長出選擇性磊晶（selective epitaxy; SAE）氮化鎵，選擇性磊晶即先成長一層氮化鎵，再成長氮化矽（SiN）並於其上製作圓形圖案，之後氮化鎵僅成長在孔洞處，此法可降低刃差排（threading dislocation）密度、增加 LED 的壽命期、較低暗電流的光感測器及較低漏電的發光二極體。日後有許多文獻以改變不同介電遮罩材料，如二氧化矽、鎢（W）金屬等，或以改變不同圖案，如六角形、條狀等製作。

根據 K. Hiramatsu 等人的研究發現成長的條件會影響氮化鎵長出來的形貌，其中成長條件又包含了成長時的溫度、壓力、V/Ⅲ 比、圖形的排列方向等……，根據圖 1.13 可以知道當條狀圖形的排列方向沿著 $(11\bar{2}0)$ 時，不論如何改變溫度或是壓力都無法改變氮化鎵的形貌，根據圖 1.14 知道當條狀圖形的排列方向沿著 $(1\bar{1}00)_{GaN}$ 時才能利用成長溫度與壓力來控制氮化鎵的形貌，所以我們在製作圖形時就固定在 $(1\bar{1}00)_{GaN}$ 方向。

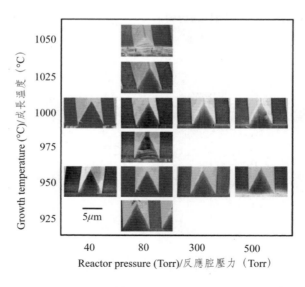

圖 1.13　條狀 ELO GaN 沿著 $(11\bar{2}0)$ 方向隨不同溫度與壓力成長 30 分鐘後之形貌。

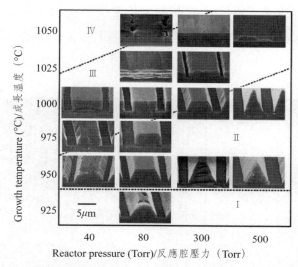

圖 1.14　條狀 ELO GaN 沿著 (1̄100) 方向隨不同溫度與壓力成長 30 分鐘後的形貌。

5. 有機金屬化學氣相沉積磊晶機台簡介

　　圖 1.15 為 Veeco-D180 完整的成長系統圖，有機金屬原料均放置於恆溫槽中，維持在穩定的溫度和壓力下產生定量飽和蒸氣壓，再以精密流量控制的載流氣體送入成長腔體中，藍寶石基板放置於高純度石墨承座（susceptor）中，經加熱的金屬線圈間接加熱，承座以高轉速（600-1000 rpm）的公轉目的為提高磊晶均勻度。磊晶基台主要架構可分為五大項：溫控系統、真空系統、load lock 系統、氣體管路、冷卻水管路。有機金屬氣相沉積法成長速率適中，磊晶膜厚度易控制，容易商業化量產，極具發展潛力，但是原料氣體在腔體中具有流體的各種特性，如渦流、邊界層等，所以對氣體之迅速更換及穩定之要求，需要適當的腔體設計與精密的流量控制。另外，對劇毒及易燃的氣體、液體原料，在使用及排放時，更要十分小心，以策安全。

　　一般而言，磊晶層結構包括一層厚度 50 nm 低溫成長的氮化鎵緩衝層，厚度約 1.0-4 μm 無摻雜之氮化鎵（u-GaN），厚度 3 μm 高摻雜之 n 型氮化鎵

（n-GaN），氮化銦鎵／氮化鎵多重量子井主動層，及 0.4 μm 低溫磊晶成長的 p 型氮化鎵（p-GaN）披覆層，即完成一個具有 p-n 接面的發光二極體結構（如圖 1.17(a)）。

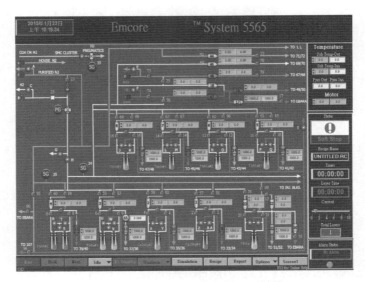

圖 1.15　Veeco-D180 完整的成長系統圖。

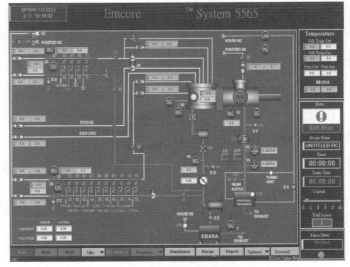

圖 1.16　Veeco-D180 完整的成長系統圖。

6. LED 元件製作

6.1　p-GaN 歐姆接觸

　　由於 p-GaN 的載子遷移率遠低於 n-GaN 的載子遷移率，電流的擴散效能不佳，因此會使用透明導電層來改善此情形，常用的方法是在 p-GaN 上成長一層 ITO（氧化銦錫）透明導電層；由於要和 p-GaN 能階匹配可以形成歐姆接觸的金屬不多，然而 p 型氮化鎵仍然有摻雜濃度無法再提昇的困擾，1998 年 Y. K. Su 等人使用 Ni/Au（30 nm/250 nm）材料，並經過 700°C 熱處理 10 分鐘後得到趨近線性的歐姆接觸，使用 Ni/Au 雖可輕易的達到歐姆接觸的效果，但其穿光透率僅 60%～70%，會嚴重影響光取入。而在 2001 年 S. R. Jeon 等人發表透過 p 型氮化鎵上成長 p^+/n^+ 氮化鎵磊晶層來取代原本在表面的 p 型氮化鎵磊晶層，使得不需選用高功函數的金屬即可達到歐姆接觸的效果。在透明導電層方面，兼具透明與導電特性的 ITO 薄膜在光電產業中已經被廣泛地研究及使用，雖然 ITO 為寬能隙、n 型半導體，但因為有 p^+ 氮化鎵磊晶層及一層 InGaN 的關係，氧化銦錫薄膜可以很容易的與 p^+ 氮化鎵磊晶層達到歐姆接觸的效果。ITO 的透光性佳，且在晶爐管退火後易與 p-GaN 形成歐姆接觸，是一個很好的電流散佈層材料；在 LED 的應用上，ITO 鍍膜常使用電子束蒸鍍的方式鍍製，將 ITO 鍍在 p-GaN 上（如圖 1.17(b)）。

6.2　p-GaN 及 mesa 蝕刻

　　一般使用的平台（mesa）為正方形，也有一些產品所採用之平台為指叉狀圖形，由於指叉狀的平台可以和 P-GaN 一起蝕刻，減少製程步驟與成本；使用黃光微影技術製作出平台之圖案，定義完成平台後，放入烤箱設定 130°C 硬烤 1 小時。最後將試片置入純鹽酸溶液中浸泡 3 分鐘，移除平台範圍以外之氧化銦錫並裸露 p-GaN 出來。再使用感應式耦合電漿蝕刻機（ICP-RIE）蝕刻

GaN 磊晶結構層，蝕刻 LED 之平台範圍以外的結構至 n GaN 披覆層。最後再利用 ACE 溶液將光阻移除，即完成定義平台之步驟，（如圖 1.17(c)）。接著進行熱退火處理即完整歐姆接觸。

6.3　p-pad 及 n-pad 製作

　　當研製完成平台結構之後，接下來製作金屬電極，先將光阻塗佈於試片表面，經黃光微影製程，裸露出欲鍍上 p 型及 n 型電極的區域，接著使用熱蒸鍍系統鍍製厚度約為 15 nm/500 nm 的 Cr/Au 金屬薄膜，其中 Cr 是用來增加 Au 與 GaN 的附著性，鍍完金屬的試片再置於 ACE 中，去除不需要的金屬區域，完成了 p 型及 n 型電極後，傳統水平電極結構之藍光 LED 元件製程即完成（如圖 1.17(d)），圖 1.18 為 LED 元件立體結構圖，指叉式的結構可以讓平台和 p-GaN 蝕刻同時完成。

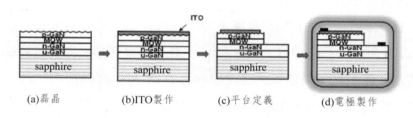

(a)磊晶　　　　(b)ITO製作　　　　(c)平台定義　　　　(d)電極製作

圖 1.17　LED 製作流程。

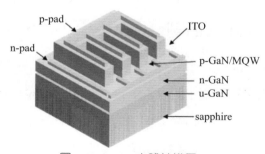

圖 1.18　LED 立體結構圖。

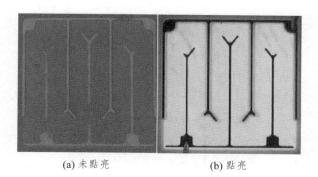

(a) 未點亮　　　　　　　(b) 點亮

圖 1.19　單顆 LED 裸晶照片。

6.4　晶片研磨、切割、固晶、打線及封裝

完成電極製作之晶片，使用化學機械研磨（CMP），將藍寶石機板研磨至 150 um 以下的厚度，由於藍寶石基板硬度高，且熱傳不好，所以必須磨薄，才有利於後續的切割製程；晶片磨薄後，使用鑽石刀切割或是雷射切割，將晶片切成平台定義的大小，切割完的晶粒如圖 1.19 所示，圖 1.19(a) 為 45 mil^2 的裸晶照片，圖 1.19(b) 為低電流點亮的 LED 照片；完成切割後，利用固晶膠固定於電路板之上，固晶膠通常使用 Ag/Sn 和高分子混合，因此晶粒固定後必須經過高溫回火，讓固晶膠把晶粒和電路板緊密貼合；接著使用打線機把 n-pad 和 p-pad 透過金線和電路板電路聯結，圖 1.20 為 LED 晶粒透過固晶膠黏著於散熱板上並打完金連接線；完成打線後，再使用透明的高分子聚合物把晶粒封裝，封裝完之單顆 LED 元件如圖 1.21 所示，高分子封裝除了保護晶粒外，亦有減少光線全反射的作用，增加出光率。

打雙金線

散熱板

圖 1.20　LED 元件固晶於散熱板上並以金線和外部電路連接。

圖 1.21　以環氧樹脂封裝完成之 LED 元件。

7. 參考資料

① E. F. Schubert, "Light Emitting Diode", Cambridge University Press, second edition, 2006.

② R. M. Potter, J. M. Blank, and A. Addamiano "Silicon carbide light-emitting diodes" *J. Appl. Phys.* 40, 2253, 1969

③ H. J. Round, "A note on carborundum" *Electrical World,* 19, 309, 1907.

④ M. R. Krames, M. Ochinai-Holocomb, G. E. Hofler, C. Carter-Coman, E. I. Chen, I. H. Tan, P. Grillot, N. F. Gardner, H. C. Chui, J. W. Huang, S. A. Stockman, F. A. Kish, and M. G. Carford, "High-power truncated-inverted-pyramid (AlxGa1-x)0.5In0.5P/ GaP light-emitting diodes exhibiting >50% external quantum efficiency," Appl. Phys. Lett., vol.75, pp. 2365-2367, 1999.

⑤ D. S. Wuu, W. K. Wang, W. C. Shih, R. H. Horng, C. E. Lee, W. Y. Lin, and J. S. Fang, "Enhanced output power of near-ultraviolet InGaN–GaN LEDs grown on patterned sapphire substrates," IEEE Photon. Technol. Lett., vol.17, No.2, pp. 288-290, 2005.

⑥ T. Egawa, B. Zhang, and H. Ishikawa, "High performance of InGaN LEDs on (111) silicon substrates grown by MOCVD," IEEE Electron Device Lett., vol.26, No.3, pp.169-171, 2005.

⑦ J. J. Wierer, D. A. Steigerwald, M. R. Krames, J. J. O'Shea, M. J. Ludowise, G. Christenson, Y.-C. Shen, C. Lowery, P. S. Martin, S. Subramanya, W. Go¨ tz, N. F.

Gardner, R. S. Kern and S. A. Stockman, "High-power AlGaInN flip-chip light-emitting diodes", App. Phys. Lett., vol.78, pp.3379-3381, 2001.

⑧ R. H. Horng, D. S. Wuu, S. C. Wei, C. Y. Tseng, M. F. Huang, K. H. Chang, P. H. Liu and K. C. Lin, "AlGaInP light-emitting diodes with mirror substrates fabricated by wafer bonding," App. Phys. Lett., vol.75, pp.3054-3056, 1999.

⑨ R. H. Horng, S. H. Huang, D. S. Wuu and C. Y. Chiu, "AlGaInP/mirror/Si light-emitting diodes with vertical electrodes by wafer bonding," App. Phys. Lett., vol.82, pp.4011-4013, 2003.

⑩ M. K. Kelly, O. Ambacher, B. Dahlheimer , G. Groos, R. Dimitrov, H. Angerer and M. Stutzmann, "Optical patterning of GaN films," Appl. Phys. Lett., vol.69, pp.1749-1751, 1996.

⑪ P. R. Tavemier and D. R. Clarke Dunn, "Mechanics of laser-assisted debonding of films," J. Appl. Phys., vol.89, pp. 1527-1536, 2001.

⑫ Z. Li, X. Hu, K. Chen, R. Nie, X. Luo, X. Zhang, T. Yu, B. Zhang, S. Chen, Z. Yang, Z. Chen and G. Zhang, "Preparation of GaN-based cross-sectional TEM specimens by laser lift-off," Micron, vol.36, pp.281-284, 2005.

⑬ M. V. Allmen and A. Blastter, "Laser-beam interactions with materials: physical principles and application," 2nd Springer Publisher, Berlin, pp.24-27, 1995.

⑭ R. Groh, G. Gerey, L. Bartha and J. I. Pankove, "On the thermal decomposition of GaN in vacuum," Phys. Stat. Solidi." vol.26, pp.353-357, 1974.

⑮ C. J. Sun, P. Kung, A. Saxler, H. Ohsato, E. Bigan , M. Razeghi and D. K. Gaskill, "Thermal stability of GaN thin films grown on (0001) Al2O3, (01 2) Al_2O_3 and (0001) Si6H-SiC substrates," J. Appl. Phys., vol.76, pp.236-241, 1994.

⑯ M. E. Lin, B. N. Sverdlov and H. Morkoc, "Thermal stability of GaN investigated by low-temperature photoluminescence spectroscopy," Appl. Phys. Lett., vol.63, pp.3625-3627, 1993.

⑰ W. S. Wong, T. Sands, N. W. Cheung, M. Kneissl, D. P. Bour, P. Mei, L. T. Romano and N. M. Johnson, "Fabrication of thin-film InGaN light-emitting diode membranes by laser lift-off," Appl. Phys. Lett., vol.75, pp.1360-1362, 1999.

⑱ W. S. Wong, Y. Cho, N. J. Quitoriano, T. Sands, A. B. Wengrow and N. W. Cheung,

"Integration of GaN thin films with dissimilar substrate materials by Pd-In metal bonding and laser lift-off," J. Electronic Mater., vol.28, pp.1409-1413, 1999.

⑲ R. H. Horng, Y. L. Tsai, T. M. Wu, D. S. Wuu, and C. H. Chao, "Investigation of Light Extraction of InGaN LEDs With Surface-Textured Indium Tin Oxide by Holographic and Natural Lithography", *IEEE Journal of Selected Topics in Quantum Electronics*, vol. 15, no. 5, pp. 1327-1331, Sept.-oct. 2009.

⑳ S. Y. Huang, R. H. Horng, J. W. Shi, H. C. Kuo, and D. S. Wuu, "High-Performance InGaN-Based Green Resonant-Cavity Light-Emitting Diodes for Plastic Optical Fiber Applications", *IEEE/OSA Journal of Lightwave Technology*, vol. 27, no. 18, pp. 4084-4090, 2009.

㉑ C. T. Chang, S. K. Hsiao, E. Y. Chang, Y. L. Hsiao, J. C. Huang, C. Y. Lu, H. C. Chang, K. W. Cheng, and C. T. Lee, "460-nm InGaN-Based LEDs Grown on Fully Inclined Hemisphere-Shape-Patterned Sapphire Substrate With Submicrometer Spacing", *IEEE Photon. Technol. Lett.*, vol. 21, no. 19, pp. 1366-1368, Oct. 2009.

㉒ O. B. Shchekin, J. E. Epler, T. A. Trottier, T. Margalith, D. A. Steigerwald, M. O. Holcomb, P.S.Martin, and M. R. Krames, "High performance thin-film flip-chip InGaN–GaN light-emitting diodes", *Appl. Phys. Lett.*, vol. 89, no. 7, Aug. 2006.

㉓ Z. S. Luo, Y. Cho, V. Loryuenyong, T. Sands, N. W. Cheung, and M. C. Yoo, "Enhancement of (In,Ga)N light-emitting diode performance by laser liftoff and transfer from sapphire to silicon", *IEEE Photon Technol. Lett.*, vol. 14, no. 10, pp. 1400-1402, Nov. 2002.

㉔ R. H. Horng, S. H. Huang, C. Y. Hsieh, X. Zheng, and D. S. Wuu, "Enhanced Luminance Efficiency of Wafer-Bonded InGaN–GaN LEDs With Double-Side Textured Surfaces and Omnidirectional Reflectors", *IEEE Journal of Quantum Electronics*, vol. 44, no. 11, pp. 1116-1123, Nov. 2008.

㉕ M. K. Kelly, O. Ambacher, B. Dahlheimer, G. Groos, R. Dimitrov, H. Angerer and M. Stutzmann, "Laser Processing for Patterned and Freestanding Nitride Films", *Appl. Phys. Lett.*, vol. 69, no. 12, pp. 1749, Jul. 1996.

㉖ W. S. Wong, T. Sands and N. W. Cheung, "Damage-free separation of GaN thin films from sapphire substrates" , *Appl. Phys. Lett.*, vol. 72, no. 5, pp. 599-601, Feb. 1998.

㉗ S. H. Huang, R. H. Horng, S. L. Li, K. W. Yen, D. S. Wuu, C. K. Lin, H. Liu, "Thermally Stable Mirror Structures for Vertical-Conducting GaN/Mirror/Si Light-Emitting Diodes", *IEEE Photon. Technol. Lett.*, vol. 19, no. 23, pp. 1913-1915, Dec. 2007.

㉘ Y. S. Wu, J.-H. Cheng, W. C. Peng and H. Ouyang, "Effects of laser sources on the reverse-bias leakages of laser lift-off GaN-based light-emitting diodes", *Appl. Phys. Lett.*, vol. 90, no. 25, 251110, Jun. 2007.

LED 照明應用

作者　陳建宇

1. 前言

　　近年來，全球 LED 光源市場在一般亮度 LED 成長率已逐漸趨於穩定，同時高亮度的 LED 市場加速成長，並且帶動了整體市場成長率。台灣的 LED 照明光電產業才剛興起，目前的產品系統以路燈、景觀燈及裝飾燈為主，而 LED 的照明模組正快速發展，將來可望成為我國光電產業重要產品。我國的 LED 照明產業在上游的元件有 50 多家廠商，在中游的模組以及下游的系統應用，合計有近 200 家的相關廠商。我國於 2008 年時，LED 年產值約 460 億台幣；其產值為全球第 2 位，產量則是全球第 1 位；由於 LED 路燈的技術具備國際水準，這兩年業者透過政府的 LED 照明政策，發展全球唯一 LED 路燈標準，擴大內需及 LED 道路照明節能示範計畫，加速商品化的時程，同時，LED 背光板商機，為 2009 年起產值成長的重要因素。（本章參考資料 ①。）

2. LED 光特性的標準與測試方法

　　在本章中主要是介紹 LED 照明的應用，但是先跟讀者作一簡單介紹基本光源之量測與測試方法，讓讀者能有基本的概念，詳細相關理論在往後的章節中有更詳盡的介紹。

2.1 全光通量

　　光通量（Luminous Flux）單位為流明（Lumen, lm），是由一光源所發出並被人眼感知的所有輻射能，換句話說就是輻射通量經視效函數 $V(\lambda)$ 加權後的對應量，如圖 2.1 所示。（本章參考資料 ②。）

　　$\Phi_V(\lambda) K_m \cdot V(\lambda) \cdot \Phi_S(\lambda)$, $K_m = 683 lm/W$, K_m 為比例常數，波長為 555nm 的光譜。光視效率 $\Phi_V = \int_{380}^{780} \Phi_V(\lambda) d\lambda = 683 \int_{380}^{780} V(\lambda) \cdot \Phi_e(\lambda) d\lambda$　光通量是對所有波長的光通量作總和，此視效函數為白晝時之結果（本章參考資料 ⑧。）。

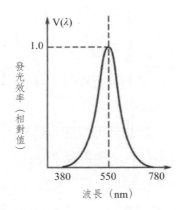

圖 2.1　人眼的視效函數 V(λ)。

資料來源：Dr. Richard Young, Optronic Laboratories, Inc.

符號說明：

光通量的符號為 Φ，單位為流明（lm）。

$\Phi_V(\lambda)$ 光譜輻射通量

$V(\lambda)$ 為相對光譜光視效率

$\Phi_S(\lambda)$ 為光輻通量

Km 為輻射的光譜光視效能的最大值，單位為流明每瓦特（lm/W），
1977 年由國際計量委員會確定 Km 值為 683lm/W（λ m = 555nm）。

積分球法是目前最常用來量測全光通量的方法，與過去的 Goniophotometer 法相比，積分球法可以大幅縮短量測時間和縮小設備體積，其價格也相對的便宜。但是由於擋版的大小位置、開孔數，內部塗料材質特性皆會造成量時的測誤差，需要使用特殊的標準光源來進行校正。

2.2　部分光通量

部份 LED 光通量（partial LED flux）係指在某一特定立體角之範圍內，由 LED 所發的光通量，其立體角的值為一直徑 50mm 的圓形孔徑及從 LED 頂端至孔徑之距離來決定。

2.3　光分佈

　　光強度分佈係指燈具在空間各方向上的發光強度。此空間各方向之強度分別以數值與圖形表示；然而以量測照明燈具空間各方向光強度分佈的數據之設備，稱為配光曲線儀或測角光度計。

　　為了進行不同照明燈具的光強分佈特性分析與比較，一般會將燈具之實際空間光強度值（即絕對值大小）除以裸光源之光通量後，再以 cd/1000lm （cd/klm）相對方式繪製配光曲線。因此，若欲從配光曲線（cd/klm）了解實際光強度，則必須將曲線之光強度值乘以光源實際光通量（lm）與 1000（lm）之比值。

2.4　發光強度

　　發光強度（Luminous Intensity, Iv）指光源某一方向發出的光通量大小在該單位立體角內，也就是光通量除以單位立體角，$I = d\Phi/d\Omega$ 單位是坎德拉（cd），如圖 2.2 所示。（本章參考資料 ④。）

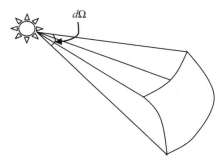

圖 2.2　發光強度示意圖。

2.5　亮度

　　亮度（Luminance, Lv）單位面積內的明亮程度，單位為坎德拉 / 平方公尺

（cd/m^2），可表示為以下的公式：

$$L_v = \frac{d^2\Phi}{d\Omega \cdot dA \cdot \cos\theta} = \frac{dI}{dA \cdot \cos\theta}$$

公式中 dA 為單位面積，dΩ 為立體角，dΦ 為光通量，而 dI 為發光強度。ε 為單位面積法線與觀察方向間的夾角。

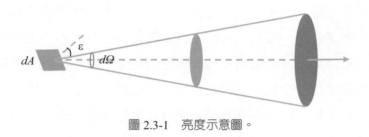

圖 2.3-1　亮度示意圖。

2.6　發光光譜

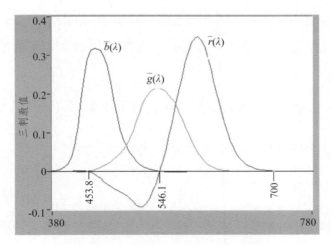

圖 2.3-2　CIE-RGB 光譜三刺激值。

三刺激值 RGB 定義為三原色進行顏色匹配的比例，圖 2.3-2 為 RGB 色度系統，RGB 色度系統中會有負值的配色函數，為此造成了許多困惱，因此在 CIE1931 年提出了新色刺激值 XYZ，修正了負值的困惱，此系統又稱為

CIE1931 標準色度系統。CIE1931 使用 2 度視角進行顏色匹配的實驗，後來有人發現實驗結果仍有色彩誤差產生，因此 CIE 在 1964 年提出了以 10 度視角為基礎的配色實驗。

2.7　色度（Colorfulness）

色度的測量是發光二極體所發出的光線被分光儀分解成各波長光線，由電腦控制輸出的特定波長，這些波長經由視函數器判斷強度再將這些資訊送回電腦中，如此一來就可以分析這些波長所對應的光源頻譜，此測量可以看出發光二極體的顏色純度和主波長。主波長為發光二極體發出的光源對應到人眼的波長。CIE 色度圖是參照色度座標與待量測 LED 色度座標的交點，此交點定義成主波長，用來制定 LED 的顏色。（本章參考資料 ④。）

2.8　照度

照度（Illuminance, Ev）是光通量與被照面面積的比值，1lx 的照度為 1lm 之光通量均勻分布在面積為 1 平方公尺的區域，單位為勒克斯（Lux, lx），可表示為：

$$E_v = \frac{d\Phi}{dA}$$，其中 $d\Phi$ 為包含該點面元上的光通量，dA 為面元面積。

對點光源來說，$d\Phi = Id\Omega$，因而照度為：

$$E_v = \frac{Id\Omega}{dA} = \frac{I\cos\alpha}{R^2}$$

$\cos\alpha$ 為法線方向與點光源夾一個角度，R 為感測器與光源距離

3. 色溫（Color Temperature）

依據 CIE 15 色溫量測之規範，通常使用冷白色與暖白色來形容不同色溫的白光，而色溫（color temperature, 簡稱CT）與相關色溫（correlated color temperature, 簡稱CCT）被用來形容白光光源特性，當色溫增加時，人體會感覺白光比較冷或是偏藍，反之當色溫遞減時，人體會感覺白光較暖和或是偏紅。如果白光是由黑體輻射所發光的，其放射時的絕對溫度和頻譜分布是屬於一對一的對應關係，因此黑體輻射的頻帶分佈僅僅是由黑體的絕對溫度來決定，與物體的材質無關。

3.1.1　演色性（Color Rendering）

由 CIE 13.3 演色性量測之規範與要求，演色性是物體在光源下的感受與在太陽光下的感受的真實度百分比。演色性高的光源對顏色的表現較逼真，眼睛所呈現的物體愈接近自然原味。也就是說人類使用人工光源來表現色彩的自然程度，這種逼真的效果稱為演色性。測量標準是以自然光 Ra-100 為 100% 真實色彩。如使用人工光源，在選擇適用的色溫時，與通色（潘通色卡，pantone card）的自然光比較色彩真實感為 90% 就以 Ra-90 來表示，如表 2.1 所示。

表 2.1　演色性指數

演色性指數和演色性評價表

指數（Ra）	等級	演色性評價	一般應用
90～100	1A	優	需要色彩精確比對與檢核之場所
80～89	1B	良	需要色彩正確判斷及討好表觀之場所
60～79	2	普通	需要中等演色性之場所
40～59	3	普通	演色性的要求較低，唯色差不可過大之場所
20～39	4	較差	演色性不重要，明顯色差亦可接受之場所

資料來源：LED 量測標準探究系列。

各種光源的演色性指數

各種光源的演色性指數	
光源	CRI
水銀燈	17
高級水銀燈	45
暖色螢光燈管	55

各種光源的演色性指數	
冷色螢光燈管	65
高級暖色螢光燈	73
日光型螢光燈	79
複金屬燈	85
高級冷色螢光燈	86
金屬鹵素燈	93
低壓鈉燈	0-18
高壓鈉燈	25
100 瓦特白熾光電燈泡	100

3.1　演色指數（Color Rendering Index, CRI）系統

　　晝光與白熾燈的演色指數被定義為 100，設定為理想的基準光源。在這個系統中以 8 種彩度中等的標準色彩樣本來進行檢驗，用來檢測此 8 色的色彩樣本，在測試光源下與在同色溫的基準光源下的偏離（deviation）程度。作為量測此光源的演色指數，取其平均偏差值 Ra20～100，演色指數 100 為最高。若平均的色差愈大時，則 Ra 值就愈低，當 Ra 值低於 20 時，此光源不適用於一般用途。

3.2　演色向量（Color Rendering Vectors, CRV）系統

　　CRV 圖形能把光譜中所有的顏色全部顯示出來，在此圓中量測 215 個測量點，用來當作測試該光源演色能力的基準。在這 215 個的色樣當中，全光譜在基準光源與測試光源下，對各別顏色的偏差程度都用向量來表示，可用來分析不同色差方向與大小。向量的起始點定義為真實色，向量的終點定義成光源下所顯現的顏色；兩點間距離長度所代表的為這個頻色的色差大小；箭頭的方向即為色差的方向，愈向圓周時飽合度則增加，愈向圓心則飽合度降低。

3.3 照度與色溫對感知之影響

由望月亞希子等人在 1990 年針對人體心跳速度和心理評價探討不同情況下的照度（照度方式）對自律神經的影響。分析結果表示人體會因為照度增加而心跳速度會跟著變強，自律神經控制人體的心跳速度，所以自律神經會受照度的影響。我們以腦波來分析照度對中樞神經的影響，野口公喜在 2002 年，利用 AAC（Alpha Attenuation Coefficient）來探討照度對人們的影響，從實驗結果中發現 AAC 會在平常的室內照度的環境下配合高照度的光源而提升，人體覺醒程度的增加是由於 AAC 的增加，所以在高照度的光源下會因為身體受刺激而形成亢奮狀態，增加人體覺醒程度。

Mukae, H.and Sato, M 等人在 1992 年使用 HRV（Heart Rate Variability）來評估色溫對自律神經的影響。實驗是將 3000K、5000K、6700K 三種不同色溫的螢光燈和 100Lux、300Lux、900Lux 三種不同照度做組合作為照明依據，從實驗結果發現照度條件的不同 HRV 沒有太大的差異性，不過色溫條件的不同，HRV 有了顯著的差異性。從圖 2.4 中發現 LF、HF 提升時是在高色溫的條件下，並說明高色溫的光源會使人體興奮。LF/HF 為交感副交感平衡指標。
（本章參考資料 ⑧。）

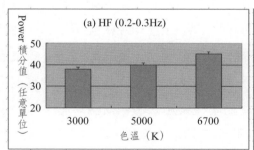 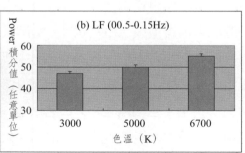

圖 2.4 色溫影響心率變異性效果圖。

色溫對中樞神經的影響利用腦波的方式來分析，岩切等人在 1997 年利用 ERP（Event Related Potential）中的 CNV（Contingent Negative Variation）的

早期成分（400-800msec）的研究發法探討，研究結果發現在 500Lux 的螢光燈下，在色溫 7500K，CNV 的早期成分比 3000K 還來的高，如圖 2.5 所示，表示人體會因為在高色溫的環境下變的亢奮。

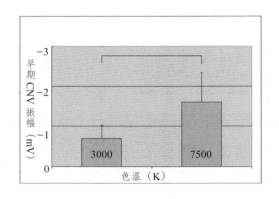

圖 2.5　色溫影響 CNV 早期成分效果圖 "＊" P＜0.05

註：P＜0.05，是指經統計運算後，有在不同的色溫下明顯的影響。

4. 照明量測規範

隨著 LED 發光效率的提升，為響應全球節能趨勢，LED 照明產業蓬勃發展，許多國家組織均已訂定出禁產白熾燈等低效率光源政策，轉而使用高效率光源如省電燈泡或 LED 照明。與傳統的照明工具相比，LED 照明工具在功耗及壽命方面均有不可比擬的優越性其明顯的溫度依賴性、特殊的光譜分布及光譜組成多樣化、組成燈具之機構變化多、壽命長。尤其應用在照明產業更被視為明日之星；也因為 LED 快速崛起，產品屬性與過去照明安全規範不能完全適用，若是標準規範無法合理的將 LED 照明產品定義清楚，將會成為 LED 照明長期發展的隱憂。（本章參考資料 ③。）

在缺乏標準化之下，市場對於燈具廠商推出的產品好壞難以分辨，且產品開發的規格亦無所依歸，目前各國將制定 LED 光源照明標準視為重要且迫切的工作，國際組織也積極地著手LED光源標準的研究討論與制定。

2012 年各國 LED 照明產品認證標陸續制定，中國認證：CCC 認證（China Compulsory Certification）、北美認證：UL 認證（Underwriter LaboratoriesInc.）、歐盟認證：CE 認證（Communate Europpene）、國際認證：CB 認證（Certifiction Body），而國內主要制定 LED 的標準為 CNS 國家標準局與台灣照明委員會（CIE-Taiwan）。

CIE-Taiwan 設七個工作組（對應 CIE 組織架構），其目前主要負責 LED 研究的是第二分部-光和輻射量測（CIE D2-Measurement of Light and Radiation），針對照明量測的問題進行長期的研究討論。相關資料後面的章節會有詳細的說明，本章節不詳細討論。

5. 光學設計篇

5.1 光學設計

LED 的光學設計分為一次光學設計與二次光學設計。一般來說，一次光學設計是以解決 LED 的出光角度、光通量大小、光強度大小及分佈、色溫的範圍；而二次光學設計是將經過一次光學設計後的光行為，再次改變其光學性能。

市售的傳統光源可分為點狀、直管及環形光源，燈具必須應用反射板或光學透鏡進行二次光學設計來達到燈具所需要的照明效果，但是，反射板及光學透鏡會吸收部分的光通量，降低燈具效率。LED 燈具為了符合照明配光需求，一般透過透鏡、反射罩、擴散板需做二次光學設計，達到法規或照明產品的配光需求。

LED 和市售光源不同處在於市售 LED 光源經過封裝後，本身已具備特殊方向性的配光曲線，使用 LED 作為燈具主要光源時，若充分應用 LED 本身所具有的配光進行設計，可將二次光學的使用降至最低，大幅提高燈具效率，並達到最佳的照明效果及節約能源的目的，如部分 LED 路燈，會使用燈具本體

的機構調整 LED 的擺放角度及位置，使 LED 路燈的配光符合光學需求。

5.2　LED 晶片元件設置

選擇符合規格的 LED 晶片之元件，再依據 LED 製作廠商所提供的參數中的發光強度、色度、指向性等相關資料，選擇適用於想要製作照明器具或者模組的晶片。由於 LED 的亮度、顏色上存有差異，若想應用於照明時要特別注意這個變因。尤其是在使用多個 LED 晶片元件的情況下，所發出光的明暗、顏色都會存在差異，此部份應找尋解決之對策；一般來說，會在採用指定等級或選擇等級等方法來解決這個問題。此外，也可以利用光學設計配置擴散功能，將光擴散來削弱差異的影響。

5.3　LED 安全性設計

在市面上常見的白熾燈泡或是螢光燈、省電燈泡而言，即使產品在使用的過程中可能產生熱能，但是其元件的產生的高熱仍可以被有效隔離，使得光源與電源座不會因為溫度的提高而產生意外的工安問題。但 LED 固態照明就不同於傳統的光源，這是因為 LED 元件集中單點的工作時的高溫，因此必須採取更多有效的方法來進行散熱處理，同時搭配主動有效的熱處理機制，才能避免燈具因為溫度過高而發生公共安全的問題。

5.4　安全性設計與安全規範

美國檢測公司優力（UL）對於傳統光源的安全評估標準已有相關法規並執行已久，近年來 UL 一直探索 LED 照明方面的安全標準，找尋與並傳統光源的差異性，於已存在之傳統光源的安全規範增加 LED 安全要求或須另行提出規範。目前，UL 提出相關 LED 照明安全規範，如表 2.2 所示，表中並將傳統光源的安全規範一併列入供參考。（本章參考資料 ④。）

表 2.2　UL 提出相關 LED 照明安全規範

標準編號	標準名稱	適用範圍
UL 153	Portable Electric Luminaries	移動式燈具
UL 48	Electric Signs	電子招牌
UL 588	Seasonal and Holiday Decorative Products	季節性裝飾產品
UL 1838	Low Voltage Landscape Lighting Systems	低電壓景觀照明系統
UL 2108	Low Voltage Lighting Systems	低電壓照明系統
UL 2388	Flexible Lighting Products	可撓式燈具
UL 1786	Nightlights	小夜燈
UL 1993	Self-Batlasted Lamps and Lamp Adapters	自整流燈及其燈座
UL 879A	Outline of Investigation for LED Kits	LED 器具概述
UL 1598	Luminaries	燈具
UL 8750	Outline of Investigation for LED Light Sources for Use Lighting Products	LED 器具概述（安規標準）

(表格左側標示：傳統光源)

6. 應用篇

6.1　室內照明應用領域

　　室內照明領域主要可以分為住宅領域、設施領域以及店鋪領域。每一個領域皆會因不同的需求，而設計出所須的光源，以下根據不同的領域來說明其不同功能與規範，以下依各種場所照度標準（包含 CNS 國家標準）分類說明。

6.2　居家（客廳、書房、臥室等）

　　根據台灣 CNS 14335 規範以及燈具配光 CIE70」規範內容要求，住宅內的臥室、廁所、走廊、樓梯的夜間照度必須達到 1～2lx。而 LED 的特長是使用壽命長，省電無需常更換光源，可持續確保夜間安全。依據台灣標準局設定一般住宅，依不同空間所定出不同的照度，如表 2.3 所示

表 2.3　一般住宅空間之照度規範

照度 Lux	起居間	書房	客廳	廚房 / 餐廳	臥房	家事室 / 工作室	浴室 / 更衣室	洗手間
	無					無		
2000		無				手工藝縫紉縫衣機		
1500	手藝縫紉			無	無		無	
1000		寫作閱讀	無					
750	閱讀化粧電話				看書化粧	工作		無
500				餐桌調理水洗槽			修臉化妝洗臉	
300	團聚娛樂	無	桌面沙發					
200				無		洗衣	無	
150	無		無		無			
100				全般		全般	全般	
75	全般	全般						全般
50			全般					
30	無	無	無	無	全般	無	無	無
20								
10								
5					無			
2								深夜
1					深夜			

6.3　辦公室

　　辦公場所是為辦公人員提供一個工作環境。辦公室場所的照明，不僅要明亮，同時也要照顧到辦公人員的生理及心理感受。經由現代化室內照明設計，使辦公室及會議室等上班場所，不僅達到合適的明亮度，亦可因場所及時間等不同需求，營造不同的氣氛，提高工作效率。依據台灣標準局設定工作環境標準照度規範，依不同工作內容、空間所定出不同的照度，如表 2.4 所示

表 2.4　工作環境標準照度規範

辦公室		
照度 Lux	場所 (1)	作業
2000	無	無
1500		設計製圖 打字計算 打卡
1000	辦公室，營業所，設計室，製圖室，正門大廳（日間）	
750		
500	無	辦公室，主管室，會議室，印刷室，總機室，電子計算機室，控制室，診療室電器機械室等支配電盤及繼器盤服務台	無
300	禮堂，會客室，大廳，餐廳，廚房，娛樂室，休息室，警衛室，電梯走道	
200		書庫，會客室，電氣室，教室，機械室，電梯，雜務室	無
150	無		盥洗室，茶水間，浴室，走廊，樓梯，廁所
100	飲茶室，休息室，值夜室，更衣室，倉庫，入口（靠車處）		
75		無	
50	安全梯	
30		

6.4　工廠

在工廠的工作人員，若有良好的照明可增加工作效率及防止工安意外的發生，故不應為了節能而犧牲照明品質。因此，良好的照明環境，對工廠的工作人員有很大的功能，台灣標準局也針對不同工廠的工作功能與需求，制訂了不同的照度。在表 2.5 中台灣標準局依不同工廠的環境，制訂不同的需求的照度，以減少因為光源不足而造成的工作傷害。

表 2.5 工廠環境標準照度規範

工廠		
照度 Lux	場 所	作 業
無	無	無
3000 2000	控制室等之儀表盤及控制盤	精密精械，電子零件製造，印刷工廠及細之視力作業如：裝配，檢查，試驗篩選，設計，製圖
1500 1000 750	設計室，製圖室	纖維工廠之選別、檢查，印刷工廠之排字、校正，化學工廠之分析等細緻視力工作，如：裝配，檢查，試驗篩選 (b)
500 300	控制室	一般之製造工程等之普通視力作業，如：裝配，檢查，試驗篩選 ，包裝，倉庫內辦公
200 150	電氣室，空調機械室	較粗之視力工作，如：可限定之工作包裝，物品製造
100 75	進出口，走廊，通道，樓梯，化粧室，廁所，內具作業場之倉庫	極粗之視力工作，如：可限定之工作包裝，細紮
50 30	安全梯，倉庫，屋外動力設備	裝貨，卸貨，存貨之移動等諸作業
20 10	室外（通道，警備區）	無

6.5　學校

　　照明應依其功能與目的劃定照明範圍與品質控制標準，學校照明依學習方法不同，應優先掌握天然光源所能採光的適當範圍，再分別依教學活動場所性質提供高效能照明設施補充天然光源之不足。一般天然光源只能影響室內靠窗二公尺以內之範圍，無法提供全面性照明環境。故應以定期測量照度狀況、適當補充人工照明、更換老舊損壞燈管與清洗燈具等方式，維持高照明品質，

以節約能源與電費負擔。照度過低，會影響視覺效果，照度過高，亦會造成浪費，必須求其適當。台灣於 1995 年由學者參照日本照明學會之建議目標最舒適視力之照度範圍為 1000 -2000 Lux，及長時間閱讀作業時，眼睛不疲勞的最低要求照度應有 500 Lux 以上，提出課桌區應有 500 Lux 以上的水準，黑板照度要比課桌區照度加大 1.5 倍設計。礙於燈具更新與維護經費限制，在第一期五年計畫中規定教室課桌面照度不得低於 350 Lux，黑板照度不得低於 500 Lux。（摘自教育部發行「視力保健實務工作手冊」p172-180）。良好的照明，對學生的學習狀態與健康都是非常重要的，在台灣所提昌的多元學習已是行之有年了，但是不同的專業科目或是實作科目，也會有不同的照明需求。因此，台灣標準局也針對不同的學習內容制定了不同的照度，如表 2.6 所示。

表 2.6　教學空間標準照度規範

學校			
照度 Lux	場所（室內）		作業
	無	無	無
1500	無	製圖教室	精密製圖精密實驗
1000		縫紉教室	縫紉打鍵工作圖書閱覽精密工作工藝
750			美術製作
500	教室，實驗室，實習工場，研究室，圖書閱覽室，書庫	電腦教室	黑板書寫天秤計量
300	辦公室，教職員休息室，會議室，保健室，餐廳，廚房，配膳室		
200	廣播室，印刷室，總機室，守衛室，室內運動場	大教室，禮堂，儲櫃室，休息室，樓梯間，走廊，電梯走道，廁所，值班室，工友室，天橋	
150	無		
100			
75			

學校		
照度 Lux	場所（室內）	作業
50	倉庫，車庫安全梯	
30		

6.6　公共建築（運輸系統、商店、博物館等）

公共空間的照明系統所涵蓋的範圍非常的廣泛，如：百貨公司、商店、超級市場等用於商品的陳列燈；公共空間的環境照明或是情境照明或是公共空間的安全照明等，以下針對不同的空間與需求制訂出標準照明如表 2.7 所示。

表 2.7　公共空間標準照度規範

商店、百貨店、其他						
照度 Lux	商店之一般 共同事項	日用品 店（雜 貨、食 品）	超級市場 （自助 式）	大型店 (8) （百貨公 司、大批 發店）	服飾店（衣 料、眼鏡、 鐘錶等）	文化品店 （家電、樂 器、書籍）	生活別專 用店（家 庭工藝器 具、育 嬰、料理 等）
	無		無	無	無		
3000	局部陳列室	無	主陳列室	櫥窗之重點， 展示部， 店內重點 陳列部	櫥窗之重點	櫥窗之重點，店內之陳列部	無
2000							
1500	無			專櫃， 店內陳列	無	舞台商品之重點	櫥窗之重點
1000	重點陳列部，結帳櫃檯，電扶梯上下處，包裝台	重點陳列部	店內全般（開區商店）	主商品銷售，特價品部份，服務專櫃	重點陳列，專案櫃，試穿室	室內陳列，服務專櫃，試穿室，櫥窗之全般	展示室

照度 Lux	商店之一般共同事項	日用品店（雜貨、食品）	超級市場（自助式）	大型店(8)（百貨公司、大批發店）	服飾店（衣料、眼鏡、鐘錶等）	文化品店（家電、樂器、書籍）	生活別專用店（家庭工藝器具、育嬰、料理等）
750	電梯大廳，電扶梯	重點部份，店面	店內全般（郊外商店）	一般樓層之全般	店內全般（特別部份除外），特別陳列部	店內全般，具鼓舞性指標之陳列	店內全般，服務專櫃
500	一般陳列室，洽商室			高樓層之全般		無	
300	接待室	店內全般			無		
200	化粧室，廁所，樓梯，走廊		無	無	特別部之全般	具鼓舞性指標之陳列部之全般	無
150	無						
100	休息室，店內全般	無			無	無	
75							

上表欄目標題：商店、百貨店、其他

6.7 醫療空間（手術室）

　　醫療照明泛指應用於醫療空間或場所使用之照明產品，其包括一般檢驗燈、手術燈、手術頭燈、牙科診療燈、光筆、殺菌燈、光療照明及血管照明等產品。醫療照明具有規格、規範及認證嚴謹之特性，且對於使用光源之品質穩定性與規格誤差容許度小，以往大多為少數大廠占有之市場。

　　隨著 LED 照明技術發展，其具冷光、窄波域及高演色等特性，應用於LED 手術燈、血管照明、NBI、口腔照明、LED 美容燈、LED 內視鏡及手術光波定位系統等應用都較其他傳統光源具優勢，如何有效掌握醫療設備、系統與環境，並整合 LED 醫療照明技術與光源，將是切入 LED 醫療照明之關鍵。（摘自工研院電光所）。為了針對醫療空間之照明，由工研究電光所與經濟部工業局合作，經過多方測試，由台灣標準局制訂了醫療空間標準照度規範，如表 2.8 所示。

表 2.8　醫療空間標準照度規範

醫院			
照度 Lux	場所		作業
10000	視功能檢查室（眼科明室）		無
7500			
5000	無		解剖檢查，助產，急救，視診，注射，製藥，調藥，檢查，技術加工，櫃台事務
3000			
2000			
1500	開刀房		繃帶更換（病房）
1000			裝卸石膏模
750	診療室，治療室，急救室，產房，院長室，辦公室，研究室，會議室，護士室，藥局，製藥室，配藥室，解剖室，病理細菌檢查室，事務室，圖書室，正門。	無	
500		餐廳，調理室，一般檢查室（血壓、尿、便），生理檢查室（腦波、心電圖、視力），技術加工室，中央供應室，同位素室。	
300	嬰房，紀錄室，候診室，會客室，門診部走廊		病床上看書
200		病房，X 光室（攝影、操作、判讀），物理治療室，溫水浴室，冷水浴室，運動機械室，聽力檢查室，滅菌室，藥品倉庫	
150	麻醉室，回復室，太平間，更衣室，浴室，化粧室，洗手間，污物處理室，洗衣場，病歷室，值夜室，樓梯		
100		內視鏡室，X 光透視室，眼科暗室，乘車處，病房走廊	無
75	無		
50	動物室，暗室（照片），安全梯		
30	無		
20			
10			
5			
2			
1	深夜之病房及走廊		

7. 室外照明應用領域

7.1 LED 路燈

LED 產業發展熱絡，馬英九總統更表示全國的 LED 交通號誌全面汰換完畢後，2011 年起全國 130 萬盞傳統路燈將展開 LED 路燈替換作業，未來政府部門要採用 LED 照明，設法擴大國內的綠能市場，讓台灣綠能產業迎頭趕上日本、德國等先進國家。在兩岸擴大內需政策利多下，LED 路燈可謂一大商機，尤其中國大陸「十城萬盞」計畫，勢將帶動大規模 LED 路燈的需求。每盞 LED 路燈若以 600 美元估計，預期將帶動 15 億美元商機，並已成為 LED 路燈商競逐的目標。值得關注的是，隨著台灣 LED 路燈草案標準底定（CNS15233）為開創兩岸雙贏局面，將與中國大陸共同制定路燈標準平台，以台商量產及技術開發能力，結合中國大陸廣大內需市場，前景相當可期。此 LED 路燈市場方興未艾之際，若要搶得進軍 LED 路燈市場的先機，須對 LED 封裝、系統設計、標準與安全規範有全盤了解，才能無往不利。（本章參考資料 ⑰、①。）

LED 因為發光特性，輸入電能至少約 50% 以上（低功率 LED 約 50%，高功率 LED 約為 65%）轉換成熱能必須排出，且 LED 晶粒屬半導體材料，發光效率會隨晶片溫度上升而降低，散熱變成 LED 路燈的首要考量。LED 晶片的發光層在點亮時溫度會上升，一般情況下 p-n 接面溫度越高，發光效率就越低，如圖 2.6 所示。LED 的 p-n 接面溫度升高會對 LED 的使用壽命，出光強度、主波長（顏色）等 3 大因素有很大的影響，使 LED 的性能和可靠性降低。（本章參考資料 ⑯。）

因此通過降低 LED 晶片封裝及該封裝安裝底板的熱阻，使晶片產生的熱量得以散發，避免接合溫度上升可以提高亮度並延長燈具壽命。pn 接面溫度為＝熱阻×輸入電力 + 環境溫度，因此如果提高接面溫度的最大額定值，即使環境溫度非常高 LED 也能正常工作。（本章參考資料 ⑥-⑨。）

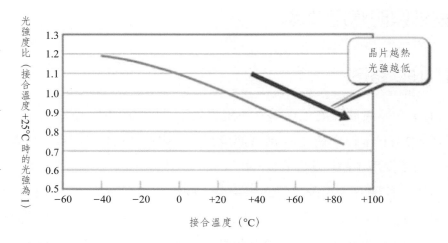

圖 2.6　晶片接面溫度和光強度關係。

註：根據德國歐司朗光電半導體的資料製作。

　　接下來介紹散熱的計算公式，若 pn 接面溫度為 TJ、環境溫度為 TA、LED 的功耗為 P_D，則熱阻 R_{JA} 與 T_J、T_A 及 P_D 的關係為：

$$R_{JA} = \frac{(\tau_J - T_A)}{P_D} \qquad\qquad (2.1)$$

　　式中 P_D 的單位是 W、且 P_D 與 LED 的順向壓降 V_F 及 LED 的順向電流 I_F 的關係為：$P_D = I_F \times V_{FO}$ 這裡採用燈具環境溫度 $T_A = 71°C$ 為計算舉例。已知條件如下：LED：3W 白光 LED、$R_{JA} = 16°C/W$ LED 工作狀態：$I_f = 500mA$、$V_f = 4V$。由上式（2.1）得到 $T_J = R_{JA} \times P_D + T_A = R_{JA} \times (I_F \times V_F) + T_A$ 所以 $T_J = 16(0.5A + 4V) + 71°C = 103°C$

　　如果設計的 $T_{Jmax} = 90°C$，則按上述條件計算出來的 T_J 不能滿足設計要求，需要改換散熱更好的材料或增大散熱面積，並再一次試驗及計算，直到滿足 $T_J \leq T_{Jmax}$ 為止。

　　為了排除產生的熱量，目前 LED 路燈的常用散熱方式主要有 2 種：

(1) 主動散熱：加裝風扇強制散熱、水冷散熱技術、半導體製冷晶片。

(2) 被動散熱：使用自然散熱的方式如利用熱傳導、熱對流以及熱輻射作

為基本的散熱原理,然後在散熱管上再加鰭片或配合迴路熱管技術,圖 2.7 所示為迴圈熱管技術之示意圖。

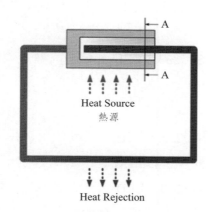

圖 2.7　迴路熱管技術。

資料來源:圖片來自陽傑科技。

以主動散熱的方式應用在路燈上,在戶外安裝風扇會有穩定性的問題,半導體製冷晶片與水冷式散熱需要額外付出更多電力散熱,並且在散熱端的地方亦須要另外設計散熱結構,相對比較下來複雜許多。所以將 LED 路燈應用在嚴苛的戶外環境,應以被動散熱這樣的設計為優先考量。

光學設計的標準必須符合道路照明使用規範,由於光學照度、光學均勻度因區域和道路狀況的不同,光學設計起來較為複雜成為一大挑戰。所以經濟部標準檢驗局於 2008 年 12 月正式公布 CNS 15233「發光二極體道路照明燈具」國家標準。由於之前 LED 路燈尚無國家標準,而且相關技術還在持續發展中,因此在產、官、學、研各界通力合作下,終於在最短時間內完成國家標準的制定工作。

「LED 道路照明燈具國家標準」(本章參考資料 ⑩。),以產品安全性與性能量測為重點。產品安全性,對於颱風引起的抗風性和避免電擊傷害較為注重;性能量測則是強調產品的眩光性對於道路駕駛人的駕駛安全(本章參考資料 ⑱。)其重點大致如下:

例 1：國家標準 CNS15233 主要檢測 LED 路燈哪 4 大項目？

答：(1) 控制裝置 (2) 散熱裝置 (3) 光學元件 (4) 機械結構。

例 2：依據國家標準 CNS15233、LED 路燈須點滅幾次後仍能正常操作？

答：8000 次

例 3：依據國家標準 CNS15233、LED 路燈通入額定頻率、電壓後，在室內無風下持續點燈？小時，稱為枯化點燈。

答：1000 小時

例 4：依據國家標準 CNS15233、LED 路燈發光效率共分為多少級？

答：3 級（75lm/W、60lm/W、45lm/W）

例 5：依據國家標準 CNS15233、LED 路燈光衰如何計算？

答：點燈 3000 小時不得低於原流明值的 92%。

例 6：一 LED 路燈高 10m 測得地面上最大照度 50Lx、平均照度 20Lx、最小照度 5Lx 問均勻度多少？Lx。

答：我們定義均勻度 = 最小照度 ÷ 平均照度，所以 5 ÷ 20 = 0.25 Lx

　　為了鼓勵業者參與國家標準檢測，經濟部建議國內各相關採購單位於未來採購 LED 道路照明燈具時，優先採用符合 CNS15233「發光二極體道路照明燈具」之正字標記產品。因此各大照明公司有了檢測標準後無不準備大展身手，強食 LED 路燈大餅。儘管目前 LED 路燈的普及化應用須克服 4 大課題：模組發光效率的提升、模組散熱設計、模組光學設計、降低成本。但是隨著科學技術的發展人們觀念的轉變，解決 LED 路燈的所有問題也不是不可能的，相信在不久的將來綠色照明的 LED 路燈替代傳統高壓鈉燈指日可待，圖 2.8 所示為一 150W LED 路燈。

圖 2.8　150W LED 路燈。

資料來源：圖片來自陽傑科技。

7.2　LED 車燈

　　由於綠能科技的議題持續升溫，節能減碳的技術也應用在交通運輸上，除了研發更為省油的動力系統之外，還有利用再生原料製造汽車零件、車身讓車輛更為環保。至於行車照明技術的部份，也開始將技術焦點發展於更為省電、體積小、壽命長，以及更加耐震等優點的 LED 照明技術，從早期的 LED 第三煞車燈、方向燈、尾燈組等開始，汽車廠商也開始從晝行燈、霧燈甚至車頭燈組等裝置導入 LED 照明技術，其中照明的技術不但更勝以往，也讓產品發揮節能的功效。從汽車零、配件展所看到五花八門的 LED 晝行燈組、尾燈組及霧燈成為汽車照明廠商基本的產品（本章參考資料 ⑪。）。其中食人魚 LED（外形像食人魚）具有散熱優勢、可承受 70～80mA 以上電流、4 個支腳特殊的散熱支架設計可以應付長時間點亮的溫度無過熱之慮。圖 2.9 所示為一般常見的食人魚 LED 示意圖，所以食人魚 LED 常用做煞車燈、方向燈、後照鏡方向燈等以上車燈用途。

圖 2.9　食人魚 LED。

資料來源：圖片來自佳皇科技公司。

　　在 2007 年 Lexus 在東京發表 Lexus LS600h 採用 LED 近頭燈為全球創舉，後來 AUDI A8 更上層樓推出全頭燈（近燈和遠光燈）的設計成為汽車產業界的新標竿，表示 LED 全頭燈技術已不是問題。圖 2.10 所示為 AUDI 汽車公司之 LED 全頭燈示意圖。

圖 2.10　LED 全頭燈。

資料來源：圖片來自台灣 AUDI 汽車公司。

　　由於汽車零配件品質關係到用車人和路人生命安全，因此世界各國對汽車

零配件的安規認證都很嚴苛。以圖 2.11 為例，根據歐洲法規 ECE 的規定，頭燈開啟時左右兩頭燈光形夾角 θ 約 15 度（本章參考資料 ⑫。）。

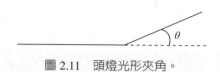

圖 2.11 頭燈光形夾角。

且頭燈開啟時近光燈的總光通量須 1000lm，另外歐盟已強制新車加裝 DRL 晝行燈（Daytime Running Light）如圖 2.12 所示來增加行車安全。根據美規 SAE 標準，汽車方向燈投射出的光形要接近橢圓形。（本章參考資料 ⑬、⑭。）

晝行燈

圖 2.15 DRL 晝行燈。

資料來源：圖片來自 PORSCHE 公司。

以目前 LED 技術而言、LED 車頭燈要普及化尚須克服 4 大課題：(1)LED 模組發光效率的提升、(2)散熱設計、(3)光學設計、(4)降低成本。如何善用台灣 LED 產業的優勢並結合國內車廠及車燈業者對產品特性的瞭解是未來政府及相關產業可以努力的目標。

7.3　LED 指示燈、景觀燈

　　由於 LED 具有低耗電、高亮度、模組輕薄特性，常被用來當出入口指示燈（如圖 2.13 所示）及工業儀器設備的指示燈（如圖 2.14 所示）。

圖 2.13　出口指示燈。

資料來源：圖片來自晶城科技。

圖 2.14　儀器指示燈。

資料來源：圖片來自廣華電子。

　　另外 LED 就顏色種類、亮度和功率上都已有極大的變化。現今的 LED 正以讓人驚喜的應用在娛樂場所、建築物外觀、橋樑照明、城市美化等景觀照明領域中發揮著傳統光源無可比擬的作用。（本章參考資料⑮。）

　　好的景觀照明設計除了不扭曲原設計師的初衷外，更須因地制宜配合當地文化背景或該設施原有的功能加以考慮絕不可宣賓奪主。例如橋樑照明必須滿

足道路照明以保証交通安全外，更要注意眩光或花俏的閃光是否會影響用路人的視線，更須考慮後續維護的方便性。

　　常用的景觀照明燈為 LED 投射燈或洗牆燈如圖 2.15 所示，主要用於建築物外觀照明、綠化景觀照明、廣告招牌照明及舞台照明。LED 投射燈常使用 1W 大功率晶片搭配高透光透鏡，燈體使用鋁合金或不鏽鋼做成完密封以達防塵、防水 IP 等級。

圖 2.15　LED 洗牆燈和太陽能庭園燈。

資料來源：圖片來自 LED101 節能光源網。

　　另外像水中照明的水底燈，埋在地面的地埋燈和地磚燈以及可美化樹木的樹燈和太陽能結合的庭園燈、草坪燈等等均是常用的景觀照明燈。運用於景觀照明的燈具設計應該要和環境配合柔性化不可太突兀，盡量達到白天美化、晚上藝術化的目的。所以進行效果試驗對景觀照明設計而言非常重要，好的照明會使景觀更完美更動人。

8. 參考資料

① 新電子雜誌 2009 年 9 月號

② 淺談LED全光通量量測方法（http://www.18show.cn/blog/knowledge/d45313_156. html）

③ 《室內照明設計原理》光與色彩　作者：石曉蔚出版社：淑馨（http://www.iali.com.tw/publications/fundamentals/CH2.htm）

④ LED 量測標準探究系列，吳登峻／梁瑋耘／莊柏年，2008

⑤ 林維屏，LED 光源新式應用之研究，國立中央大學光電所碩士論文，中華民國九十五年

⑥ 蘇永道等「LED 構裝技術」五南出版社（2011 年）

⑦ 光炬科技有限公司資料

⑧ 新電子雜誌 2008 年 8 月號

⑨ 弘凱光電熱管理資料

⑩ 「發光二極體道路照明燈具」國家標準 CNS15233

⑪ 台北國際汽車零配件展，LED成汽車照明顯學　陳奕宏（http://news.u-car.com.tw/13994.html）

⑫ 趙偉成「車輛研測資訊」2010 年 2 月號

⑬ 王溫良「車輛研測資訊」2009 年 2 月號

⑭ 張欲琨「工業材料雜誌」259 期

⑮ 楊清德「LED 驅動電路與工程施工」人民郵電出版社（2010 年）

⑯ 散熱處理與安全設計為 LED 照明發展關鍵

⑰ LED 元件光學與電性量測標準草案

⑱ LED 照明性能測試概述，財團法人台灣電子檢驗中心，2011

⑲ 公共建設設置 LED 照明光電產品參考手冊，經濟部能源局，2010

第三章

LED 國際照明規範常識

作者　賴芳儀

1. 前言

　　LED 目前已廣泛使用在消費性電子產品、顯示裝置、通訊等，成為我們日常生活中不可或缺的重要元件之一，隨著 LED 操作性能提升，也使得 LED 應用在照明的可能成形，目前應用最多的為汽車頭燈、漁船照明、專櫃展示燈等。而 LED 應用在照明具備環保節能的優勢，則是目前各家廠商積極投入發展的重點，也是未來的趨勢。

　　而為了統一市場產品規範、確保產品安全、保障消費者權益，各國在 LED 元件及應用於照明器件等產品皆制定了標準，例如元件及量測方式、照明應用的光學特性、相關電器的機械特性、溫度特性等，而產品均需符合欲消售國家的標準，因此本章節將對台灣、歐美、日本、韓國以及中國等之規範制訂組織 LOGO、組織名稱縮寫及內容做一簡單介紹。

2. 各國照明規範制定概況

　　以下主要針對台灣、歐美、日本、韓國以及中國各國關於制定 LED 及 LED 照明相關規範做一介紹。

2.1　台灣 LED 照明規範發展概況

　　台灣商品凡經經濟部公告為應施檢驗之品目，須經經濟部標準檢驗局檢驗合格，才能輸出、輸入或在國內市場陳列銷售，而檢驗內容與標準則需依台灣國家標準（CNS）。由於台灣 LED 產業發展甚早，因此在 1987 年就已有發光二極體與其量測方法的 CNS 標準，截至 2012 年 1 月已有 53 項 LED 相關 CNS 標準，其中包含 2007 年 2 月已廢止之不符實際之 9 項交通號誌之舊有 LED 相關標準。這些 LED 相關標準主要有指示用途、戶外顯示用、通訊用、自動控制用、交通號誌、看板資訊、LED 磊晶晶粒與封裝等，如表 3-1 所示。

表 3-1　台灣 LED 相關 CNS 標準一覽表

標準總號	標準類號	標準名稱	最新日期	備註
11829	C7185	發光二極體（指示用） Light Emitting Diodes (for Indication)	76/02/17	
11830	C6278	發光二極體（指示用）測量法 Measuring Methods for Light Emitting Diodes (for Indication)	76/02/17	
13087	C7217	可靠度保證發光二極體大型燈（戶外顯示用）Reliability Assured Light Emitting Diode Big Lamps '6rfor Outdoor Display' 6s	81/12/28	
13088	C6348	發光二極體大型燈（戶外顯示用）量測法 Measuring Method for Light Emitting Diode Big Lamps (for Outdoor Display)	81/12/28	
13089	C6349	發光二極體大型燈（戶外顯示用）耐久性試驗法−預燒試驗（順向偏壓） Mothod of Endurance Test for Light Emitting Diode Big Lamps (for Outdoor Display) -Burn-in Test (Forward Bias)	81/12/28	
13090	C6350	發光二極體大型燈（戶外顯示用）耐久性試驗法−連續通電試驗 Method of Endurance Test for Light Emitting Diode Big Lamps (for Outdoor Display)-Continuouus Applying Current Test	81/12/28	
13091	C7218	發光二極體顯示幕（戶外用）產品標準 LED Outdoor Display Panel Product Standard	81/12/28	
13092	C6351	發光二極體顯示幕（戶外用）量測法 Measuring Method for LED Outdoor Display Panels	81/12/28	
13093	C6352	發光二極體顯示幕（戶外用）產品可靠度試驗法 Method of Test for Reliability of LED Outdoor Display Panels	81/12/28	
13651	C6364	通信用發光二極體量測法 Measuring Methods for Light Emitting Diode (for Communication)	85/04/15	
13652	C6365	通信用發光二極體之可靠度測試 Reliability Testing for Light Emitting Diode (for Communication)	85/04/15	
13653	C6366	通信用發光二極體之批品質控制測試 Lot-Control Testing for Light Emitting Diode (for Communication)	85/04/15	
13779	C6374	自動控制用紅外發光二極體量測法 Measuring Methods for Infrared Emitting Diodes (IRED) (for Automation)	85/10/30	

標準總號	標準類號	標準名稱	最新日期	備註
13780	C6374	自動控制用紅外發光二極體耐久性試驗法–連續通電試驗 Endurance Testing Methods for Infrared Emitting Diodes (for Automation)-Continuously Applying Voltage Test	85/10/30	
13781	C6376	自動控制用紅外發光二極體耐久性試驗法–預燒試驗（順向偏壓） Endurance Testing Methods for Infrared Emitting Diodes (for Automation)-Burn-In Test (Forward Bias)	85/10/30	
13782	C7227	自動控制用可靠度保證紅外發光二極體 Realiability Assured Infrared Emitting Diodes (IRED) (for Automation)	85/10/30	
13806	C6386	發光二極體磊晶片發光波長與亮度量測法 Method of Measurement for Emission Wavelength and Luminous Intensity of Epitaxial Wafers of Light Emitting Diodes	86/02/03	
13807	C6387	發光二極體用環氧樹脂試驗法 Methods of Test of Epoxy for Light Emitting Diodes	86/02/03	
13808	C7228	發光二極體磊晶片 Epitaxial Wafers for Light Emitting Diodes	86/02/03	
13809	C7229	發光二極體晶粒 Light Emitting Diode Dice	86/02/03	
13810	C7230	發光二極體用支架 Lead Frames for Light Emitting Diodes	86/02/03	
13811	C7231	發光二極體數字型反射套板 Numerical-Type Reflectors for Light Emitting Diodes	86/02/03	
14546	C7259	發光二極體交通號誌燈燈面及燈箱 LED traffic signal lanterns and lamp housing	96/02/27	
14547	C6406	道路用發光二極體行車管制號誌發光模組之功能特性測試（→CNS14546） Functions and properties testing for LED road vehicle traffic control signal light modules (→CNS 14546)	96/02/27	廢止
14548	C6407	道路用發光二極體行車管制號誌發光模組之可靠度測試（→CNS14546） Method of reliability test for LED road vehicle traffic control signal light modules （→CNS14546）	96/02/27	廢止
14549	C7260	道路用發光二極體車道管制號誌之發光模組（→CNS 14546） LED road lane control signal light modules (→CNS 14546)	96/02/27	廢止

標準總號	標準類號	標準名稱	最新日期	備註
14550	C6408	道路用發光二極體車道管制號誌發光模組之功能特性測試（→CNS14546） Functions and properties testing for LED road lane control signal light modules (→CNS14546)	96/02/27	廢止
14551	C6409	道路用發光二極體車道管制號誌發光模組之可靠度測試（→CNS 14546） Method of reliability test for LED road lane control signal light modules (→CNS 14546)	96/02/27	廢止
14552	C7261	發光二極體行人專用號誌之發光模組（→CNS 14546） LED pedestrian signal light modules (→CNS 14546)	96/02/27	廢止
14553	C6410	發光二極體行人專用號誌發光模組之功能特性測試（→CNS 14546） Functions and properties testing for LED pedestrian signal light modules (→CNS 14546)	96/02/27	廢止
14554	C6411	發光二極體行人專用號誌發光模組之可靠度測試（→CNS 14546） Method of reliability test for LED pedestrian signal light modules (→CNS 14546)	96/02/27	廢止
14555	C7262	道路用發光二極體文字顯示型交通資訊看板 Road traffic LED display panel	90/06/07	
14556	C6412	道路用發光二極體文字顯示型交通資訊看板之功能特性測試 Functions and properties testing for road traffic LED display panel	90/06/07	
14557	C6413	道路用發光二極體文字顯示型交通資訊看板之可靠度測試 Method of reliability test for road traffic LED display panel	90/06/07	
15233	C4504	發光二極體道路照明燈具 Fixtures of roadway lighting with light emitting diode lamps	99/11/12	
15247	C3220	照明用發光二極體元件與模組之一般壽命試驗方法 Test methods on light emitting diode components and modules (for general lighting service) for normal life	98/01/22	
15248	C3221	發光二極體元件之熱阻量測方法 Methods of measurement on light emitting diode components for thermal resistance	98/01/22	

標準總號	標準類號	標準名稱	最新日期	備註
15249	C3222	發光二極體元件之光學與電性量測方法 Methods of measurement on light emitting diode components for optical and electrical characteristics	98/01/22	
15250	C3223	發光二極體模組之光學與電性量測方法 Methods of measurement on light emitting diode modules for optical and electrical characteristics	98/01/22	
15436	C4509	安定器內藏式發光二極體燈泡（一般照明用）—安全性要求 Self-ballast LED-lamps for general lighting services – Safety specifications	99/11/18	
15437	C4510	輕鋼架天花板（T－bar）嵌入型發光二極體燈具 Recessed LED luminaires for T-bar ceiling systems	99/11/18	
15456	C4517	交流發光二極體元件之光學及電性量測法 Methods of measurement on alternating current light emitting diode components for optical and electrical characteristics	100/08/10	
15457	C4518	交流發光二極體模組之光學及電性量測法 Methods of measurement on alternating current light emitting diode modules for optical and electrical characteristics	100/08/10	
15489	C3230	發光二極體晶粒之光學與電性量測法 Methods of measurement on light emitting diode dies for optical and electrical characteristics	100/09/29	
15490	C4521	發光二極體光源系統之量測法 Methods of measurement on light emitting diode systems	100/09/29	
15497	C4512	發光二極體投光燈具 Fixtures of project lighting with light emitting diode lamps	100/10/19	
15498	C3231	發光二極體模組之熱阻量測法 Methods of measurement on light emitting diode modules for thermal resistance	100/10/19	
15509	C4522	發光二極體晶粒之加速壽命評估法 Methods of accelerated life evaluation on light emitting diode dies	100/10/25	
15510	C4523	發光二極體元件及模組之加速壽命評估法 Methods of accelerated life evaluation on light emitting diode components and modules	100/10/25	
15529	C3232	發光二極體元件之環境及耐久性試驗法 Methods of environmental and endurance test on light emitting diode components	101/01/31	

標準 總號	標準 類號	標準名稱	最新 日期	備 註
15530	C3233	照明用發光二極體系統之環境試驗法 Methods of environmental test on light emitting diode systems (for general lighting service)	101/01/31	
15531	C3234	發光二極體晶粒之品質試驗法 Methods of quality test on light emitting diode dies	101/01/31	
15532	C3235	發光二極體元件之靜電放電 試驗法 Methods of electrostatic discharge test on light emitting diode components	101/01/31	

資料來源：CNS 檢索系統。

　　在 LED 照明標準制定規劃則包含零組件、燈具及光源、安全性及性能等，經濟部標準檢驗局在 2012 年 3 月 29 日發表的新聞稿中提及「發光二極體（LED）照明為綠色能源之主力產業，為落實政府節能減碳政策，並加速 LED 照明產業之發展，經濟部標準檢驗局制定公布 CNS 15529「發光二極體元件之環境及耐久性試驗法」等 4 種國家標準。」「標準檢驗局表示，藉由相關標準，除有益於 LED 製造商透過嚴謹的試驗以確保 LED 晶粒、元件及系統等品質外，更有助於照明燈具之安全性與品質達到國際水準。」（資料來源：http://www.bsmi.gov.tw/wSite/ct?xItem=40458&ctNode=1510&mp=1）表 3-2 為台灣 LED 照明標準之發展規劃。

表 3-2　台灣 LED 照明標準體系之發展計畫

	零組件	燈具及光源	安全性	性能
相關之內容及 範圍	LED 元件（DC & AC）	LED 路燈	燈具	燈具
	LED 模組（DC & AC）	LED 投光燈	光源	光源
	LED 晶粒	LED T-BAR 燈	零組件	零組件
	LED	LED 桌燈	光生物性	
	LED 控制裝置	LED 筒燈		
		LED 燈泡		

資料來源：經濟部技術處，2011/4。

　　而與照明相關的協會在台灣有台灣照明委員會（The International Commission on Illumination-Taiwan，簡稱 CIE-Taiwan），為國際照明委員會（The International Commission on Illumination，簡稱 CIE）之國家級的會員。台灣照明委員會的主要任務在於探討光與照明領域的基礎標準與度量方式，並參與或主導制訂此領域的國際標準。台灣照明委員會的成立在於凝聚產官學研之技術能量與共識，發揮在國際標準制訂之影響力，協助台灣照明業者從國際標準的追隨者轉型為參與制訂者，進而提升台灣照明產業之國際競爭力。

2.2　美國 LED 照明規範發展概況

　　美國能源局（DOE）為積極推動 LED 照明，集合相關照明產業標準機構，如美國國家標準組織（ANSI）、北美照明學會（IESNA）、CIE、國際電工委員會（IEC）、美國電器用品生產者協會（NEMA）、美國國家標準與技術中心（NIST）、加拿大標準協會（CSA）、以及優力安全認證標準（UL）等官方和民間標準機構將固態照明（SSL）的燈具設備納入能源之星（ENERGY STAR）計畫，並於 2007 年 9 月發布「能源之星固態照明要求規範」第一版，制定相關的 LED 性能和量測方法規範及態照明燈具規範。美國檢測公司優力（UL）對於傳統光源的安全評估標準已有相關法規並執行已久，而近年來 UL 探索 LED 照明方面的安全標準，並找尋與傳統光源的差異項，於已存在之傳統光源的安全規範增加 LED 安全要求或另行提出 LED 照明安全規範。（資料來源：新電子-LED 量測標準探究系列（五），http://www.mem.com. tw/article_content.asp?sn=0807110012、新電子-「LED 點亮路燈前景」，http://www.mem.com.tw/ article_content.asp?sn=0808040012）

　　另外，除了由美國能源部統合之標準體系外，固態照明科技聯盟（ASSIST）也制定出針對一般照明用 LED 壽命量測規範。美國國家防火協會（NFPA）及美國聯邦通信委員會（FCC）也分別提出固態照明必須遵造美國國家電工法規（National Electrical Code）以及電源供應等相關事宜等規範[1]。

美國能源局在 2007 年發佈的能源之星固態照明燈具規範將燈具發光效率分兩階段，第一階段為發光效率最高達每瓦 35 流明（35 lm/W），第二階段須達到每瓦 70 流明（70 lm/W），而其照明燈具泛指住商用的一般照明燈具。此標準已於 2008 年 9 月正式生效，而 2009 年 12 月美國能源局也公 LED 燈的整體標準。此外，2009 年 7 月通過的 LED 產品標準中明確的規範不同燈座規格的 LED 燈至少要有 6,000 小時的壽命等要求，並從 2010 年 8 月開始發生規範效用（資料來源：本章參考資料①。）

2.3 日本 LED 照明規範發展概況

日本的 LED 技術發展早，其產業也發展迅速，為解決市場混亂情形，由四大團體，即日本電球工業會（JEL）、日本照明學會（JIES）、日本照明委員會（JCIE）以及日本照明器具工業會（JIL）在 2004 年 6 月成立日本 LED 照明推進協議會（JLEDS），並籌規畫與推動制定 LED 產品標準與量測規範，並於 2004 年底完成「照明用白光 LED 量測標準」，此一標準曾在 2006 年 3 月修改，提交日本工業標準（JIS）審核而在 2007 年 7 月成為日本工業標準。其中，日本電球工業會與日本照明器具工業會主負責照明用白光 LED 模組安全性要求事項、白光 LED 照明器具性能要求事項；另外，日本電控機械和器具工業會（NECA）和日本電子資訊技術產業協會（JEITA）負責工業用 LED 燈球標準以及指示、顯示器用 LED 規格化制定。（資料來源：新電子-「LED 點亮路燈前景」，http://www.mem.com.tw/article_content.asp?sn=0808040012）

而目前日本在推動國際標準方面是由政府主導，期望達成標準國際化，政策方面日本與 IEA/APP 合作，技術方面則與 IEC/CIE 共同合作[1]。

2.4 韓國 LED 照明規範發展概況

韓國政府因看好 LED 照明產業之發展，且為能確保固態照明產品可靠性與品質，韓國科技標準局（KATS）於 2007 年 8 月，宣布在未來 3 年內建立

十五項韓國國家標準（表 3-3），以協助次世代 LED 照明產業的發展。

表 3-3　韓國國家標準預計產出 LED 標準項目

編號	名稱
S07006-T	半導體照明術語和定義
S07007-T	半導體光電子器件、小功率發光二極管空白詳細規範
S07008-T	半導體發光二極管用螢光粉
S07009-T	半導體發光二極體芯片測試方法
S070010-T	氮化鎵基發光二極管用藍寶石襯底片
S070011-T	半導體發光二極體產品系列型譜
S070012-T	功率半導體發光二極管晶片技術規範

資料來源：工研院、新電子—「LED 點亮路燈前景」，http://www.mem.com.tw/article_content.asp?sn=0808040012。

　　KS 認證標準為韓國產業標準（Korean Industrial Standards, KS），其為韓國政府在 1963 年導入的韓國電器產品安全認證標準，因應固態照明興起，KS 認證標準在 47 年後首次修改，加入關於 LED 照明部份。此次修訂還增加和刪除了品質管理對象產品、調整了審查標準及改善了認證系統等。對象產品新增加了 LED、充電電池、有機 EL 及顯示器部件等尖端產業的 48 種產品。（資料來源：LEDinside: http://www.ledinside.com.tw/news_Korea_LED_20090715）

　　雖然 KS 為韓國國內標準，但在關於 LED 照明規範部份是採取與國際接軌，並企圖成為國際標準規格的做法而且已經針對國際標準化公開宣言。2009 年的國際電氣標準會議（IEC）的「照明領域（IEC TC 34） 國際標準化會議」於 4 月 20 日在韓國首爾舉行，韓國在會議上提議將該國的 LED 照明標準作為 IEC 國際標準化規則的草案。該提案的主要內容是，把為取代白熾燈及鹵素燈而開發的 LED 燈和 LED 燈具的 KS 國家標準推進為 IEC 國際標準。此次國際標準化會議上，有來自美國、歐洲各國、日本及中國等 34 個國家的 56 名照明領域國際標準專家等參加。韓國的提案為處理 LED 照明產品性能及安全要求事項新設「LED 領域技術委員會（IEC TC 34/SC 34E）」。

　　目前，韓國在 LED 照明領域除進行國家標準認證工作之外，同時推進國

際標準化工作。韓國政府意圖通過國際標準化，確保 2012 年的全球市佔率達 15%，並以 LED 產業強國進形象躋身世界前三強。除此之外，韓國還將繼續在國際會議上提案，比如 2009 年 10 月在匈牙利舉行的國際會議上提出推進計劃，2010 年 4 月於芬蘭舉行的國際會議上提出更加深入的內容。（資料來源：LEDinside: http://www.ledinside.com.tw/news_Korea_LED_20090715）

2.5　中國 LED 照明規範發展概況

隨著 LED 照明的日漸蓬勃發展，LED 照明價格也大幅下降，但品質參差不齊也導致問題叢生，但由於中國各地區氣候環境差異過大，因此產業標準尚未進入國家標準項目之前，是由中國各省份各自主導推動地區性 LED 照明標準的建立。在 2005 年 11 月中國政府的產業信息產業部成立了「半導體照明技術標準工作組」，結合各地方政府、協會、產業聯盟架構其半導體照明技術標準體系，技術規範涵蓋 LED 磊晶片、晶粒技術、元件、模組、LED 相關材料與照明應用產品等。2006 年 1 月 9 日已完成三項標準草案，分別是「半導體光電子器件功率發光二極體空白詳細規範」、「半導體發光二極體測試方法」、以及「高功率半導體發光二極體晶片技術規範」，而後陸續制定了「氮化鎵基發光二極體用藍寶石襯底片」、「半導體發光二極體用螢光粉」、「半導體發光二極體晶片測試方法」、「半導體光電子器件 小功率發光二極體空白詳細規範」和「半導體發光二極體產品系列型譜」等產業標準並已獲工業和資訊化部批准發佈，於 2010 年 1 月 1 日正式實施。（資料來源：http://www.ledinside.com.tw/2009china_led_p_2010）

另外，中國質量認證中心（CQC）在 2010 年底至 2011 年初，發佈了 4 個 LED 照明產品節能認證規則和 3 個 LED 照明產品節能認證技術規範。4 個 LED 照明產品節能認證規則分別是：CQC31-465315-2010「LED 筒燈節能認證規則」；CQC31-465137-2010「反射型自鎮流 LED 燈節能認證規則」；CQC31-465138-2010「普通照明用自鎮流 LED 燈安全與電磁兼容認證規則」；CQC31-465392-2010「LED 道路／隧道照明產品節能認證規則」，

已從 2010 年 12 月 28 日起實施。另外 3 個 LED 照明產品節能認證技術規範則為：CQC3127-2010「LED 道路／隧道照明產品節能認證技術規範」；CQC3128-2010「LED 筒燈節能認證技術規範」；CQC3129-2010「反射型自鎮流 LED 燈節能認證技術規範」，也已從 2010 年 12 月 31 日起實施。（資料來源：http://www.china-jnd.com/news/9814875.html）

3. 規範制訂組織、LOGO、組織名稱縮寫（表列）

本節將國際規範制定組織的組織名稱及縮寫、LOGO 整理列表如下：

層級	規範制訂組織	LOGO	組織名稱縮寫
美國	American National Standards Institute 美國國家標準學會	**ANSI** American National Standards Institute	ANSI
		LED 電器、光源、照明等 ANSI-C78.377-2008 Specifications for the Chromaticity of Solid State Lighting Products 固態照明規格 ANSI-C82.SSL1 Operational Characteristics and Electrical Safety of SSL Power Supplies and Drivers ANSI-C82.77-2002 Harmonic Emission Limits-Related Power Quality Requirements for Lighting	
	National Fire Protection Association 美國國家防火協	NFPA	NFPA
		LED 電工法規	
	Federal Communications Commission 美國聯邦通信委員	FC	FCC
		LED 電源供應	
	CSA International	CSA	CSA
		LED 相關電器 CSA UL 8750 LED 之 power source, LED Driver, Modules, controller 等零件的標準	

層級	規範制訂組織	LOGO	組織名稱縮寫
台灣	台灣經濟部標準檢驗局	（BSMI）	BSMI
		LED 照明相關量測標準	
	Central National Standards 中央國家標準局	（CNS）	CNS
		CNS 15233〔LED 道路照明燈具〕 CNS 15174 C 4499 LED 模組之交、直流電源電子式控制裝置	
中國	中國大陸照明電器標準化技術委員會	LED 照明基礎與量測	TC 224
韓國	南韓知識經濟部技術標準院	LED 照明相關量測標準	
日本	Japanese Industrial Standard 日本工業標準	（JIS）	JIS
	LED 相關電器、光源、材料、產品、系統 JIS C 8154 普通照明用 LED 模塊安全規範 JIS C 8155 普通照明用 LED 模塊性能要求 JIS C 8156 Self-ballasted Led-lamps For General Lighting Services By Voltage > 50 V - Safety Specifications 在 JEL801 LED 日光燈管標準的附加安全項目 在 JEL801 LED 日光燈管標準的性能要求（40W - 等價類） JIS C 8121-2-2 ランプソケット類-第 2-2 部：プリント回路板ベース LED モジュール用コネクタに關する安全性要求事項 燈插座-第 2-2 部分：印製電路板的 LED 模組接頭連接器的安全要求 JIS C 8152 照明用白色發光ダイオード(LED)の測光方法 白色發光二極管照明（LED）的亮度 JIS C 8153 LED モジュール用制御裝置—性能要求事項 控制器的 LED 模組-性能要求 JIS C 8154 一般照明用 LED モジュール—安全仕様 對於一般照明 LED 模組-安全規格 JIS C 8155 一般照明用 LED モジュール性能要求事項 普通照明 LED 模組-性能要求 JIS C 8147-2-13 ランプ制御裝置—第 2-13 部：LED モジュール制御裝置（安全）の個別要求事項 燈的控制裝置-第 2-13 在：LED 模組控制器（安全）的個別需要 JIS C XXXX（2010 年 12 月發行予定）一般照明用電球形 LED ランプ（電源電壓 50V 超）—安全仕様 安全規範 - 普通照明（超過 50V 電源）LED 燈泡 JIS C XXXX（2011 年 4 月發行予定）一般照明用電球形 LED ランプ（電源電壓 50V 超）—性能要求事項 性能要求試驗-普通照明（超過 50V 電源）LED 燈泡		

層級	規範制訂組織	LOGO	組織名稱縮寫
團體	Illuminating Engineering Society of North America 北美照明工程學會	IESNA LED 照明光源 IES-LM80-08 規範的內容為模擬照明使用之 LED 元件安裝於燈具後的情境下所制定之標準壽命測試方法與流程 IES-TM-21-11 為 IES-LM-80-08 之補充 IES-TM-16-05 IESNA Technical Memorandum on Light Emitting Diode (LED) Sources and Systems 關於發光二極體的技術備忘錄（LED）的來源和系統 IES-RP-16-10 Nomenclature and Definitions for Illuminatin Engineering 照明工程術語和定義 IES-LM-79-08 IESNA Approved Method for the Electrical and Photometric Measurements of Solid-State Lighting Products 固態照明產品批准的電氣和光度測量方法 IES-LM-80-08 IESNA Approved Method for Measuring Lumen Depreciation of LED Light Sources 測量 LED 光源光通量維持批准的方法	IESNA
團體	Alliance for Solid State Illumination Systems and Technologies 美國固態照明科技聯盟	LED 壽命	ASSIST
	中國大陸國家半導體照明工程研發及產業聯盟	LED 照明量測	CSA
	台灣 LED 照明標準及品質研發聯盟	LED 照明相關量測標準	
行業	產業聯盟（CSA）	 LED 產品及材料之安全性 UL 8750 用於燈具產品的發光二極體安全通則 LED 燈具安規標準概述（不含驅動電路）	UL

層級	規範制訂組織	LOGO	組織名稱縮寫
行業		UL 1993 自整流燈及其燈座（LED 燈泡[ANSI Base，內含驅動電路]） UL 1598 Luminaires LED 燈具（台階燈、崁燈、吸頂燈、吊燈、壁燈、路燈、柱燈等（皆不帶電源線插頭）） UL 153 Portable Electric Luminaires 移動式燈具（手把燈、廚櫃燈、桌燈、立燈、壁燈等（皆為帶電源線插頭） UL 1012 Power Units Other Than Class 2 　　　　 LED 電源供應器（不帶 Class 2 安全迴路） UL 1310 Class 2 Power Units 　　　　 LED 電源供應器（帶 Class 2 安全迴路） UL 1574 Track Lighting Systems 　　　　 LED 舞台燈 UL 2108 Low Voltage Lighting Systems 　　　　 LED 低電壓照明系統	
	LIGHTING JAPAN 日本 LED 照明推進協議會	白光 LED 測光	JLEDS
國際		**IEC**	IEC
	International Electrotechnical Commission 國際電工委員會	LED 電器 IEC 62031 為 LED 光源模組之新規範，適用之範圍為各類作為光源使用之 LED 模組 IEC 62384 IEC 62519 LED 照明系統的技術要求 IEC 62612 IEC 62442-3 IEC 62663 Non-ballasted single capped LED lamps for general lighting IEC 62717 LED modules for general lighting - Performance requirements IEC 60838-2-2 Miscellaneous lamp holders- Part 2-2 Particular requirements - Connectors for LED -modules LED 燈座模組連接器要求 IEC 61347-2-13 Lamp control gear - Part 2-13:Particular requirements for d.c. or a.c. supplied electronic control gear for LED modules	

層級	規範制訂組織	LOGO	組織名稱縮寫
國際		燈的控制裝置-第 2-13 部分：LED 模組直流或交流電子控制裝置的特殊要求 IEC 62031 LED modules for general lighting - Safety specifications 普通照明用 LED 模組-安全要求 IEC 62384 DC or AC supplied electronic control gear for LED modules - Performance requirements LED 模組用直流或交流電子控制裝置-性能要求	
	International Commission on Illumination 國際照明委員會	CIE COMMISSION INTERNATIONALE DE L'ECLAIRAGE INTERNATIONAL COMMISSION ON ILLUMINATION INTERNATIONALE BELEUCHTUNGSKOMMISSION	CIE
	LED 光源	探討光與照明領域的基礎標準與度量方式，並參與或主導制訂此領域的國際標準。 CIE 127-1997《LED 測量方法》（目前已經修訂為 CIE 127-2007），CIE 127-1997 是在大功率 LED 技術普及之前發的。 CIE 177-2007《白光 LED 的顯色性》， CIE S 009/D：2002《燈與燈系統的光生物安全性》、CEI/IEC 62471:2006《燈與燈系統的光生物安全性》	
		CIE Taiwan 台灣照明委員會	CIE Taiwan
	The International Commission on Illumination-Taiwan 台灣照明委員會	台灣照明委員會為 CIE 國際照明委員會的國家級會員，關注於光、照明、色彩和視覺科學議題，其主要任務在於探討光與照明領域的基礎標準與度量方式，並參與或主導制訂此領域的國際標準。 TC 1-69 Color rendering of White LED Light Sources 色彩白光 LED 光源 TC 2-45 Measurement of LEDs-Revision of the CIE 127 測量 LED-修改 Cie 127 TC 2-46 CIE/ISO standards on LED intensity measurements LED 強度測量之 CIE/ISO 標準 TC 2-50 Measurement of optical properties of LED clusters & arrays 測量 LED 集群和陣列的光學特性 TC 2-58 Measurement of LED radiance and luminance	

層級	規範制訂組織	LOGO	組織名稱縮寫
國際		測量 LED 光幅和亮度 TC 2-62 Color rendering of white LED light sources 白光 LED 光源演色 TC 2-63 Optical measurement of High-Power LEDs 高功率 LED 的光學測量 TC 2-64 High speed testing methods for LEDs 高速發光二極體測試方法 R 2-36 Measurement requirements for solid state light sources 固態光的測量要求 R 4-22 Use of LEDs in visual signaling LED 在視覺信號的使用 TC 6-47 Photobiological safety of lamps and lamp systems 安全燈光和燈系統 TC 6-55 Light emitting diodes 發光二極體	
	International Organization for Standardization 國際標準組織	**ISO**	ISO
		LED 相關材料、製程、產品、系統、服務	
	中國城鎮建設工程行業標準		CJJ
	韓國標準協會 KOREAN STADARDS ASSOCLATION	**KSA**	KSA
		KS C 7651 轉換器內置型 LED 燈安全及性能要求事項 KS C 7652 轉換器外置型 LED 燈安全及性能要求事項 KS C 7653 嵌入型 LED 燈具安全及性能要求事項 KS C 7654 LED 緊急誘導燈具安全及性能要求事項 KS C 7655 LED 模組供電轉換器安全及性能要求事項 KS C 7656 移動式 LED 燈具安全及性能要求事項 KS C 7657 LED 傳感器燈具安全及性能要求事項 KS C 7658 LED 路燈與街燈安全及性能要求事項 KS C 7659 文字招牌 LED 模組 安全及性能要求事項	
地區	European committee for standardization 歐洲標準化委員會	**cen**	CEN
		LED 相關材料、產品、系統等	

4. 參考資料

① 呂紹旭、郭子菱，2011 年 LED 市場與產業應用暨標準發展年鑑, 台北：財團法人
　 光電科技工業協進會，2011.

第四章

LED 產品發展趨勢

作者　呂紹旭

1. LED 元件產品發展歷程

　　自 1995 年日本 Nichia（日亞化學）公司的 Shuji Nakamura（中村修二）博士開發出高亮度 GaN 藍光與綠光 LED 產品之後，足以混成白光應用的高亮度紅、藍、綠 LED 產品才正式開發完備，如圖 4.1 所示。接著 1996 年再發表業界首顆以 InGaN 藍光晶粒搭配黃色螢光粉所混成的白光 LED，迄今仍為白光 LED 封裝的主流技術之一。

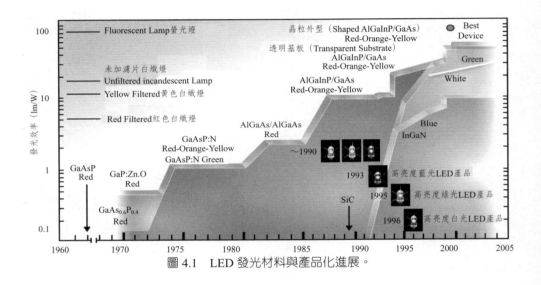

圖 4.1　LED 發光材料與產品化進展。

　　LED 產品發展至今，上游 LED 磊晶片製造材料主要以 III-V 族（如 InP、GaAs、AlGaAs、AlGaInP、InGaAsP、GaP、CaAsP、GaN、InGaN、AlGaN、……）或 II-VI（ZnSe、ZnO、……）化合物半導體為發光材料，並以選擇其中 InP、GaAs、GaP、Si、GaN、SiC、藍寶石、……作為合適的磊晶基板，如圖 4.2。

　　如藍光 LED 為例，主要採用藍寶石為磊晶基板，發光層材料為 InGaN，放置於有機金屬化學氣相磊晶（Metal-organic Chemical Vapor Deposition; MOCVD）設備腔體內，並在運轉過程中通入有機金屬氣體（Mo source），讓磊晶基板表面得以一層層成長 LED 所需之緩衝層、N 型磊晶層、發光層、P 型

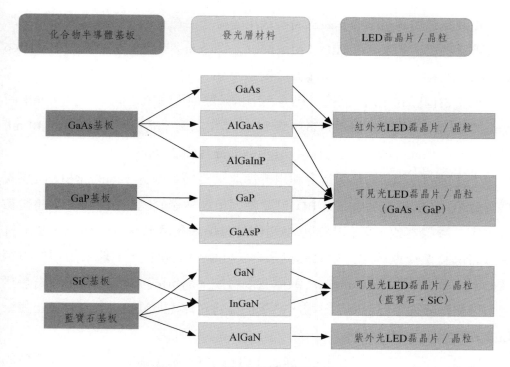

圖 4.2　LED 發光材料與產品化進展。

資料來源：本章參考資料 ①。

磊晶層等。一般常見 LED 磊晶片有紅外光、各色可見光，以及紫外光等波段，直徑尺寸為 2、3、4、6、8 英吋等。

　而生產 LED 磊晶片的 MOCVD 設備開發，如德國 Aixtron、美國 Veeco、日本 Taiyo Nippon Sanso 等設備也逐步朝向多片式、大尺寸、多腔體式等提升產出量的機台開發。主因其一為照明用高功率 LED 與大尺寸背光源需要大尺寸晶粒，提升單位面積的出光量，故改用大尺寸基板來提升 LED 磊晶片切割使用率。其二對於高產出一致性 LED 磊晶片的需求，滿足對同一規格的落 Bin 率。其三節省 LED 磊晶片單位面積生產所需要的磊晶原料，降低成本。

　透過 MOCVD 設備產出的 LED 磊晶片，將由中游晶粒加工廠進行上電極蒸鍍、曝光顯影、蝕刻等製程，因為藍寶石等磊晶基板材質較硬，故進行晶粒切割之前，需要研磨拋光使基板變薄，這也有利於晶粒散熱與封裝。此外，

有些廠商在晶粒製程階段，設計將多顆小晶粒連結在一起，使其具備可調整電壓及電流功能，成為 AC LED（Alternating Current／交流）與 HV LED（High Voltage／高壓）晶粒產品的基本設計概念。

　　加工製程後的 LED 晶粒，尺寸大小依照應用而有所不同，一般以 mil 或 mm 為單位，以常用於照明的高功率 LED 晶粒為例，晶粒尺寸 40mil×40 mil 約為 1mm×1mm 面積大小（1mil = 1/1000inch≒0.0254mm）。

　　生產後的 LED 晶粒通常會利用挑揀測試設備，篩選不同的 LED 晶粒規格出貨給 LED 封裝廠。而 LED 封裝廠大多是透過固晶製程將 LED 晶粒黏合固定於導線支架，再利用高溫烘烤使晶粒穩固黏著於導線支架上，透過打線機將晶粒電極與導線支架間連接金線，外層封上膠材，一般常用環氧樹脂（epoxy）、矽膠（silicone），或兩者混合型（hybrid）等封裝材料，待烘烤成型後把多餘導線支架切斷分離，最後進行分光分色測試後，分類包裝出貨給 LED 應用廠商。

　　LED 封裝最主要的目的在於保護 LED 晶粒，防止輻射、水氣與使用時的碰觸。透過較佳封裝散熱結構，可提升 LED 產品可靠性及工作壽命。搭配良好光學設計後的封裝外型，可產生不同光形及其應用方式。

　　業界市售的 LED 封裝產品，依照封裝外型可分為 Lamp LED（砲彈或支架型）、SMD LED（表面黏著型元件）、Piranha LED（食人魚）、PLCC LED（塑膠晶粒承載封裝）、數字點陣顯示（Digit/Dot Matrix Display）、PCB LED、High power LED 等。LED 封裝元件除了持續提升發光效率之外，也持續朝向高功率、低熱阻產品發展，如圖 4.3 所示。

　　而 LED 封裝元件產品為了因應各種應用需求，廠商將 LED 封裝元件會進一步整合成 LED 模組化設計產品，供應給不同應用需求的各戶，例如將多顆 LED 元件設計組成 LED 光源模組，供應給照明應用廠商；將 LED 封裝打件在印刷電路板上，製成 LED 燈條後出貨給 LED 背光模組廠商；LED 封裝產品組成顯示模組單元，交給戶外看板廠商組裝成品。整個由上游 LED 磊晶片、中游 LED 晶粒到下游 LED 封裝、LED 模組，乃至於各式各樣的 LED 應用產

品，完整建構成一連串的 LED 產品供應鏈，如圖 4.4 所示。

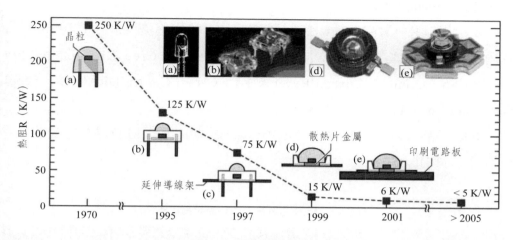

圖 4.3　LED 封裝產品發展歷程。

資料來源：本章參考資料 ②。

圖 4.4　LED 產品供應鏈。

2. LED 封裝元件產品類別定義

　　LED 封裝元件產品在低電流驅動發光時，具有封裝體積小、發熱量低、發光壽命長、防震性佳、光源具有指向性、光顏色純、高發光效率、環保不含汞，以及低溫環境下發光效率影響小等特徵。業界也常依照 LED 封裝元件的功率高低作大致上的產品分類，如表 4.1 所示。一般分類的定義為：

　　低功率封裝（Low-Power Packages），輸入電流 5～20mA，輸入功率 0.04～0.08W，一般常見的 3mm Lamp、5mm Lamp，以及低功率 SMD 等。

　　中功率封裝（Medium-Power Packages），輸入電流 30～150mA，輸入

功率 0.08～0.5 W，市面上有 Lumileds SuperFlux、SnapLED、Osram Power TOPLED、Nichia Raiden 等產品。

高功率封裝（High-Power Packages），輸入電流 150～1,400mA 及其以上，輸入功率 0.5～5 W 及其以上，市面上如 Cree XLamp、Nichia Rigel&NS6、Lumileds Luxeon Rebel & K2、Osram Golden DRAGON、Seoul Semiconductor Z-Power 等產品屬於此範疇。

RGB 多晶封裝（RGB Multichip Packages）則依內部 LED 晶粒組成不同，規格隨之而變化。

表 4.1　LED 封裝產品依功率類別定義

產品分類 （Product Segment）	輸入電流 Input Current (mA)	輸入功率 Input Power (W)	光通量 Luminous Flux (lm)
低功率封裝 （Low-Power Packages）	5～20	0.04～0.08	0.1～6
中功率封裝 （Medium-Power Packages）	30～150	0.08～0.5	0.2～20
高功率封裝 （High-Power Packages）	150～1,400+	0.5～5+	4～200+
RGB 多晶封裝 （RGB Multichip Packages）	變動 （Variable）	變動 （Variable）	變動 （Variable）

資料來源：本章參考資料 ③。

3. 白光 LED 元件產品技術發展

自 1996 年 Nakamura 發表業界首顆的白光 LED 產品至今，已有不少產生白光的 LED 技術被開發出來，依照不同方式所製成的白光 LED，其特性優劣與應用也不盡相同，如表 4.2 所示。

表 4.2　各種白光 LED 技術比較

種類	RGB 多晶粒類型	藍光 LED 晶粒 + 黃色螢光粉	藍光 LED 晶粒 + 紅色、綠色螢光粉	藍光 LED 晶粒 + R、G、B 螢光粉
示意圖				
光譜圖				
演色性	○	○	◎	◎
光通量	◎	◎	○	○
發光均勻性	△	○	○	◎
省電	△	○	○	○
壽命	◎	○	○	○
低價化	△	◎	◎	△
小型化	△	◎	◎	◎
備註	控制電路複製、色彩混光均勻性問題	演色性、光均勻性問題	發光效率問題	發光效率、壽命問題

資料來源：本章參考資料 ④。

　　以白光 LED 產品在液晶顯示器背光源應用為例，採用 R、G、B 多三原色晶粒可使其產品達到色域 NTSC > 100%，表現上最為優異（NTSC 即為 CIE 色度圖上，RGB 三色光譜形成的色域面積，CRT 陰極射線管顯示器 NTSC 定義為 100%）。但其色彩混白光困難、控制電路相對複雜，以及成本過高等不利條件下，以致在顯示器背光源、照明應用上的普及程度較為落後。

　　現階段多數桌上型電腦液晶顯示器的 LED 背光源，主要是使用藍光 LED 晶粒搭配黃色螢光粉，如 YAG、TAG、BOSE 等螢光粉產品來混成白光，雖然其組成之背光源產品 NTSC 僅在 45～70%，但其最大的特色是效率高達 90～100 lm/W、控制電路簡單、成本較低，因此對於省電與價格較為要求的手機等行動裝置、筆記型電腦的液晶顯示器背光源上，應用上最具優勢。

　　而藍光 LED 晶粒搭配紅色、綠色螢光粉混成白光 LED 的方式，其發光效率、NTSC、成本上都介於上述兩者之間，但權衡大尺寸液晶電視對於 NTSC 要求頗高，此方式即為現階段最好的解決方案。

　　至於紫外光 LED 晶粒搭配 R、G、B 螢光粉混成白光的方式，在演色性與

光均勻性的表現最佳，但紫外光 LED 在發光效率與壽命特性上，仍有相當的改善空間。而 ZnSe（硒化鋅）白光 LED 技術產品發展落後其他技術甚多，存在發光效率、壽命偏低的問題。

業界所探討的白光 LED 封裝技術發展與市場演進，主要以藍光 LED 晶粒搭配黃色螢光粉所製成的白光 LED 產品為多，原因是其發光效率提升與高功率技術發展、成本降低，以及應用市場的規模，都具有高度的指標性。而在專利能量、技術水準、產業布局之領導廠商，如日本 Nichia 及 Toyoda Gosei、美國 Cree、歐洲 Philips Lumileds 及 OSRAM Opto Semiconductors，也被業界稱為全球 LED 前五大廠商。

就以全球 LED 龍頭廠商日本 Nichia 公司，在 2009 年 1 月發表以 20mA 電流驅動的低功率白光 LED 產品來看，實驗室發光效率高達 249 lm/W。主要歸功於最新研發之螢光粉技術，將本身所擅長的 YAG 黃色螢光粉效率再提高，並搭配藍光 LED 晶粒內部量子的效率進一步提升，使其大幅突破原先在業界所保持的白光 LED 發光效率水準。

2011 年 5 月高功率 LED 技術領先的美國 Cree，發表以 350mA 電流驅動的 1W 高功率白光 LED，實驗室發光效率也高達 231 lm/W，再度刷新自己所保持的紀錄。而該公司所販售的高功率白光 LED 封裝量產品，發光效率亦有 160 lm/W 以上的水準。

而日本 JLEDS、美國能源局 DOE 也分別針對 1W 高功率白光 LED 元件發展進行長遠的技術推估。日本 JLEDS 預估的曲線高值為高效率型白光 LED，中間值為高演色型白光 LED，而低值為暖白光型 LED。在 2010 年以後，高發光效率及高演色性 LED 的發光效率相繼超越螢光燈管，光品質也改善到一定水準，商業照明設施將率先開始普及化。而預期 2015 年左右發光效率可達到 150 lm/W，這也超越傳統照明之中發光效率最高的氣體放電燈（High-intensity discharge; HID），屆時 LED 照明將進一步普及於辦公室及住宅領域，如圖 4.5 所示。

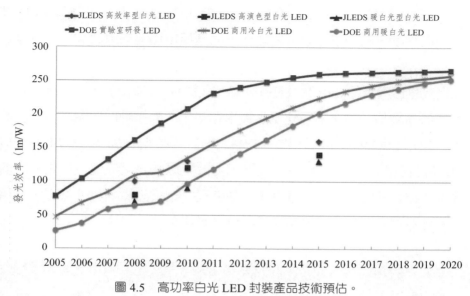

圖 4.5 　高功率白光 LED 封裝產品技術預估。

資料來源：本章參考資料 ⑤。

　　而美國 DOE 在 2011 年中發表高功率白光 LED 封裝技術藍圖，在 2010 年商用化冷白光與暖白光 LED 封裝元件發光效率已分別達到 134 lm/W、96 lm/W，而實驗室研發數據則達到 208 lm/W。一般高功率冷白光 LED 封裝是由藍光 LED 晶粒搭配黃色螢光粉，而暖白光 LED 封裝還要再增添一劑紅色螢光粉，以致拉低整體元件效率，故在相同藍光 LED 晶粒條件下，一般冷白光 LED 比暖白光 LED 發光效率要來的高。

　　冷白光與暖白光 LED 封裝元件發展至 2012 年，發光效率可進一步達到 176 lm/W、141 lm/W。長遠推估到 2015 年，可再提升至 224 lm/W、202 lm/W，到了 2020 年產品發光效率更高達 258 lm/W、253 lm/W。

　　從過去 LED 領導廠商發表實驗數據後的商用化程度來看，這些令人驚豔的預估值也將逐步實現，LED 照明將成為明日之主流照明產品。

4. LED 應用產品發展

　　從過去可見光 LED 只要求作為指示應用的微量光源，採用了磷化鎵

（GaP）、磷化砷鎵（GaAsP）等二、三元低功率 LED 產品，隨著 LED 技術持續走向高亮度、高功率發展，所能涵蓋的應用市場愈來愈龐大，如圖 4.6 所示。

　　如高亮度四元 AlGaInP 製成紅光、黃光 LED，普遍被應用在戶外看板、車用、顯示器等產品，高功率四元產品被用在顏色多變的輔助照明上。至於高亮度藍光、綠光 LED 則以 InGaN 為發光材料，其中藍光 LED 晶粒常被製作成白光 LED 封裝產品，產品應用更擴及顯示器背光源、照明等龐大市場。綜觀整個可見光 LED 產品，大量被應用在行動裝置、電子設備、戶外看板、車用、照明、顯示器背光源、交通號誌、投影機光源等。

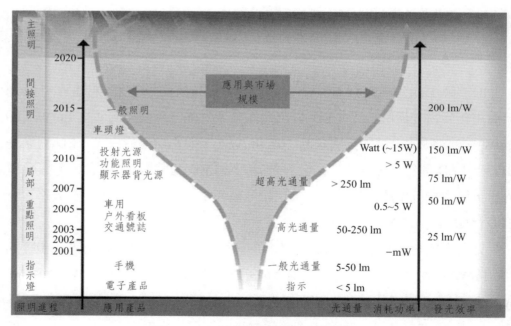

圖 4.6　LED 技術與應用市場發展趨勢。

　　而屬於不可見光 LED 產品範疇的紅外光 LED，主要以 GaAlAs、GaAs、InGaAsP 為發光材料，應用在遙控器、IrDA、光耦合器、短距光纖、紅外線照明等市場。紫外光 LED 則採用 AlGaN、AlInGaN 為材料，應用在紙鈔識別

用、樹脂硬化、殺菌等用途,如表 4.3 所示。

表 4.3　不可見光波長 LED 應用

不可見光波長		功能應用
紫 外 光	265nm	具殺菌效果
	355nm	生醫特殊用途、光樹脂硬化
	360nm	光樹脂硬化
	365nm	利用樹脂硬化作用防半導體電路腐蝕
	370nm	紙鈔識別用(銀行 ATM、自動販賣機)
	375nm	具殺菌效果,用光觸媒空氣清淨機
	355～380nm	吸引昆蟲的波段,可作為農業應用
紅 外 光	780nm	光耦合器
	808nm	醫療、紅外線照明
	830nm	自動刷卡系統
	850nm	**IrDA** 紅外線通信模組、無線滑鼠、無線耳機、紅外線監視器
	940nm	光耦合器、光遮斷器、遙控器、紅外線監視器、無線滑鼠
	1310nm	光通訊應用

資料來源:本章參考資料 ④。

　　再依全球 LED 產品在各種應用產值比例來分析,如圖 4.7 所示。過去 LED 在手機行動裝置的按鍵、主螢幕及次螢幕背光源應用,伴隨手機市場成長帶動 2004 年的 LED 產業高峰。近幾年手機內鍵照相功能而增加了 LED 閃光燈,以及螢幕尺寸稍大智慧型手機持續盛行,也讓 2010 年 LED 行動裝置應用產值仍保有三成以上。但因 LED 亮度持續提升而單位面積使用 LED 顆數減少,加上投入競爭的廠商增加,也造成產品單價大幅降低,整體行動裝置應用產值占有率呈現逐年下滑。

　　顯示器背光源應用市場則因筆記型電腦、桌上型電腦、電視等中大尺寸液晶顯示器應用採用 LED 背光源技術機種增加,預計在 2013 年將躍升為所有 LED 應用產值的首位。

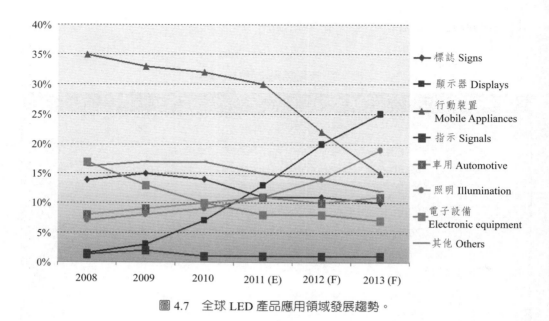

圖 4.7　全球 LED 產品應用領域發展趨勢。

　　從 LED 在顯示器背光源應用來看，繼小尺寸手機等行動裝置內的主螢幕、次螢幕背光源，到了 2011 年筆記型電腦顯示背光源及盛行的平板電腦，幾乎都採用 LED 背光源技術，最大換裝誘因在於其輕薄、省電的優勢。

　　尺寸較大的桌上型電腦、液晶電視背光源，因 LED 發光效率提升與價格滑落，使得 LED 與傳統冷陰極螢光燈管（Cold Cathode Fluorescent Lamp; CCFL）背光源之間的價差逐漸縮小。具有環保不含汞、低耗電、薄型化、高效率、高對比、廣色域、可區域調光（local dimming）等優勢的 LED 背光源技術，產品滲透率也隨之逐步上揚，如圖 4.8 所示。

單位：數量千片 / 滲透率%

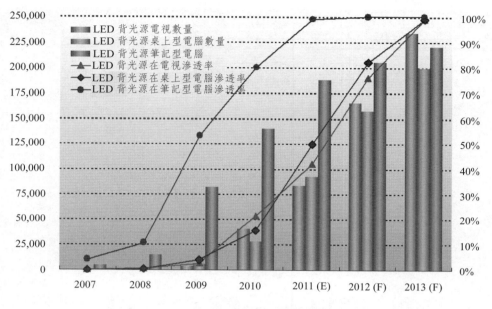

圖 4.8　LED 在大尺寸背光源產品滲透率趨勢。

　　顯示器背光源主要是採用 PLCC LED 封裝元件為主，而部份 LED 照明產品也會使用，產品編號有 3014、3020、5620、5630、7020、7030、……等眾多的規格尺寸，例如 5630 產品即表示封裝尺寸為 5.6mm×3.0mm。而不同產品應用機種所採用的 PLCC LED 封裝技術、形式及尺寸也各有所不同，如表4.4 所示。

　　特別是大尺寸液晶電視業者為了加速 LED 背光源取代傳統 CCFL 光源，拉近兩者之間的成本差距，遂著手推動精簡 LED 燈條及元件的背光源設計，這連帶使得 LED 晶粒發光效率需求逐步提升，晶粒尺寸設計稍有加大的趨勢，以期提高單位面積的光通量。或是改採頂部發光型（Top View Type）來取代側光型（Side View Type）LED 封裝元件、搭配光學透鏡來 LED 使用顆數等背光設計方案，雖然整體背光源厚度會略為增加，但成本可以進一步降低。

表 4.4　LED 在各種產品背光源應用特性

項目	小尺寸液晶顯示器	大尺寸液晶顯示器		
		筆記型電腦	桌上型電腦	電視
LED 背光優點	薄型化	薄型化、重量輕、低耗電、高演色性	薄型化、低耗電、高演色性	薄型化、低耗電、高演色性
背光模組技術	側光式（Side Edge）	側光式（Side Edge）	側光式（Side Edge）	側光式（Side Edge）／直下式（Direet Light）
LED 白光技術	藍光 LED 晶粒－黃色螢光粉	藍光 LED 晶粒＋黃色螢光粉	藍光 LED 晶粒＋黃色螢光粉	藍光 LED 晶粒＋紅、綠色螢光粉
LED 封裝形式	側光型（Side View Type）	側光型（Side View Type）	側光型（Side View Type）／頂部發光型（Top View Type）	側光型（Side View Type）／頂部發光型（Top View Type）
產品設計特徵	超薄化、高效率	高階機種／薄型化、高效率、長壽命；主流機種／取代 CCFL、低價格	高階機種／薄型化、高效率；主流機種／取代 CCFL、低價格	直下式機種／薄型化、高效率、低耗電、高對比；側光式機種／薄型化、重量機

　　當未來所有尺寸的液晶顯示器產品都改換成 LED 背光源之後，下一個最受業界們所期待的應用就是 LED 照明。過去 LED 在照明領域普遍被應用在裝飾、局部、重點照明用途，在 LED 亮度提升與成本降低之下，已逐漸切入間接、主照明應用市場。

　　依據美國能源部 DOE 針對高功率冷白光（演色性 70～80 及色溫 4746～7040K）及暖白光（演色性 80～90 及色溫 2580～3710K）LED 封裝元件，以及其 LED 照明燈具含熱效率、驅動電路、燈具設計的損失因素納入考量，進行未來商用化產品技術與價格之進展推估，如表 4.5 所示。

表 4.5　商用化高功率白光 LED 產品技術與價格進展

環境溫度 25 度		2010	2012	2015	2020
LED 元件 Ⅰ	商用冷白光 LED 元件發光效率（lm/W）	134	176	224	258
	商用冷白光 LED 元件價格（$/klm）	13	6	2	1
	商用暖白光 LED 元件發光效率（lm/W）	96	141	202	253
	商用暖白光 LED 元件價格（$/klm）	18	7.5	2.2	1
照明燈具（含熱效率、驅動電路、燈具設計的損失）Ⅱ	熱效率 A	89%	86%	88%	90%
	驅動電路效率 B	85%	86%	89%	92%
	燈具設計效率 C	85%	86%	89%	92%
	整體燈具效率 A×B×C	62%	64%	69%	73%
LED 元件與照明燈具組合後的整體燈具發光效率 Ⅰ×Ⅱ	商用冷白光 LED 燈具發光效率（lm/W）	83	155	155	196
	商用暖白光 LED 燈具發光效率（lm/W）	60	139	139	192

資料來源：本章參考資料 ⑤。

　　由於各國對於節能環保的意識逐漸升高，相繼宣布逐步淘汰低發光效率的白熾燈泡的政策，而發光效率佳但含有有毒汞成份的螢光燈、HID，預料在未來 LED、OLED 等固態照明起飛之際，也將隨之被取代。根據光電科技工業協進會（PIDA）針對各式照明光源技術之市場發展預估，如圖 4.9 所示。

　　預估 2012 年 LED 照明占整體照明產值可望突破 10%，OLED 照明占有率將有 1%。而 2015 年 LED 照明在發光效率、光源品質及價格競爭力提升皆提升到一定水平以上，輔以各國政府加速汰換白熾燈、鹵素燈等低發光效率光源政策之外，螢光燈市場也將明顯被侵蝕，屆時 LED 照明占有率將快速突破 30%，OLED 也有 5%的市占率。2020 年前 LED 照明將一舉搶下 50% 以上的照明市場，此時具有面光源照明優勢的 OLED 產品，市占率將提升到 10%。

單位：百萬美元

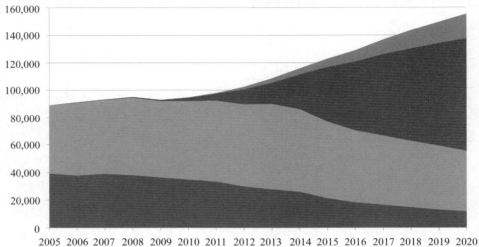

圖 4.9　全球照明技術之市場趨勢情境推估。

資料來源：本章參考資料 ⑥。

5. 參考資料

① Fuji Chimera Research, 2012 LED 關連市場總調查，2012

② http://www.LightEmittingDiodes.org/

③ Strategies Unlimited, High-Brightness LED Market Review and Forecast 2010, 2010

④ 呂紹旭，「紫外光 LED 晶粒產業現況」，光連雙月刊，2012 年 1 月，第 29－30 頁。

⑤ 何孟穎、呂紹旭、武東星、施天從、胡仕儀、郭子菱、高甫仁、陳逸民、陳婉如、顧振聲，21 世紀綠色光電，台北：財團法人光電科技工業協進會，2011.

⑥ 呂紹旭，「2010 台北光電週系列研討會巡禮－從光電展 LED 研討會看全球固態照明市場發展趨勢」，光連雙月刊，2010 年 7 月。

第五章

光電半導體元件

作者　吳孟奇　黃麒甄

1. 基本原理

發光二極體典型結構上是一 pn 接面二極體，由直接能隙半導體材料構成，例如 GaAs、GaN 等。其電子、電洞對複合，同時以光子的模式釋放出能量，其能量近似於能隙能量 $hv \approx E_g$，依半導體材料能隙之不同，釋放出光的能量也有所不同，因此，欲控制 LEDs 所釋放出光的顏色，可藉由材料的組成來選擇。一般半導體發光二極體，其材料大部分是 III-V 族半導體材料。圖 5.1 是 III-V 族元素之能隙（Bandgap）與晶格常數（Lattice Constant）之關係圖，其發光波長在可見光到紅外光的 III-V 半導體材料在室溫下之晶格常數及能隙關係。

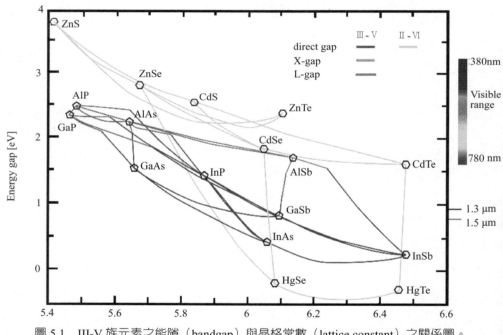

圖 5.1　III-V 族元素之能隙（bandgap）與晶格常數（lattice constant）之關係圖。

圖 5.2(a) 為一未加偏壓的 p-n$^+$ 接面元件的能帶圖，其中 n 側相較 p 側為重摻雜，因此 p-n$^+$ 元件的空乏區大部分落在 p 側。由於在平衡且不外加偏壓下整個元件的費米能階須維持均一，因此從 n 側 E_C 到 p 側 E_C，會有一位能障

eV_0，而 $\Delta E_C = eV_0$，其中 V_0 是內建電壓。在 n 側導帶電子的高濃度驅使自由電子從 n 側擴散到 p 側，但淨電子擴散卻會被位能障 eV_0 阻擋。

當外加一順向偏壓 V，其電壓降會跨於空乏區，因此內建電位會變為 $-V$，而允許 n^+ 側的電子擴散或注入 p 側，如圖 5.2(b)所示。此種 p-n^+ 結構中，從 p 到 n^+ 側的電洞注入會比從 n^+ 到 p 側注入的電子小很多，因此，注入電子在空乏區和中性 p 側處複合導致光子放射；主要複合會發生在空乏區內並延伸至電子擴散長度 L_S 在 p 側所涵蓋的體積內；此複合區經常被稱為「主動區」載子的注入而產生的，此被稱為電激螢光（Injection Electroluminescence）。另外，由於電子和電動複合的統計本質，所發射的光子為隨意方向，此即自發輻射（spontaneous Emission）。

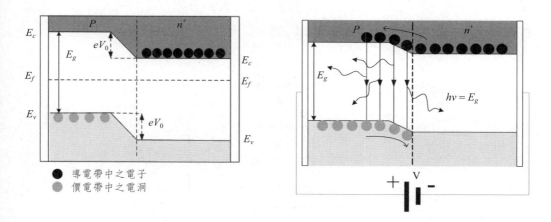

圖 5.2　為 pn^+（n- 型重摻雜）接面在(a)無外加電壓下及(b)外加順向電壓下的能帶示意圖。

2. 電子轉移機制

發光效率與材料是否為直接能隙（direct bandgap）有關，從 LED 所發射之光子能量並不是簡單的等於材料能隙 E_g，因為傳導帶電子有其能量分佈，如同電洞在價帶般，圖 5.3(a) 所示。直接複合速率是與電子和電洞的濃度乘積成

正比。圖 5.3(a) 中躍遷途徑 1，是 E_C 之電子與 E_V 之電洞的直接複合，但是能帶邊緣的載子濃度很小，因此這一型的複合機率並不高，因此這光子能量 hv_1 處的相對強度很小；路徑 2 則有最大的發生機率，對應的轉移能量為 hv_2，光的相對強度是最大或接近最大，如圖 5.3(b) 所示；路徑 3 所發射之較高能量光子 hv_3，牽涉到較高能量的電子和電洞，因其濃度不高，發光強度如圖 5.3(b) 所示。

　　圖 5.3(c) 說明電子和電洞分別於導帶和價帶能量分佈的能帶圖；電子濃度為導帶中能量的函數，可表示成 g(E)f(E)，其中 g(E) 為能態密度，而 f(E) 是費米狄拉克函數（在一具能量 E 的能態發現一個電子的機率），乘積 g(E)f(E) 則是代表每單位能量的電子濃度。傳導帶中電子濃度函數分佈圖並非成對稱式，峰值約高於 E_C 的 $1/2K_BT$ 處，而這些電子能量大致分佈在 $E_C \sim 2K_BT$ 內，如圖 5.3(c) 所示；電洞濃度也從價電帶處散開。

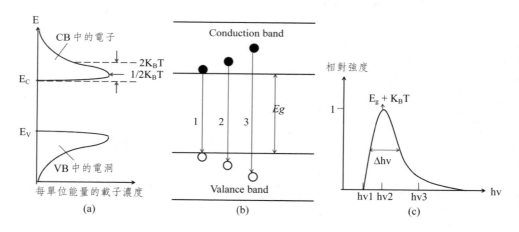

圖 5.3　(a) 可能複合路徑之能帶圖，(b) 相對光強度的光子能量函數，(c) 電子在 CB 和電洞在 VB 的能量分佈，最高的電子濃度是在高於 E_C 的 $1/2K_BT$ 處。

　　圖 5.4(a) 是直接能隙材料之能隙圖，包括 GaN、InN、GaAs、InP 及 InAs 材料等，這些材料的最底導帶與價帶的最高點在同一 K 空間。所以電子與電洞可以得到有效的再複合（Recombination）而放出光。而圖 5.4(b) 是間接

能隙（indirect bandgap）材料之能隙圖，其能隙 E_g 即導電帶最低點與價電帶最高點不在同一個 K 空間以致電子與電洞結合時除了發光外，還需要聲子（Phonon）的幫助，因此發光效率低。

在直接能隙中之電子與電洞結合時，其發光躍遷（Radiative Transition）有很多可能性，如圖 5.5 所示。圖 5.5(a) 中是帶與帶之結合，圖 5.5(b) 為自由激子（Exciton）互相對銷，圖 5.5(c) 是在帶位能波動區域，低能位區局部束縛激子之在結合。

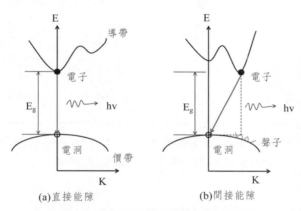

(a)直接能隙　　　　　　　　(b)間接能隙

圖 5.4　半導體直接能隙與間接能隙圖。

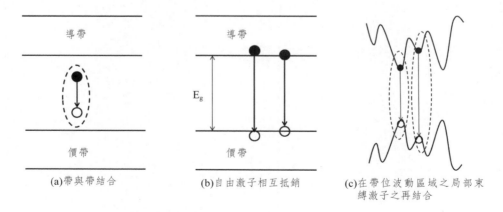

(a)帶與帶結合　　　(b)自由激子相互抵銷　　　(c)在帶位波動區域之局部束縛激子之再結合

圖 5.5　半導體固有發光變遷過程。

　　以上之結合是由於本身內部本質（Intrinsic）而產生的，但是假若將雜質（Impurity）放入半導體，則會在能隙中產生施體（donor）及受者（aceptor）之能階，因此又可能產生不同之結合放出光如圖 5.6 所示。5.6 中 (a) 為導帶與受者結合，(b) 為施者與價帶結合，(c) 為施者與受者之再結合，(d) 為激子再結合。當電子與電洞結合而產生光時，這些光被稱之為自然性發光（Spontaneous Emission），其光的方向是多方向的。

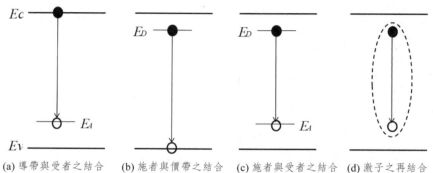

(a) 導帶與受者之結合　(b) 施者與價帶之結合　(c) 施者與受者之結合　(d) 激子之再結合

圖 5.6　因雜質而產生之發光再結合過程。

3. 注入機制

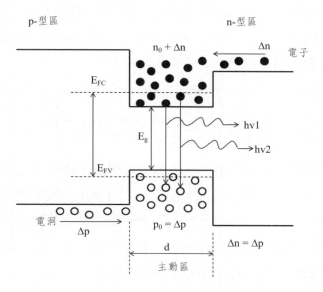

圖 5.7 雙異質接面結構能帶圖。

在此雙異質接面結構如圖 5.7，主動區的厚度小於載子擴散長度，相同的電子與電洞密度分別注入主動區，以保持電中性，注入的載子均勻的分佈在主動區，因其厚度小於載子擴散長度。

注入主動區的電子和電動密度可以下式表示：

$$n = n_0 + \Delta n; \tag{5.1}$$

$$p = p_0 + \Delta p; \tag{5.2}$$

$$且 \Delta n = \Delta p \tag{5.3}$$

Δn 與 Δp 為注入之電子與電洞密度，n_o 與 p_o 為主動區在平衡狀態下的電子與電洞密度，且 $n_o p_0 = n_i^2$。n_i 為本質載子濃度。在主動區的電子與電洞結合，以一定的速率結合，所以載子密度隨時間改變，此密度的變化可視為注入少數載子的行為

4. 發光效率與量子效率

LED 的發光原理用半導體 III-V 族材料所製成的發光元件，分別在兩極端子間施加電壓（P 極接正電壓，N 極接負電壓），通入極小的電流，電子與電洞相結合釋放能量而達發光效果。

在 LED 中，內部量子效率（internal quantum efficiency）定義如下

$$\eta_{int} = \frac{每秒從主動區射出的光子數}{每秒注入 \ LED \ 的電子數} = \frac{P_{int}/(hv)}{I/q}$$

其中 P_{int} 為主動區的輻射光功率，I 為注入電流。每個注入的電子複合後會放射出一個光子，因此理想的 LED 主動區的內部量子效率應該是 1，而當主動區內的載子複合成光子後，這些光子若能完全的輻射脫離至外界，那麼此 LED 的光萃取效率（Extraction Efficiency）也是百分之百。光萃取效率可定義為輻射至外界光子數目與主動區產生的光子數目比值：

$$\eta_{exctraction} = \frac{每秒放射至外界的光子數}{每秒從主動區放射出的光子數}$$

$$= \frac{P/(hv)}{p_{int}/(hv)} \tag{5.5}$$

P 為輻射至外界的光功率。一般很難將 LED 的光萃取率提高到 50%。因此實際上，主動區產生的光子可能因為各種損耗機制，無法傳播至外界。舉例來說，如果基板本身會吸收某特定波長的光，那麼主動區產生的光就有可能被 LED 基板再吸收；另外金屬接點上的自由電子也可能吸收部分光子；其他像是全反射的現象也會限制光子離開半導體晶粒。

至於外部量子效率（external quantum efficiency）則是定義為內部量子效率與萃取出效率的乘積，也就是輸入電子的數目轉換成有效光子（放射至外界）數目的比值。

$$\eta_{ext} = \frac{每秒放射至外界的光子數}{每秒注入 \ LED \ 的電子數} = \frac{P/(hv)}{I/q} = \eta_{int}\eta_{extraction} \tag{5.6}$$

而功率轉換效率則是評估電功率（IV）轉換成光功率（P）的效能，定義如下

$$\eta_{power} = \frac{P}{IV}$$

IV 是提供給 LED 的電功率。一般來說，功率轉換效率又被稱為插座效率（plug Efficiency）。所有發光元件都需要高的內部量子效率及高的外部量子效率。

5. 輻射光譜

從能隙值為 E_g 的半導體材料所輻射出的光子能量為

$$hv \approx E_g \tag{5.7}$$

在假設為理想的二極體假設裡，每個注入發光層的電子都會產生一個光子，因此由能量守恆，我們可以知道電子的能量等於放射出光子的能量，

$$eV = hv \tag{5.8}$$

也就是說施加在 LED 的電壓乘上基本電荷會等於光子的能量。

LED 的發光光譜相當於半導體中的自發性輻射，且波長是由直接遷移機制的能隙所決定。圖 5.6 說明了電子電洞對的複合過程。假設導帶與價帶都具有拋物線分佈關係：

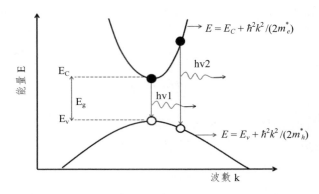

圖 5.8　拋物線形式的電子與電洞能帶與複合示意圖。

$$E = E_c + \frac{\hbar^2 k^2}{2m_e^*} \quad （電子） \tag{5.9}$$

$$E = E_c - \frac{\hbar^2 k^2}{2m_h^*} \quad （電洞） \tag{5.10}$$

m_e^* 和 m_h^* 分別為電子和電洞的有效質量，$\hbar$ 為普朗克常數除以 2π，為載子的波數，E_C 和 E_V 分別為導帶和價帶的下緣與上緣。

如果熱能 $k_B T$ 遠小於材料能隙 E_g 的話，根據能量守恆，載子複合產生的光子能量應為電子能量 E_e 與電洞能量 E_h 之差值，且光子能量幾乎等於能隙 E_g，

$$hv = E_e - E_h \approx E_g \tag{5.11}$$

因此藉由挑選適當能隙的半導體材料可以獲得特定的 LED 輻射波長。例如砷化鎵在室溫下的能隙約為 1.42eV，所以砷化鎵的 LED 輻射波長即為 870nm。

如考慮一個具有動能 $k_B T$、有效質量為 m^* 的載子，則載子動量如下

$$p = m^* v = \sqrt{2m^* \frac{1}{2} m^* v^2} = \sqrt{2m^* k_B T} \tag{5.12}$$

另外，能量為 E_g 的光子動量可由德布洛依關係得知

$$p = \hbar k = \frac{hv}{c} = \frac{E_g}{c}$$

（5.13）

從上式的計算可知載子動量比光子動量大了數個數量級。由於動量守恆的限制，當載子複合產生光子後，從導帶躍遷至價帶的電子動能幾乎沒有任何改變，也就是僅能進行如同圖 5.8 所顯示的垂直躍遷；換句話說，電子僅會與相同的動量的電洞進行複合。

6. PN 接面原理

在近代物理中，可先由能帶的觀念來了解半導體的基本特性，在晶體中電子能量會分裂成兩個明顯的能帶，即所謂的價帶（valence band, VB）及導帶（conduction band, CB），兩者之間的差即稱為能隙（energy gap, Eg），如圖 5.9 所示，在能隙中不能有電子存在。在絕對零度時，電子占據最低的能量態，即價帶，此時電子就稱為價電子；導帶能量高於價帶，亦即代表在價帶的電子躍遷到導電帶需要外加能量。

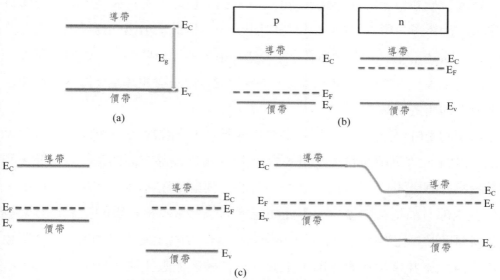

圖 5.9　(a)基本能帶圖 (b) p 型與 n 型能帶圖 (c) pn 接面平衡能帶圖。

Pn 形成接面後，其電荷分佈、載子分佈及電場、電位分佈如圖 5.10 所示，pn 接面大致上可以分為三個區域，如圖 5.10(a) 所示，維持電中性的 p 型區與 n 型區，以及有電場分布的空乏區。圖 5.10(b) 顯示出對應各區的電子與電洞濃度分布，在 p 型中性區中電洞濃度最大，電子濃度最小；在 n 型中性區中電子濃度最大，電洞濃度最小；在中間的空乏區，電子與電洞的濃度都較中性區之多數載體濃度為低。由於空乏區缺乏可移動的載子，故稱為空乏區（depletion region）。圖 5.10(c) 是接面附近的帶電電荷密度分布圖，在這裡接面附近的 pn 雜質摻雜濃度是均勻的，且在空乏區中的載子濃度忽略不計。圖 5.10(d) 是對應的電場分布圖，圖中顯示空乏區電場的值都是負的，表示電場是由 n 型指向 p 型，實際的電場大小分布可以利用高斯定律求出。由電場分布，我們可以看出電位的分布情形，如圖 5.10(e)，p 型區的電位較高，n 型區的電位較低，其間的電位差稱為內建電位（build-in potential）V_{bi}。

7. 發光二極體

發光二極體典型結構即是上述的 pn 接面二極體，由直接能隙的半導體材料構成；因電子、電洞對複合，而放射出光子，因此放射出的光子能量接近於 $hv \sim E_g$，因為元件主要的電阻部分位於空乏區，所以只要外加一順向偏壓 V，此內建電位 V_0 會減為 V_0-V，因此，主要的複合區會發生在空乏區內，此複合區即所謂的「主動區」。

典型的 LED 結構主要是以磊晶設備成長的，一般常以 MOCVD 或分子束磊晶（MBE）來沉積薄膜，如圖 5.11 所示；但在磊晶方面亦有許多問題，例如基板與磊晶層間有不同晶格常數，而會造成兩晶體結構會存在晶格不匹配，造成在內部有晶格應力產生，因此如能找到一適當晶格常數的基板是非常重要且有幫助的。在緩衝層上面長上 n^+-GaN 當作 n 層金屬的接觸層，主動區通常用多重量子井來當作發光區，由於電子的擴散係數往往比電洞大很多，所以在 p 型金屬接觸層之前通常會長上一層電子阻擋層（electron-blocking layer,

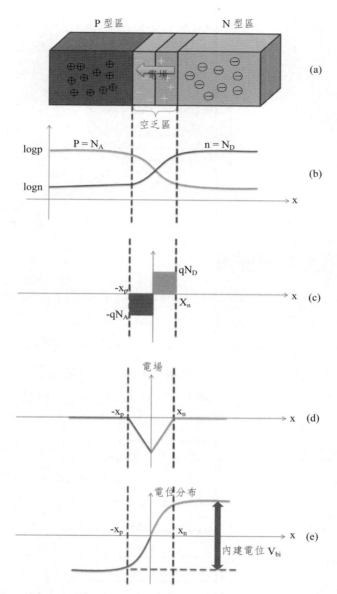

圖 5.10　pn 二極體達成 (a) 平衡時之空乏區位置、(b) 各區的載體濃度分布、(c) 接面附近的帶電電荷密度分布、(d) 電場分布、(e) 電位的分布。

EBL），來阻止主動區的載子逃離，而減少複合機率，以上為 GaN 材料大致上的磊晶結構。當然依各種不同需求結構上可能會有變化，這就是結構設計上

的問題。

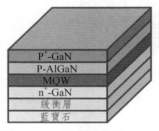

圖 5.11　LED 基本結構。

8. 半導體的材料與種類

　　固態材料分為三類：絕緣體（insulator）、半導體（semiconductor）和導體（conductor）。圖 5.12 是常見材料的導電係數（σ）和電阻係數（ρ），半導體是指導電係數（electrical conductivity）介於導體與絕緣體之間的材料，導電度約為 $10^{-8}\sim10^{3}$S/cm，同一種半導體材料的導電係數範圍相當大，這是由於半導體的導電性容易受到溫度、雜質、照光等外在條件的影響。

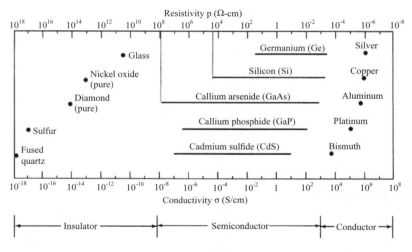

圖 5.12　是常見材料的導電係數和電阻係數。

半導體材料依其組成的元素可分為元素半導體（element semiconductor）和化合物半導體（compound semiconductor）。表 5.1 列出週期表中和半導體相關的元素。

表 5.1　週期表中和半導體相關的元素

II	III	IV	V	VI
	B	C	N	O
	Al	Si	P	S
Zn	Ga	Ge	As	Se
Cd	In	Sn	Sb	Te

元素半導體是由單一的四價元素所構成，如：矽（silicon, Si）和鍺（germanium, Ge），在一九五〇年代初期，鍺是最主要的半導體材料，被廣泛應用於二極體和電晶體的製作，但自一九六〇年代後，矽取代了鍺，是目前製作積體電路元件最重要的材料，這是由於矽的含量豐富，且具有良好品質的原生氧化層，適合大型積體電路的製作。

近年來，化合物半導體主要被應用於製造高速元件和光電元件，如：III-V 族化合物半導體具良好的發光特性和快速的電子傳導特性，在光電產業和通訊產業被普遍應用，如：氮化鎵（GaN）被應用於製作藍光 LED，砷化銦鎵（InGaAs）及磷化砷鋁鎵（AlGaInP）廣泛應用於製作紅外光檢測器等。

9. 半導體的鍵結與晶體結構

固態材料依內部原子的排列方式可分為單晶（single-crystalline）材料、多晶（polycrystalline）材料和非晶（amorphous）材料，如圖 5.13 所示。

原子排列無序的固態材料稱為非晶材料，而原子或原子群間排列規則有序稱為晶體（crystalline）材料。晶體材料可分為單晶和多晶，單晶是整個塊材（bulk）內部原子都規則有序地排列，多晶則是整個塊材中存在許多晶粒（grain），每個晶粒內部原子規則有序地排列，如同單晶，但晶粒和晶粒間的

原子排列方向和間距不同，而存在晶界（grain boundary）。晶界存在很多缺陷（defect）、懸空鍵（dangling bond）等，會捕捉傳導載子，嚴重影響材料中載子的遷移率（mobility）。

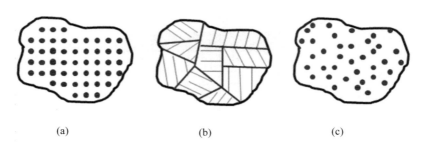

(a)　　　　　　　　　(b)　　　　　　　　　(c)

圖 5.13　固態材料的三種類型結構 (a) 單晶 (b) 多晶 (c) 非晶。

　　半導體的特性和原子間的鍵結、晶體晶格結構有關。元素半導體，如：矽原子最外層有四個價電子，原子間的鍵結為 sp^3 混成軌域的共價鍵（covalenct bond），如圖 5.14 所示，形成的晶格結構屬於鑽石結構；而大部分的化合物半導體，如：GaAs，屬於閃鋅結構，V 族元素多一個電子補足 III 族元素少一個電子，平均價電子數為四，形成類似鑽石結構的閃鋅結構。

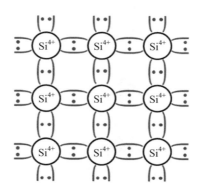

圖 5.14　矽原子以共價鍵鍵結。

10. 半導體的產生與複合

　　共價鍵中的電子吸收足夠大的能量，可以脫離共價鍵，形成一導電電子，並產生一電洞，這個過程稱為產生（Generation）。在產生過程中，電子吸收的能量可以是晶格振動的能量（熱能）或光子的能量（輻射能）等，所需的最小能量稱為能隙（energy gap），共價鍵的電子不會吸收小於能隙的能量。共價鍵強度愈大，能隙就愈大，如：矽的共價鍵大於鍺，因此矽的能隙大於鍺。

　　當傳導電子在晶格中和電洞複合形成共價鍵，會以熱能或光子的形式放出能隙大小的能量，這個過程稱為複合（Recombination）。

　　以能帶觀點說明，如圖 5.15，在價帶的電子吸收大於能隙的能量，可以由價帶跳到導電帶，形成一導電電子，並在價帶產生一電洞，這個過程稱為產生。導帶的電子跳到價帶和電洞複合，會放出能隙大小的熱能或光子。

　　在熱平衡時，產生速率和複合速率相同，因此導電電子和電洞的濃度相同。

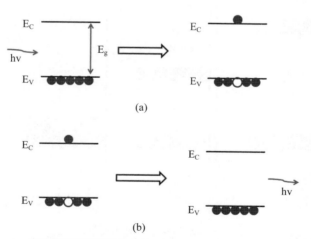

圖 5.15　(a) 導電載子和電洞的產生過程 (b) 導電載子和電洞的複合過程。

11. 導體、半導體、絕緣體的能帶

　　每一種固體皆有屬於它自己特徵的能帶結構。這種能帶結構之不同的是各種材料電特性會有如此大差異的主因。舉例來說，Si 晶體能帶結構，在 0K 時，具有鑽石結構的矽晶體是很好的絕緣體。想要了解這一點，我們就先要了解一下完全填滿及完全空的能帶在電流傳導中所扮演的角色。

　　在進一步討論電流傳導機制之前，我們可以在此觀察，電子在受到電場的作用下，會產生加速度，因此就會獲得能量而跳到新的能量態。但根據包利不相容原理，必須有空的未佔據電子能階，電子才可以移動。由前面的討論，在 0K 時，Si 的價帶全滿，而導帶全空。當加上電場時，價帶的電子因為無可去的能階，完全不能動，而導帶並無電子，對電流也無貢獻。因此時矽半導體有很高的電阻，這就是絕緣體的基本特性。

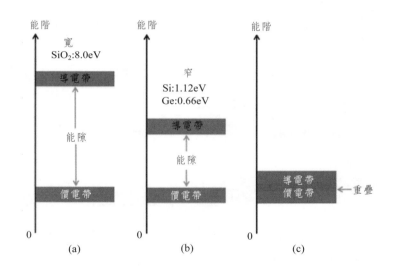

圖 5.16　0K 時典型的能帶結構。

　　半導體材料在 0K 時與一般絕緣體具有相同的特性，也就是皆具有全滿的價帶及全空的導帶（圖 5.16）。兩者主要的差別是能帶間隙 E_g 的大小。在半導體中能帶間隙小，而絕緣體能帶間隙較大。舉例來說，在室溫時，Si 半導體

中能帶間隙為 1.12 eV，而絕緣體鑽石則有 5 eV。半導體內因為較小的能帶間隙，可使電子較容易經由熱與光能量之吸收而跳躍到導帶。例如，在室溫時具有 1eV 的半導體，就有相當多的電子因經由熱激發到導帶。但是一個有 10 eV 能帶間隙的絕緣體，在室溫時，導帶上的電子數目非常少。因此半導體與絕緣體最大的差別，就是經過光或熱能激發到導帶電子數目的多少，這些電子就可以參與電流的傳播。

在金屬中，能帶或者互相重疊，或者是部分填滿，因此電子與未填滿的能態互相混合在一起，所以在電場作用下，電子可以自由移動，由圖 5.16 所畫出的金屬能帶圖可看出，金屬必定具有很高的導電率。

12. 發光二極體元件結構

12.1　典型平面表面出光型 LED 元件結構

LED 原理為利用注入電子電洞在 PN 接面處發光，典型的 LED 元件結構如圖 5.17 所示，由下而上是金屬接點（metal contact）、N 型基板（N-type substrate）、主動區（也就是發光區）（active layer）、P 型半導體、金屬接點。

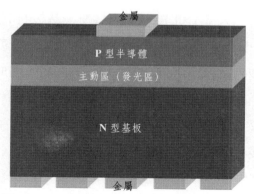

圖 5.17　典型平面表面出光型 LED 元件結構。

　　良好的光電轉換效率決定 LED 的發光品質，因此 LED 大多採用 III-V 族材料，藉著調變材料組合，改變 LED 發光區的材料能隙（bandgap），而發出不同地光譜。LED 的製造方法一般是採用磊晶（epitaxy）的方式，以適當的晶格常數（lattice constant）材料作為基板，在基板上以磊晶方式成長良好品質的半導體，例如利用磊晶方式成長氮化鎵（GaN）在藍寶石（sapphire）基板上。

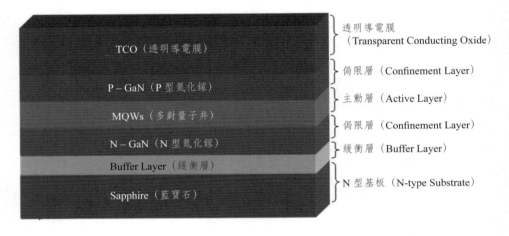

圖 5.18　市面上主要的藍光 LED 元件結構。發光區是由數個量子井結構所組成，主要以氮化鎵摻雜不同比例的雜質，作為不同能隙的材料。

　　圖 5.18 為市面上大部分 LED 的結構圖，基板材料大多是採用藍寶石（sapphire）即三氧化二鋁（Al_2O_3）。由於每一層結構厚度都很薄，因此基板主要功能是作為乘載的用途，但由於磊晶技術的需要，因此基板必須選擇與元件結構晶格常數相近的材料。但即使基板的晶格常數選擇和元件薄膜相近，在不同材料接面處依然會有缺陷（defect）產生，因此利用生長緩衝層來逐漸減少缺陷密度，使得緩衝層以上的結構有較低的缺陷密度。

　　主動層是 LED 主要發光處，內部為數個量子井的結構，電子從 N 型（N-type）端注入，電洞則從 P 型（P-type）端注入，兩種載子在主動區內複

合而發出光子。為提高電子與電洞複合的效率或比率，經常在主動層的兩側加上偏限層（Confinement Layer），偏限層相較主動層有較大地能隙，因此能將兩種載子集中在主動層而提高複合效率。而主動層採用不同的材料能夠發出不同的光譜，能隙較大的材料能發出較高頻（能量較強）的光，而能隙較小的材料發出較低頻（能量較低）的光，不同顏色的光所對應的波長及材料如下表5.2 所示。

表 5.2　不同顏色的光所對應的波長及材料

顏色	波長（nm）	偏壓（V）	半導體材料
紅外光	> 760	< 1.9	砷化鎵 Gallium arsenide(GaAs) 砷化鋁鎵 Aluminium gallium arsenide (AlGaAs)
紅光	610～760	1.63～2.03	砷化鋁鎵 Aluminium gallium arsenide (AlGaAs) 磷砷化鎵 Gallium arsenide phosphide (GaAsP) 磷化鋁銦鎵 Aluminium gallium indium phosphide (AlGaInP) 磷化鎵 Gallium(III) phosphide (GaP)
黃光	570～590	2.1～2.18	磷砷化鎵 Gallium arsenide phosphide (GaAsP) 磷化鋁鎵銦 Aluminium gallium indium phosphide (AlGaInP) 磷化鎵 Gallium(III) phosphide (GaP)
藍光	450～500	2.48～3.7	硒化鋅 Zinc selenide (ZnSe) 氮化銦鎵 Indium gallium nitride (InGaN)
紫外光	< 400	3.1～4.4	氮化硼 Boron nitride (215 nm) 氮化鋁 Aluminium nitride (AlN) (210 nm) 氮化鋁鎵 Aluminium gallium nitride (AlGaN) 氮化鋁鎵銦 Aluminium gallium indium nitride (AlGaInN) – (down to 210 nm)
白光	400～760	～3.5	藍光 LED 二極體外層黃色磷光粉

　　依照 LED 的金屬接點（metal contact）連接方式，可分為傳統型（平面式）和垂直型如圖 1.3，傳統型的金屬接觸點在元件的同一面，而垂直型的金屬接點則在元件的上下兩側。若按照出光面積來比較，傳統型的發光面積亦即總面積扣掉金屬接點的面積約佔總面積的 50%，而垂直型的發光面積約佔總面

積的 90%，因此以相同品質的 LED 來看，垂直型能提供較大的發光功率。

　　一般金屬與半導體接觸面存在一接面電阻（contact resistance）或介面電阻（interface resistance），而接面電阻大小取決於接面的材料，因此必須使用適當的金屬材料與 n-GaN 或 p-GaN 連接。與 n-GaN 接面的 n-contact 採用如 Au、Al、Ti/Al、Ti/Au 等，而 p-contact 材料的選用如 Ni/Au、Cr/Au、Pd/Au、Ni/Pt/Au 等。有效降低接面電阻能夠減少接面電阻產生的熱，進而使得發光效率提高。

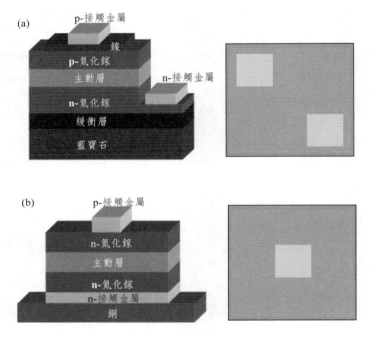

圖 5.19　(a) 傳統式 LED 結構發光面積約 50% (b) 垂直式 LED 結構發光面積約 90%

12.2 基板（砷化鎵、藍寶石、矽、氮化鎵）晶格常數、晶格結構（晶向）價格

一般最常見的基板為矽（Si），但是在 LED 基板上最常見的為藍寶石基板，理由為必須同時顧及到價格與晶格常數的匹配。若以磊晶角度來考慮，用相同材料作為基板最能降低磊晶的缺陷，但是氮化鎵（GaN）的基板價格昂貴，因此必須使用其他晶格常數相近但價格較低的材料作為基板。

目前主要用於白光 LED 的基板為藍寶石（Sapphire，即 Al_2O_3），近來為降低成本產學皆已投入許多研究在矽（Si）基板上進行氮化鎵的磊晶，但是兩者為不同晶系而且晶格常數也相差較大，因此有許多磊晶的問題尚待克服。由於氮化鎵不同於矽可以拉成矽晶柱，形成氮化鎵的環境溫度（約 1700°C）及壓力過高，以致於很難以熔融態的方式形成氮化鎵得塊材。

表 5.3　常用於氮化鎵磊晶生長基板

基板材料	晶格結構	晶格常數
GaN	wurtzite	a = 3.189 c = 5.185
GaN	zincblende	a = 4.51
Al_2O_3	rhombohedral	a = 4.758 c = 12.991
GaAs	zincblende	a = 5.653
SiC	wurtzite	a = 3.08 c = 15.12
SiC	zincblende	a = 4.36
Si	diamond cubic	a = 5.43

12.3 同質結構元件能帶圖

LED 的發光是利用 pn 接面處的載子複合而產生光子，若 p-type 半導體與 n-type 半導體兩者能隙（bandgap）相同，也就是以相同材料但是摻雜不同

雜質所形成的 pn 接面為同質接面，而以同質接面為主的元件即為同質結構元件。

　　將施加順偏壓的 pn 接面以電子能帶如圖 1.4 表示，施加順偏壓時多數載子向 pn 接面處移動，並通過能障（barrier）而成為少數載子並產生複合。如圖 5.20(a) 所示，其中黑點代表電子圓圈代表電洞，對接面施加順向偏壓時，電子越過能障到達 p-type 處，而被大量的電洞複合而產生光子。但是並非所有越過能障的電子都會被電洞複合，會有少部分的電子未被複合而到達另一端的電極，因此我們需要加以設計讓電子及電洞集中，來提高電子電洞對的複合效率如圖 5.20(b) 的結構。

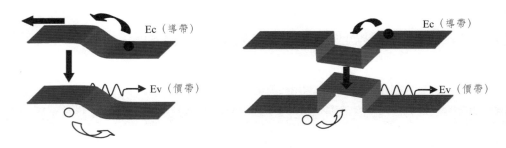

圖 5.20　(a) 同質接面順偏壓下的載子複合情形 (b) 異質接面順偏壓下的載子複合事情形。

12.4　異質結構元件能帶圖

　　不同材料相連接時由於能隙不同，因此導帶或價帶都會有不連續之處，若是能隙較小的材料被寬能隙的材料包夾，能帶分部如圖 5.21(a)的結構稱量子井。若數個量子井串連在一起能帶分部如圖 5.21(b)結構，為超晶格結構的其中一種，如果量子井的數目越多越能夠有效的侷限載子，因此較多數目的量子井，越能提高電子電洞的複合效率。若是在數個量子井以外包夾寬能隙的材料，更能將載子侷限在超晶格結構中。由於能夠有效的侷限載子，故 LED 採用此種結構作為發光層如圖 1.5(c)。

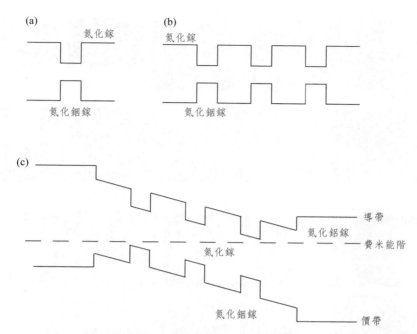

圖 5.21　(a)利用 InGaN 和 GaN 形成的量子井結構 (b) 數個量子井串連的結構 (c) 大能隙材料作為侷限層包夾數個量子井，形成 LED 主動層的結構。

12.5　封裝後成品

　　將藍光 LED 外表佈滿螢光粉之後，可封裝成如下列燈具。由於藍光照射到螢光粉會發出較低頻的光譜，與原本藍光 LED 的光譜混合，便形成白光即寬波段的光譜，如圖 1.6 為白光 LED 燈泡的內部結構。

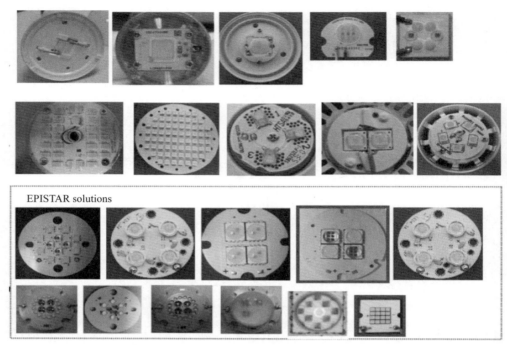

圖 5.22　照明用白光 LED 的燈具內部結構。

資料來源：晶元光電股份有限公司。

年份	封裝形式	最高承載電流	熱阻（$RT_{H.j.c}$）
1970		20 mA	160 °C/W
1985		20 mA	200 °C/W
1989		50 mA	120 °C/W
1990		100 mA	100 °C/W
1994		150 mA	50 °C/W
1998		350 mA	10 °C/W

圖 5.23　LED 隨著年代演進改變封裝。

資料來源：晶元光電股份有限公司。

13. 參考資料

① 史光國，「半導體發光二極體及固態照明」，全華 2006 年 10 月

② 郭浩中，賴芳儀，郭守義，「LED 原理與應用」，五南 2009 年 6 月

③ S.M. Sze, "Semiconductor Devices Physics and Technology," 2001.

④ Certrude F. Neumark, Igor L. Kuskovsky, and Hongxing Jiang, "Wide Bandgap Light Emitting Materials and Devices" WILEY-VCH, 2007.

⑤ http://en.wikipedia.org/wiki/Light-emitting_diode

⑥ L. Dobos, Applied Surface Science 253 (2006) 655-661

⑦ Ja-Soon Jang, In-Sik Chang, Han-Ki Kim, Tae-Yeon Seong, Seonghoon Lee, and Seong-Ju Park, Appl. Phys. Lett., Vol. 74, No. 1, 4 January 1999

⑧ http://en.wikipedia.org/wiki/Contact_resistance

⑨ http://en.wikipedia.org/wiki/Trigonal_crystal_system

⑩ L.Liu, J.H.Edgar, Material Science and Engineering R37,P61

⑪ http://en.wikipedia.org/wiki/Superlattice

第六章

LED 基本驅動電路

作者　梁從主

1. LED 的電氣特性

2. 直流電壓源之 LED 驅動電路之設計

3. 電源為市電交流電壓之 LED 驅動電路設計

1. LED 的電氣特性

　　LED 驅動電路與 LED 的搭配將影響 LED 的輸出特性，因此當我們要設計 LED 的驅動電路之前，必須先要了解 LED 的電氣特性。圖 6.1 是 LED 相關的重要電氣特性，由 LED 的電流跟光輸出的圖中，可看出 LED 的光輸出主要受到 LED 電流的影響。由 LED 的電壓與電流曲線圖可知，微小的 LED 電壓變化，會造成很大的 LED 電流變化，而嚴重影響到 LED 的光輸出改變。亦即當我們用電壓控制 LED 的光輸出，相當困難控制 LED 的光輸出。因此，一般常採用電流控制方式驅動 LED，以穩定 LED 的光輸出。

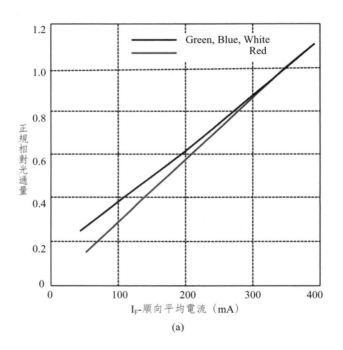

(a)

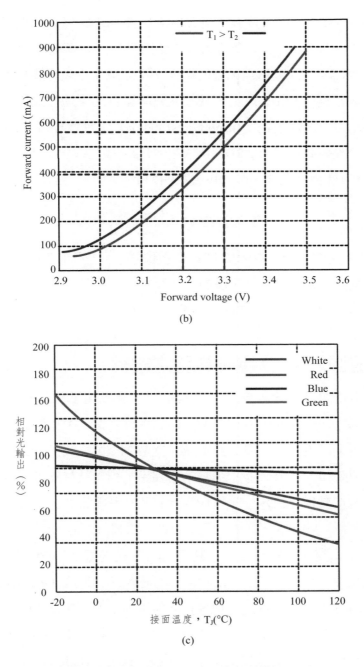

圖 6.1 (a) LED 之光輸出與電流之關係 (b) LED 之電流與電壓之關係 (c) LED 之光輸出與溫度
之關係。

驅動 LED 的方式可採用直流與交流兩種方法，LED 以直流電流驅動其發光效率（lm/W）較高；而以交流驅動方式驅動其發光效率較直流低，交流驅動的方式會受到交流電流波形與頻率的影響。交流電流之頻率愈高，其發光效率較高，當頻率超過 50 kHz 以上，其發光效率與直流驅動方式差異不大。另外，驅動電流的電流波峰因數（current crest factor）也會影響到 LED 的發光效率，電流波峰因數較高會造成 LED 的功率不均勻而產生散熱不佳，造成 Droop effect 的影響。有關電流波峰因數的定義說明如下：

$$電流波峰因數 \equiv \frac{I_{s,peak}}{I_{s,rms}}$$

LED 驅動電路的設計亦需考量到輸入電壓的特性，目前 LED 的應用其電源有分為直流與交流電源。另外，LED 功率的大小亦影響到驅動電路的選擇。以下將針對上述因素分別介紹 LED 驅動電路之設計。

2. 直流電壓源之 LED 驅動電路之設計

當 LED 之電源為直流電壓源時，其電源主要為電池或轉換器之輸出電壓，此應用包括應用於背光，如智慧型手機、手持裝置、手提電腦、平板電腦等等，機車、汽車之照明，及顯示裝置。LED 驅動電路之設計依對發光特性之要求、LED 的功率大小、及價格之考量，常採用下列幾種驅動電路。

1. 若電池的電壓與 LED 之電壓很接近，可採用最簡易之限流方式，此方式是在 LED 的模組上串接一限流裝置，如圖 6.2(a) 所示。利用串接電阻之阻抗調整 LED 的電流。最簡易的方式是直接串接一電阻器，如圖 6.2(b) 所示。此方法相當簡單，且沒有電磁干擾（electromagnetic interference, EMI）的問題，但會在限流電阻上產生相當大的功率損失，降低系統之效率。另外，LED 之電流也會受到輸入電壓的影響。

另外，也可使用一電晶體工作在放大區（active region）改進系統的特性，如圖 6.2(c) 所示。此時電晶體的特性類似可變電阻，利用回授 LED

的電流，改變電晶體基極（base）電流大小，調整電晶體的阻抗，穩定 LED 的電流。此方法的 LED 電流調整率較佳，但仍會有功率損失在電晶體上。若功率晶體採用 MOSFET，則是調整 MOSFET 的驅動電壓（Vgs），使 MOSFET 工作於飽和區（saturation region），作為可變電阻之功能。

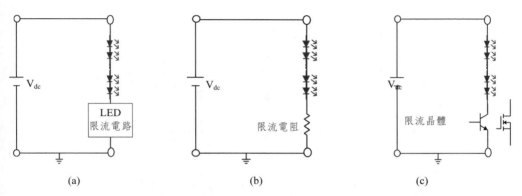

圖 6.2　(a) LED 的模組上串接一限流裝置 (b) 利用串接電阻之阻抗調整 LED 的電流 (c) 利用功率晶體限流。

2. 採用切換式轉換器（switching converter）也可作為 LED 的驅動電路。常用轉換器有降壓轉換器（buck converter）、昇壓型轉換器（boost converter）、昇降壓轉換器（buck-Boost converter）等電路，如圖 6.3 所示。此三種電路的選擇要依據電源的電壓大小與 LED 電壓的大小來決定：降壓型轉換器使用於輸出低於輸入電壓（降壓）；昇壓型轉換器使用於輸出高於輸入電壓（升壓）；而昇降壓轉換器可應用於輸出低於或高於輸入電壓的場合，但是 LED 的負極與電源不共地。利用（pulse width modulation, PWM）控制 LED 的電流大小，此方法可以較精準的控制 LED 的電流，而且可降低串接電阻上的功率損失，但切換式驅動電路會有電磁波干擾（electromagnetic Interference, EMI）的問題。目前有許多電源積體電路（power integrated circuits）公司，也將相關的轉換器設計於積體電路內，提升系統效率並減少系統之體積，甚至可將

不同的轉換器整合於積體電路中，此轉換器稱為多通道電源積體電路
（multi-channel power integrated circuits），此積體電路內具有一 LED
驅動電路。另外，有許多功率積體電路的設計公司已提出適合於 LED
的控制積體電路，體積非常小，且效率也非常高。

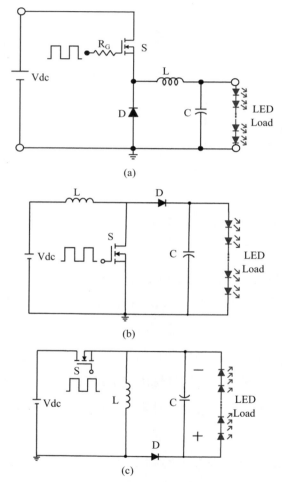

圖 6.3　利用 (a) 降壓轉換器；(b) 昇壓型轉換器；(c) 昇降壓轉換器之 LED 驅動電路。

3. 若 LED 的功率較大，則必須採用離散電路（discrete device）及商用控
　　制積體電路，控制降壓轉換器、昇壓轉換器、降昇壓轉換器等轉換器

電路。此系統之設計亦需考慮 LED 功率的大小，若 LED 的功率較大，則 LED 模組需採用併聯方式，避免 LED 的電壓過高，危及使用者之安全。但是必須加上均流控制電路，平衡 LED 之輸出電流。

4. 當 LED 模組有調光（dimming）的需求時，可採用下列三種方式調光。第一種方法：採用串接可變電阻的方式，如圖 6.4(a) 之方式，藉由改變功率電晶體的阻值，調整 LED 的電流。此方式的電路簡單，但是會在功率電晶體產生功率損失，而且 LED 的光輸出會有色偏（color shift）的現象。第二種方式可利用控制轉換器之功率元件的導通時間 Ton（Turn on time）或責任週期（duty ratio），如圖 6.4(b) 所示。以脈寬調變的方式調整 LED 的電流，以改變 LED 的光輸出。此方式的效率較高，但是 LED 的光輸出會有色偏的問題。第三種方式採用低頻脈寬調變控制（pulse width modulation）方式，如圖 6.4(c) 所示。當低頻調光開關導通時，LED 工作於額定電流；當低頻調光開關截止時，LED 無電流通過。此方式之控制方式稍微複雜，但是 LED 的調光效果良好，並無色偏的問題。

3. 電源為市電交流電壓之 LED 驅動電路設計

當輸入電源為市電交流電壓時，此時 LED 驅動電路的設計考量較多，但應用的場合較廣泛，有室內照明、商業照明、工業照明、檯燈、路燈、廣告看板、及紅綠燈……等等。另外，由於照明的用電量占整體電力的消耗平均約 18%-25% 左右，照明耗電量相當大，所以有許多國際規範對於照明設備訂定了較為嚴苛的電氣標準。照明基本標準上必須要符合 IEC-61000-3-2 Class C 的要求，此規範之訂定主要是要降低電流的諧波（current harmonic），提高負載的功率因數（power factor），也可以降低對其他用戶的電源汙染及台電傳輸線因諧波電流造成的額外電力損失。IEC61000-3-2 Class C 之規範要求以 25 W 為界線。當照明系統的功率大於 25W 時，對於照明設備的諧波規範要求如表 6-1 (a)

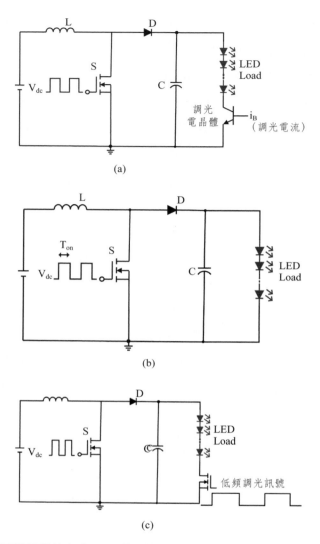

圖 6.4　(a) 採用串接可變電阻的方式；(b) 利用控制轉換器之功率元件的責任週期（Duty ratio）之調光方式；(c) 採用低頻脈寬調變調光方式。

所示。當照明系統的功率小於 25W 時的要求，如表 6-1(b) 所示；亦可使用圖 6-5 之 LED 輸入電流規範圖。此規範所訂定的主要目的是限定各次諧波的上限值，並非總電流失真。當各次諧波電流降低時，可提升 LED 燈具系統的功率因數。有關功率因數的定義說明如下：

$$功率因數 \equiv \frac{P}{S}$$

其中 P 為實功（real power）；S 為視在功率（apparent power）。

表 6-1　IEC61000-3-2 Class C 對於系統之照明設備的諧波規範要求

(a) 功率大於 25W 時

諧波數 n	最大允許諧波電流百分比 %
2	2
3	30 * pf
5	10
7	7
9	5
$11 \leq n \leq 39$	3

(b) 功率小於 25W 時

諧波數 n	每瓦所允許之最大諧波電流 mA/W
3	3.4
5	1.9
7	1.0
9	0.5
11	0.35
$13 \leq n \leq 39$	3.85 / n

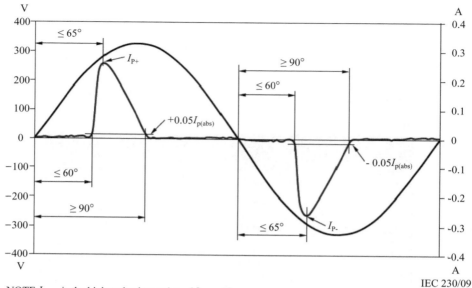

NOTE $I_{P(abs)}$ is the higher absolute value of I_{p+} and I_{p-}

圖 6.5　IEC61000-3-2 Class C 對於照明系統的功率小於 25W 之規範。

常用於輸入電壓為交流電壓時的驅動電路說明如下：

1. 低功率非隔離之應用：LED 做為燈泡之應用，電器人員不會接觸內部之
　 電路，因此可採用全橋整流 +buck 轉換器之非隔離驅動電路，如圖 6.6
　 所示。此驅動方式在 LED 上會有低頻漣波，會使 LED 之輸出有稍微色
　 偏的現象。

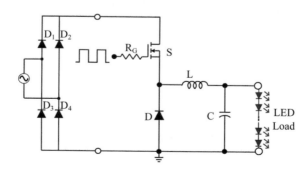

圖 6.6　全橋 +Buck 轉換器驅動電路。

2. 低功率須隔離之應用：此電路的前級採用二極體整流電路加上濾波電容將交流轉為直流電壓，再提供給後級的 flyback 電路，如圖 6.7 所示。由電源端的電流波形來看，電源電流具有相當高的諧波成份，而無法符合 IEC-61000-3-2 Class C 的規範，因此常在前級加上 LC 低通濾波器（low pass filter），將諧波成份濾除。此電路較適合應用於輸入電壓範圍較小的應用。

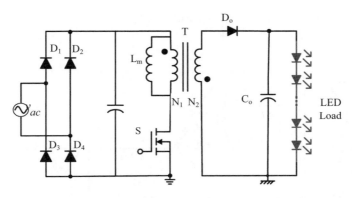

圖 6.7　二極體整流電路與 flyback 電路之 LED 驅動電路。

3. 應用於 10～40W 之 LED 驅動電路：此應用可採用單級 flyback 電路直接驅動 LED，電路如圖 6.8 所示。此電路不需使用高壓的電解電容，對於 LED 照明系統之可靠度提昇相當有助益。另外，此電路可應用於較寬廣的輸入電壓範圍，利用控制 flyback 的切換週期或頻率，可以控制 LED 的電流，並且可以達到相當高的功率因數。但是，LED 亦上會有低頻漣波，而使得 LED 輸出之光輸出產生些微色偏的現象。控制方式可採用邊界導通模式（boundary conduction mode），以提升系統的效率，有關於邊界導通模式下的電源電流波形如圖 6.9 所示，只要在電源端加上 L-C 濾波電路，交流電流波形就會非常接近弦波且與交流電壓同相位，以提高功率因數。

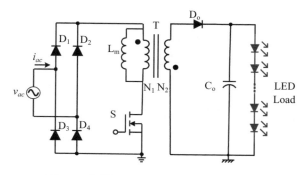

圖 6.8　單級 flyback LED 驅動電路。

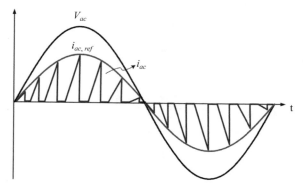

圖 6.9　邊界導通模式單級 flyback LED 驅動電路之電源電流波形。

4. 中功率 LED 應用之驅動電路：此電路之前級為昇壓型功率因數修正電路（boost power factor correction circuit, Boost PFC），後級採用 flyback 電路，如圖 6.10 所示。前級為昇壓型功率因數修正電路，並且可以達到相當高的功率因數，flyback 電路用以控制 LED 的電流。此電路可應用於寬廣的輸入電壓範圍（100～240V）。

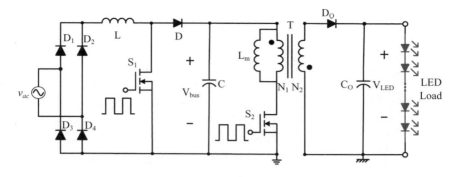

圖 6.10　前級昇壓 PFC，後級 flyback 架構。

5. 應用於中高功率之 LED 驅動電路：如 LED 之路燈與街燈應用路燈應用，此時電路常以昇壓 PFC 為前級電路，後級為半橋 LLC（half-bridge LLC）電路，電路如圖 6.11 所示。半橋 LLC 電路利用 Cr 與 Lr 串聯及變壓器 Lm 之共振，並使半橋電路操作於高於諧振頻率之電感性負載，因此半橋電路的功率元件可達到零電壓切換導通（zero voltage switching, ZVS），降低切換損失，使驅動系統的效率更高。

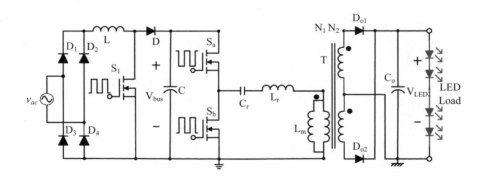

圖 6.11　昇壓 PFC+ 半橋 LLC LED 驅動電路。

第七章

系統模組設計

作者　歐崇仁　林俊良

1. 前言

　　LED 的一次光學的定義在於研究以及分析 LED 晶片本身的發光特性。這些發光特性最主要的造成原因在於晶片的形式以及製程以及其表面的電極或相關的結構以及材料所造成的。因此不同的晶片本身就有不同的發光特性。藉由控制相關的製程、LED 晶片的幾何外形、電極的擺設以及材料的設計等，最後總合所造成晶片本身發光特性的行為稱為一次光學。

　　有些研究也把晶片基板連同反射罩同時歸類於一次光學，原因在於這個模組是由上游公司直接提供的。因此，針對由廠商提供的模組進行補充加值的光學元件設計，稱為二次光學設計。顧名思義為對於 LED 光學行為進行二次加工，因此稱為二次光學。同理可以推論延續上游元件二次光學系統加以修改的設計工程稱為三次光學設計如圖 7.1 所示。接下來對於相關的技術加以重點方式項目加以解說。

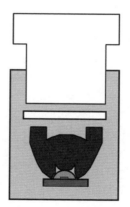

圖 7.1　LED 結構與相關光學議題的位置圖（紅色一次光學、綠色二次光學、藍色三次光學）。

2. 基礎幾何光學原理的介紹：費馬原理到 SNELL 定律

　　幾何光學是一個具有相當悠久歷史的學問，雖然許多人認為幾何光學已經沒有新的理論基礎，其實對於目前廣大應用的 LED 照明中，結合幾何學以及

光學的巧思，有許多的應用空間。目前世界上對於 LED 光學相關的專利持續的成長，但就基本的原理而言，折射與反射為最基礎的定律，而光學中的偏光特性、繞射原理，散射模型怎可以作為二次光學補充設計的依據原理。本文著重於討論利用折射與反射定律的二次光學設計。

對於光學系統的模擬有三個要素：

① 光源（light source）；

② 物體（object）；

③ 檢測器（detector or receivers）。

其中光源與檢測器二者一定要存在。再應用這三個基本的要於於光學設計的實作中，光學軟體沒有好與壞，只有對使用者本身最適合的軟體，並非價格可以決定適合您的需求，必須要由公司所做的 LED 模型的複雜的程度如何來決定購買的軟體。雖然目前所有的光學軟體都能夠模擬最基礎的折反射定律，但對於二次光學中還需要能夠有對於穿透率以及反射係數的計算功能才能夠真正的反應出。

折射反射定律可以由一個公式表明，此為斯乃耳定律（Snell Law），也有人稱作笛卡兒定律（Descartes' Law）。斯乃耳定律是 LED 光學模擬第一步知識。在光折射現象中，入射角 θ_1 的正弦函數值與折射角 θ_2 的正弦函數值之比為一常數：$n_{21} = n_2 / n_1$ 是第二介質對第一介質的相對折射率。這種現象是 1621 年由荷蘭數學家及物理學家斯乃耳（Willebrord Snell 1591-1626）發現。斯乃耳定律的一般化的形式可表為 $n_1 \sin\theta_1 = n_2 \sin\theta_2$。需要注意的就是 Snell 定律可以由費馬最省時原理推導出。

對於 Snell 定律會有一個直接的重要結論稱為全反射現象。基本上光線由高折射率介質進入到低反射率的介質時，出射角會放大。當大到一個特別的角度稱為臨界角時，光線就無法穿透介面而回到原來的介質內。圖 7.3 的橫軸為入射角的角度，縱軸為介面的反射率。以由折射率 1.5 入射到折射率 1.0 的物質為例，當角度接近到約 43 度時，則介面的反射率會急遽的上昇。導致稱為全反射現象的現象。這個現象為目前 LED 一次

光學的一個重要的現象。有些LED 晶片因為製程材料的特性安排而會受到全反射的問題,光線無法由晶片的層狀結構射出到空間之中而導致光效率降低的問題。所以一個好的一次光學系統的安排要能夠兼具材料折射率之間不會有全反射現象的議題,同時也能滿足材料發光機制的設計條件。

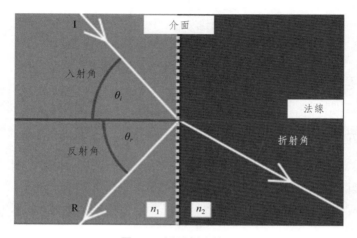

圖 7.2　折反射定律。

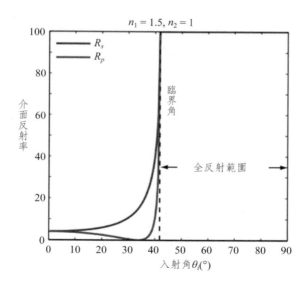

圖 7.3　全反射角的變化。

　　對於介面上的穿透率以及反射係數的計算由於牽涉到所謂的極化光學，因為較為困難超出了本教材的範圍。但是一些基本的估計有公式可以參考。以下提供的公式稱為菲乃爾反射穿透率公式（Fresnel's Equations of Reflection and Transmission），表對於 S 極化狀態在介面的反射率 R_s 以及 P 極化狀態在介面的反射率 R_p。關於 S 極化狀態以及 P 極化狀態的物理意義，敬請讀者參考本書的相關章節。

$$R_s = \left(\frac{n_1 \cos\theta_i - n_2 \cos\theta_t}{n_1 \cos\theta_i + n_2 \cos\theta_t} \right)^2 = \left[\frac{n_1 \cos\theta_i - n_2 \sqrt{1 - \left(\frac{n_1}{n_2} \sin\theta_i \right)^2}}{n_1 \cos\theta_i + n_2 \sqrt{1 - \left(\frac{n_1}{n_2} \sin\theta_i \right)^2}} \right]^2 \qquad (7.1a)$$

$$R_p = \left(\frac{n_1 \cos\theta_t - n_2 \cos\theta_i}{n_1 \cos\theta_t + n_2 \cos\theta_i} \right)^2 = \left[\frac{n_1 \sqrt{1 - \left(\frac{n_1}{n_2} \sin\theta_i \right)^2} - n_2 \cos\theta_i}{n_1 \sqrt{1 - \left(\frac{n_1}{n_2} \sin\theta_i \right)^2} + n_2 \cos\theta_i} \right]^2 \qquad (7.1b)$$

　　臨界角代表的就是光密介質到光疏介質時產生的現象。當光線由光疏介質到光密介質時，相當特別的，對於極化光而言有一個角度稱為布魯斯特角的角度會導致反射係數為零的情況。一般而言，光的振動方向可分成垂直於光學封裝介面和平行於介面的兩類光線。而當反射現象發生時，雖然光線被部分偏振（即兩方向的電場大小不等），但兩個方向應皆有分量。然而當入射光以一個特定角度入射時，反射光只剩下垂直於光學封裝介面的電場方向，這個入射角就是所謂的布魯斯特角。

　　因為一般常用的 LED 為非極化光（S 極化與 P 極化各佔 50%），因此其平均的反射率為以下的兩個折射率的平均值（即 R = (R_S + R_P)/2）。所以一般而言的一次光學中 LED 介面並不會有反射係數為零的情況。但是由圖 7.4 可以看出對於某一方向偏振光反射率為零的情況對於 LED 材料結構的設計上會有所影響。因此「臨界角」以及「布魯斯特角」對於 LED 的一次光學的設計而言是兩個需要注意到的重要主題。相關的光學模擬軟體必須要有這樣的功能設

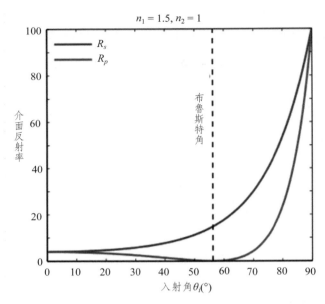

圖 7.4　布魯斯特角（對於紅色線的 P 偏振模式而言，反射率會降為零）。

定才能夠真正的符合計算的原則－LED 光學工程師應檢查您的軟體中是否具有計算 "Fresnel's Coefficients of Reflection and Transmission" 的功能。

　　附帶值得一提的為有些照明專利有使用髓位漸變折射率或漸變光學元件／封裝等的技術。這樣的 LED 照明系統則需要利用到費馬原理利用變分法則計算，不過這已經超出本文的範圍，因此在此不加以詳述，但我們仍鼓勵光學工程師要密切注意日後相關的應用趨勢已掌握先機。

　　回到以上所討論的公式中，折射率為一個重要的波長材料特性。而折射率為光波的波長的變數。由於材料折射率的相鄰關係，不同波長對介質的折射率與角度會產生不同的偏折現象，因此二次光學的設計必須要考慮到處理的波長範圍。可見光一般指能引起視覺的電磁波，波長範圍約在紅光的 780nm 到紫光的 380nm 之間。在這個範圍內，不同波長的光可以造成不同的 LED 顏色，如圖 7.5 所示。若設計的元件為應用於非可見光波段，則必須要注意到設計的光學元件的材料本身的光譜特性。這一部分請參考本書的光學材料章節。

圖 7.5　光透過稜鏡所呈現的連續光譜。

3. 何謂一次光學

　　一次光學的目的在於提供 LED 晶片於第一階段時的能量效率的計算。由於 LED 晶片個別結構折射率有極大的差異（參考圖 7.6），因此光學上會有之前所提到的臨界角的現象，讓光無法有效的達到表面。因此一次光學必須要能夠了解 LED 材料的層狀結構的知識。適當的一次光學的設計與分析可以讓後段的二次光學節省相當的時間。因此一次光學為二次光學的基礎。為了解決所提到的這些現象，需要考慮到的光學知識包括有斯乃耳定律、臨界角、布魯斯特角以及菲乃爾反射穿透率公式的問題。

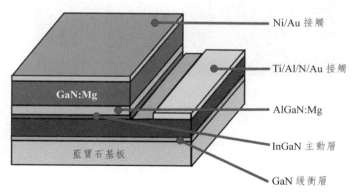

圖 7.6　LED 層狀結構。

對於一次光學需要處理以及面對的問題包括有以下的三點：

1. 體認到 LED 晶片表面出光率的重要性

2. 了解到達到出光效率最佳化的光學處理方式

3. 是關於目前提高出光效率的幾種手法與基本設計原則。

對於增加 LED 表面出光率的方法，在原理上也就是要盡可能的減少介面之間的反射率。前面所提到的臨界角的全反射現象最常為困擾一次光學設計者的議題。對於這樣的問題，解決的方案為於表面改變光線入射介面的角度，因此相當自然的一個方案就是改變面的幾何結構，也就是製造所謂的微結構處理的表面。

目前許多的軟體都有微結構模擬與建立的功能－工程師應檢查您的軟體中是否具有建立微結構的功能，例如 TracPro 的 Reptiles，LightTool 的 Textures 等。適當的調整微結構就能夠改變表面的出光效果。

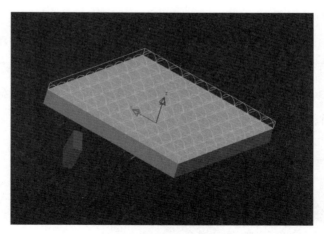

圖 7.7　LED 晶片表面微結構的模擬議題。

資料來源：此為 LightTool 軟體的 Texture 功能。

4. 整體效率之計算

目前對於效率的定義有相當的多，這邊有許多的專有照度學的名詞需要各

位學員的學習與了解。表 7.1 為複習的列表，為了要讓學員與國際的單位接軌，在此以英文列出，相關的中文對照以及詳細的說明敬請各位學員，參考本書的照度學的章節介紹。

首先讓我們討論何謂光學效率？相當直覺的，所謂光學效率也就是 LED 於特定目標範圍（檢測面）內的總能量值佔原有的 LED 晶片發出能量的比例。例如如果於檢側面得到的能量值為 50 流明，而原來 LED 發出的能量值為 100 流明，則光學效率為 50/100 = 50%。光學效率的計算與分析可以評估一個 LED 封裝的好壞。好的封裝可以有較佳的光學效率。計算效率必須要考量到光學設計元件中光譜的範圍。進行 LED 實際應用的時候，對這些單位要相當了解，因為在光學軟體的選擇權，常會有很多很多的問題，包括規格的轉換、能量轉換效率的缺失問題等。

當進行實作 LED 的模擬軟體設計時，要知道其中包含了輻射學與照度學的分析的選項。Radiometry 輻射照度學是針對全面的光譜範圍，而 Photometry 照度學的範圍較小，僅局限於人眼的視覺範圍，大約為 380nm 到 680nm 的可見光波段。適當的設定波長範圍對於光學設計、材料的選取以及產品的應用端都相當重要。以下簡單的說明對於一次光學計算上的重點知識。

表 7.1　輻射學與照度學的單位與英文名詞

Radiometry			Photometry		
Unit	Name	Symbol	Unit	Name	Symbol
Watt	Flux	Ψ	Lumen (lm)	Flux	Φ
Watt/Sr	Intensity	$J = \dfrac{d\Psi}{d\Omega}$	Candela (cd)	Intensity	$I = \dfrac{d\Phi}{d\Omega}$
Watt/Sr*m²	Radiance	$N = \dfrac{dJ}{dS^*}$	Nit (cd/m²)	Luminance	$L = \dfrac{d\Phi}{dS'}$
Watt/m²	Irradiance	$H = \dfrac{d\Psi}{dA}$	Lux (lx)	Illuminance	$E = \dfrac{d\Theta}{dA}$

Ω : steradian
S*: the projective area of light flux
A: the receieved area of light flux

　　首先各位要先知道能量的單位是焦耳，但對於 LED 光學設計與光學模擬中，比較喜歡用的單位是功率的單位。功率單位在輻射學中使用瓦特（Watt），在照度學中使用稱為流明（Lumens）。焦耳與瓦特的關係如下：1瓦特定義為 1 秒鐘可以消耗 1 焦耳的能量。瓦特（Watt）為功率（Power）單位。為何用功率單位？這是因為一般而言 LED 的模擬是處於所謂的準靜態模擬，並非暫態模擬。所以時間的因素可以排除。

　　表 7.1 之間的單位其實不難記憶。各位要記住，我們人類活在三度空間中，所以有空間上的面以及空間張出的立體角 Ω（與平面幾何學的角度概念類似）。考慮 LED 的發光光源功率打到一個檢測面上。輻射學與照度學都稱為 Flux，但照度學的單位稱為 Lumen（流明）。首先，該功率除上面積範圍，輻射學稱為 Irradiance，照度學稱 Illuminance。照度學的單位特別稱為 Lux（照度）。類似的，功率除上立體角範圍，輻射學及照度學都稱為 Intensity。但照度學的單位特別稱為 Candela（燭光）。相同的，功率同時除以面積跟立體角，輻射學稱為 Radiance，照度學稱為 Luminance。照度學的單位特別稱為 Nit（輝度）。需要注意的就是對於 LED 晶片於不同角度所造成的燭光分佈圖就是所謂的一次光學的配光曲線，或我們常聽到的光形。

　　影響光形的因素有斯乃耳定律、臨界角、布魯斯特角以及菲乃爾反射穿透率公式等，決定了 LED 一次光學表面的出光流明、投射出來的照度、晶片配光曲線方向的燭光以及整體造成的輝度。如果量測 LED 光形的距離尺度相當的近，我們就會稱為近場（near field）的配光曲線，反之稱為遠場（far field）的配光曲線。一般的軟體都會有這兩個選項。作為總結，一次光學的設計中牽涉到材料的搭配與光學的出光能力。相關的知識都於前幾節加以介紹說明。以下將將針對二次光學進行說明。

5. LED 二次光學原理

　　針對上游廠商提供的 LED 模組進行補充加值的光學元件設計，稱為二次

光學設計。顧名思義為對於 LED 的一次光學行為進行二次加工,因此稱為二次光學。甚者有提及利用二次光學設計之後的 LED 光學模組建構的光學系統稱之為三次光學。不過這部分的名詞並未獲得所有的公認,只需要知道有這樣的觀念。接下來將對於相關的技術加以重點方式項目解說。

首先說明何謂二次光學?二次光學的目的在於藉由光學設計改變一次光學 LED 晶片所發出的光形。而 LED 的二次光學的原理,是利用附加於 LED 一次光學模組上,利用光學封裝材料之間的折反射以及全反射原理來完成光形的變更。目前有如 7.8 四種最基本的光形,可以讓初學者由最基本的外型進行初始設計。請注意圖 7.8 的橫軸為角度,縱軸為相對的強度(Intensity,於照度學中為燭光)。

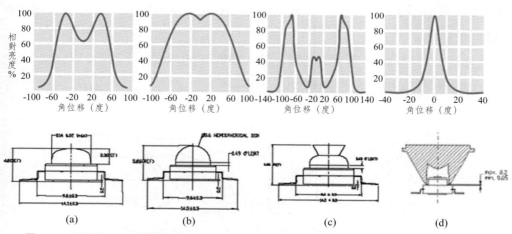

圖 7.8　四種基本的 LED 光形 (a) Batwing (b) Lambertian (c) Side Emitting (d) Collimator.

其中 Batwing 型式與 Lambertian 型式的基本外觀近似,但如果對於頂端部分加以處理,例如進行切平或改變局部的曲率,則可以看出光形的分佈強度會降低。這邊給我們的啟示為初級的二次光學的設計建議可以由一個接近的光形來進行修改,才不會事倍功半。

一個重要的名詞稱為光切趾(apodization),可以代表光線於空間以及角度方向的分配。之前所提到的光形實際上為角度方面的光切趾。好的模擬軟體

實際上應該要同時包含可以進行空間光切趾（spatial apodization）以及角度光切趾（angular apodization）的功能。

6. 折射定律於二次光學的應用

　　這邊說明折反射定律對於二次光學的重要性。由於基礎的 LED 光學設計系統屬於幾何光學的範疇，因此基本的原理仍為折反射定律的應用。讀者可以由圖 7.9 可以看出對於一個基本的二次光學的設計中，改變幾何外形的介面角度（如 A-H）的部分，可以改變光線折射的方向。於圖 7.9 中，於標示 58 指出的區域則是利用全反射原理把光線導向特定的方向。因此經過適當的幾何設計與相對的材料搭配，配合前一章節所提到的斯乃耳定律，則折射與全反射現象可以造成將 LED 的發光能量導到如下圖左邊示範具有接近一致光線方向（即光形分佈）。

　　因此二次光學時常遭遇的問題在於：請問要如何的外形設計以及材料的選取可以達到指定的光形分佈的要求？

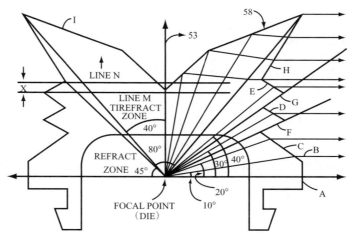

圖 7.9　LED 二次光學封裝的原理。

　　針對以上的問題，在此先回顧三點基本的幾何光學的原則：

① 斯乃耳定律是基本的幾何光學的出發點，所有 LED 光學設計無法迴避
   這個原則；

② 當光線由折射率高的介質前往折射率低的介質時，由斯乃耳定律可以得
   知折射的角度會增加；

③ 當入射光的角度增加到一定的角度時導致相對於該面法線方向出射光發
   生的現象。

基於以上三點，關於利用全反射現象與臨界角限制的現象，應用到如圖
7.9 的設計常會遭遇到角度變化的需求而造成幾何外形於加工製程上的困難。
所以光形規格導致幾何外形的需求有可能造成製造的困難。光學工程師需要於
設計端時考量廠商的製程條件，以避免設計出低良率的 LED 二次光學封裝。

7. LED 二次光學的設計觀念

最基本的二次光學的設計目的在於改變 LED 模組的發光光形。這個改變
的光形，就應用端而言，其實也時常就是所謂的均勻度以及出光效率。其中均
勻度包括了照度的均勻度以及顏色混光的均勻度。當入射角增加到一定的角度
時，由於斯乃耳定律的限制會導致均勻度的變化。例如對於 PMMA 的材料而
言，折射率隨可見光譜的變化值可以參考下圖 7.10：

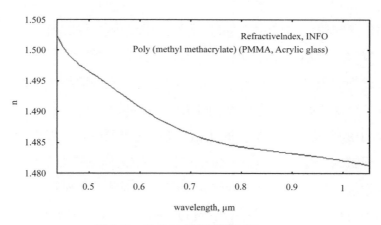

圖 7.10　PMMA 折射率變化圖。

以上圖為例，如果取 450nm 時為 1.502, 550nm 時為 1.493, 650nm 時為 1.487，則可以計算相對應由 PMMA 出射到空氣的臨界角分別為 41.74 度、42.16 度以及 42.26 度。其中紅光與藍光的臨界角差異達到 0.52 度，足以於二次光學元件中造成顏色的差異展現。因此針對 LED 二次光學的關鍵元件需要有的特性與設計手法。

8. 光形與色座標的關係

一般而言於 LED 的設計中時常把光切趾與色座標的計算分開，實際上這兩者有極為密切的關係，不能夠單獨的討論。這一點於後會更詳細的說明。由於 LED 並非為嚴格的單一光譜，因此必須要考慮到色彩學中的混光計算。這部分可以參考本書中關於色彩學的章節。

對於二次光學設計中，LED 的光譜資料有絕對的重要性。請注意！經驗表明，錯誤的光譜設定會導致失敗的二次光學透鏡設計。您不能以單色光譜的 LED 透鏡作為多光譜的 LED 透鏡。但需要注意的在於二次光學的設計中，關於色座標的實驗量測與模擬時常會有不同的結果。

另一方面，雖然一般的軟體都有混光的計算功能，所以直接光線追跡之後就會算出 LED 的色座標。但由於不同波長的折反射的角度不同，因此於 LED 封裝中常會看到顏色的分離現象，這些現象包括色圈現象、還有色散導致的混光不均勻等。而造成這樣的問題的一部份原因在於光線數所造成的模擬假象。原因在於模擬中會指定光線數目，而每條光線數目會被指定成為光譜中特定的波長。因此光線數越多，被指派的光譜就越多。光線數越少，被指派的光譜就越少。對於這樣的問題，請參考下圖 7.11 的說明。

圖 7.11 的左邊代表對於一顆 LED 進行光學模擬時，如果光線數不多時，則對於每光譜的分配就會越少，所以進行色彩學上的混光時，因為被指派的光譜少會導致混出的顏色彼此之間變化差異大，因此於色座標圖上會看到於簡側面上的顏色分佈會散開。相對的右邊的光線數目則比左邊多 10 倍，因此混光

的運算就較為均勻，之間的雜訊誤差較低讓色座標預測的比起左邊的準確。

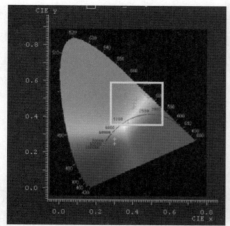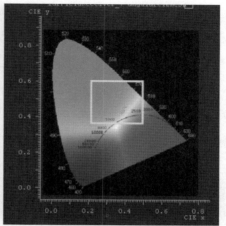

圖 7.11　光線數增加時色座標應該要收斂。

　　因此由圖 7.11 可以看出當光線數不足時，色座標的結果就會不準確。因此工程師必須要能夠確保有足夠的模擬光線數的時間與資源來進行二次光學設計。這裡就引出一個重要的觀念提供給各位光學工程師。大家都知儀器需要校正。而光學軟體對於一個研究人員或工程人員，就是一個相當重要的儀器。對於這樣的模擬工具基本上需要進行以下的三項檢查：1. 校正；2. 光線數；3. 光譜切割。以下就特別針對校正方面加以說明。

9. 軟體的校正

　　軟體需要校正的原因，是因為光學軟體是分析儀器。既然是儀器，當然需要校正。許多軟體使用者忽略到這一點導致模擬的結果存有疑義。

　　校正之前必須要先知道對於照度學中，有所謂的遠場以及近場的定義。簡單的觀言來說進場就是相當接近光源時進行量測，而遠場就是於相對遠的距離進行發光行為的量測。

　　對於上述的兩個名詞可以用數學的方式說明：如果光源與檢測器之間的

距離稱為 d，則數學上嚴格來說可以用 d→0 代表進場，d→∞ 代表遠場。而就照度學的定義而言，於遠場的條件之下所張出的面積為無窮大，這時照度根據定義會為趨近於零，並不實用。因此遠場基本上都不討論照度而討論強度（Intensity），所以為各看到規格書上的配光曲線就是為強度的角度分佈圖。

　　有了以上的基本觀念，請各位讀可以參考下圖 7.12 的結果。可以看出如果讓一顆 1mm*1mm*0.1mm 的發光體設定為所有的面都可以均勻的發光，則由圖可以看出隨著光線數增加，對於強度的分佈圖就會由原本的不均勻便成為趨近標準 Lambertain 發光體的配光曲線。

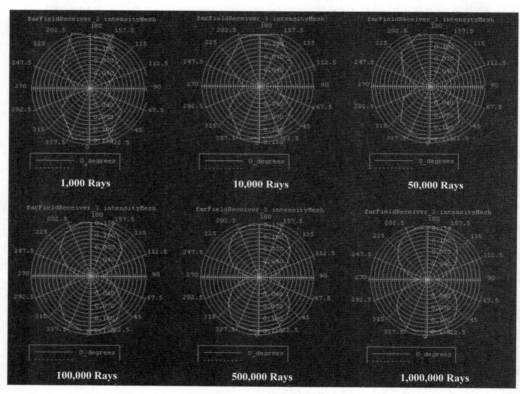

圖 7.12　光線數增加時配光曲線的變化應該要收斂。

　　前一節的圖 7.11 以及圖 7.12 就是兩個基本的校正測試。讀者必須要注意

到於模擬之前是否有發現到收斂的情況極差的情況，要適時的調整軟體的亂數設定參數。以下的三點需要注意：

① 如果設定的光譜於收斂時色座標並未與光譜對應，則對表對於模擬色彩的光線數的計算機制會有疑慮；

② 如果設定的發光體於收斂時配光曲線並未符合 Lambertain 的圓形分佈，甚者有偏向於一邊的情況，表示對模擬配光曲線的的光線數計算以及機制會有疑慮。

③ 配光曲線的對稱行為也可以作為軟體校正的一個好的依據。

關於如何調整相關的參數需要參考軟體的手冊。基本上都會與亂數的產生算則（random number Generating scheme）相關。當然，讀者也需要注意到對於 LED 散射模型（scattering model）方面的校正。不過這屬於較高級的模擬技巧，這邊僅作為參考。

10. 光源的設定

前面已經根據 LED 完美發光行為的校正進行說明，實際上對於 LED 的發光行為讀者必須要有清楚的認識其細節。首先 LED 絕對非完美的發光體，因此表面如電極結構還有電流分佈等會造成空間發光分佈（Spatial Apodization）的不均勻。同理，對於角度分佈（Angular Apodization）也同樣的會有不均勻的情況發生。另外對於光譜的分佈（Spectrum Apodization）而言，也因為光譜於不同波段強度不同，有可能容易造成模擬過程中取樣權重的不同。

但有一種最常見而且相當嚴重，但最常為人忽略的情況，就是光譜於空間分佈的不同。也就是說讀者不可以把 LED 的發光光譜全部均勻的設定於單一晶粒結構之上。必須要真正的檢視光源的發光行為。請讀者切記！沒有直接觀察或於顯微鏡/放大鏡下觀察 LED 發光行為的工程師是無法真正的建立正確的 LED 模型。

這邊向各位讀者提出 LED 的模擬用單光源以及雙光源（甚至多光源）的

思考方向。經驗表明：對於一些 LED 光學模擬的過程中，如果假設光源為單光源而進行光學設計時，則會造成相當大的二次光學設計誤差。因此以下介紹原因為何。

回顧對於 LED 的發光機制中，是基於激發光譜以及散射模型，但這樣的模型有時會因為參數不足導致模型的可信度問題。如果 LED 光源是傳統白光混膠-點膠封裝方式，則經由觀察者近距離所觀測的現象，可以看出 LED 模組中，LED 的晶粒為藍光，而周圍螢光粉則是黃光，經由此現象可知使用雙光源模型來模擬一面光源藍光激發黃色螢光粉的模型，會比直接把混光光譜設定於 LED 晶粒上更符合真實情況。目前的經驗表明，經由雙光源模型應用在二次光學透鏡的優化上可以降低產品的顏色不均勻的問題。這樣的模擬設計的技術會需要搭配到封裝材料的光譜。

11. 二次光學的模擬程序簡介

LED 透鏡設計是要建構一個幾何外型，以折射、反射的光學原理使光線產生轉向，安排整體的光線分佈來獲得所須知發光型態。一般來說，LED 透鏡設計流程大致可分為以下幾個原則：

① 確認設計方向－首先掌握光源特性，並且明確了解設計透鏡之用途，預想 LED 理想之發光情況，開始架構透鏡雛型。

② 初步設計－根據幾何光學原理建構透鏡外型，並依據需求設定尺寸參數，以配合實際應用。

③ 初步分析－以光學軟體分析初步設計，觀看是否符合設計需求，並且分析特徵尺寸參數與發光情況之關係，試著找出關鍵因素。

④ 最佳化設計－利用分析的結果，有效的調整特徵尺寸參數，嘗試改善發光特性，以達接近完美。

⑤ 最終分析與評估－確認最佳化設計是否符合當初預設之需求，否則就必須再次進行最佳化設計，必要時重新架構透鏡雛型，直至設計出理想結

果為止。

因此，有了以上的認知，以下針對 LED 二次光學模擬的步驟加以說明如下：

① 更改模擬系統單位與切換曲率模式，

② 一系列的工作檔名命名要有系統化符合公司的檔案管理規範，

③ 設定座標軸（X-Z），

④ 設定基本的 LED 晶片（LED Die），

⑤ 重新命名物件，

⑥ 座標軸歸零，

⑦ 設定幾何尺寸，建立封裝幾何外型（但目前先設定成為暫停使用狀態）

⑧ 設定發光面（包括光譜、能量等），

⑨ 設定檢測面（評估利用遠場、近場或中場）

⑩ 設定光線數目（剛開始不要太多光線數目，以免電腦資源不足以及無法除錯）

⑪ 設定視覺化光線追跡

⑫ 看光形圖（配光曲線）

⑬ 進行軟體校正程序。如果確定校正正確，請把檔案存成新檔。

⑭ 移除掉遠場檢測面

⑮ 根據幾何尺寸，需求建立真正的檢測面（即 LED 的照射目標）

⑯ 將幾何外型尺寸設定成為追跡使用狀態，執行光線追跡

⑰ 檢查能量分佈與光形圖（配光曲線）

⑱ 根據能量分佈的結果進行修正

了解了以上的程序，下一個段落將針對一個簡單的封裝為例進行說明。原因在於這樣的系統有各種的角度情況，可以讓讀者看到折射、全反射的重要的現象。不過在此之前有一個重要的議題，稱之為「解析度的迷思」的議題需要討論，否則後續的模擬結果都是錯的。

首先請參考下圖 7.13。該圖為某一情況下相同 1,000 條光線數目分別對於

檢測面上 5*5 解析度以及 21*21 解析度下的結果，各位可以思考哪一個圖表達的結果比較正確。

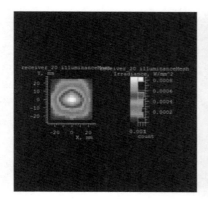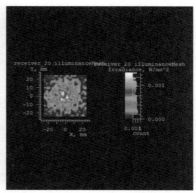

5＊5 (1000 Rays)　　　　　　　21＊21 (1000 Rays)

圖 7.13　相同光線不同檢測面解析度的結果以右邊低解析度的結果較為正確。

　　正確的答案為解析度較低的結果較為正確。原因在於對於相同的光線數目之下，每單位面積下分配到的光線數分別為 1000/(5*5) = 40，1000/(21*21)〜2.26。根據統計學的原理，誤差正比於光線數的開根號。因此相對而言解析度雖然低但誤差較低，反之解析度高的影像其誤差較大。所以結論為工程師必須要先確定你足以模擬光線數目的資源，相對的調整檢測面的解析度，讓檢測面的誤差低於公司的規範（一般設定低於 5%），維持這樣的條件，根據模擬結果所進行的二次光學優化設計才有意義。

12. LED 二次光學設計範例：非球面凹透鏡設計理論與模型

　　接下來將以一個 LED 二次光學設計的範例加以說明。為了讓讀者有清楚的依據，分為「基本觀念」、「建立模型」、「光源設定」、「封裝設計」、「模擬結果與實驗的比對」以及「未來的建議」等六個部分來進行說明。

12.1　基本觀念

以下以設計適用於照明系統之 LED 光學透鏡為目的，設計目標在於使 LED 可以擁有較良好的發光均勻度。回顧一個基本的原則，光源的分佈符合餘弦四次方定律（cosine 4th Law）：

$$E(\theta) = E_0 \cos^4\theta \qquad\qquad（7.2）$$

如下圖說明，也就是說中間部分的光照度實際上為邊緣光線強度要強。因此很自然的想法就是如果要達成照射均勻的情況，則光學透鏡要能夠將中間部分的光線能量要散開，而邊緣光線的能量要增加。二次光學元件外型就根據這個理念配合之前圖一的四種基本光型就可以有雛型出來。

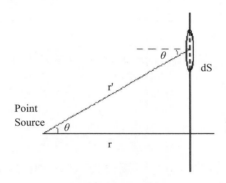

圖 7.14　餘弦四次方定律。

如前所述，我們可以選用 Lambertian 型式的 LED 當作基礎。以下需要注意到一個原則：

原則：凹透鏡發散光線，凸透鏡聚焦後再發散光線

因此如果以設計一個具有均勻性的 LED 透鏡，需要的之設計概念是將由晶片所發出角度過大的光線往正向集中，提高光線的使用率，並在中間部份加入一個發散機制來調整垂直出光較強的現象，並把中間部份較集中的光線往旁邊分散，來調整整體的發光均勻度。

　　例如以下圖外型 LXHL-DW03 的 LED 為參考標準。設計之初以將打出的光可以達到 150mm 直徑的圓為目標。因此我們可以針對透鏡兩側做修改，從原本的往內的形式修改成往外延展的型態。

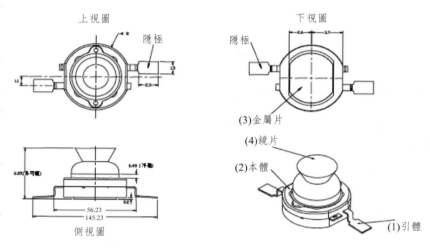

圖 7.15　Lumileds LXHL-DW03 外型。

12.2　建立模型

　　本教學範例的封裝結構包含一個封裝基座，發光晶片與螢光粉至於封裝基座上方，另有一個光學透鏡在發光晶片、螢光粉與基座上方。圖 7.16 為二次光學整體系統的圖，圖 7.17 為光學模擬基座結構與透鏡模型。

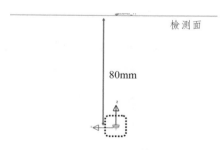

圖 7.16　光學系統模擬圖。

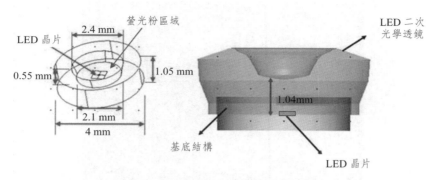

圖 7.17　光學模擬基座與透鏡（此透鏡為優化後的結果）。

首先將發光晶片設為藍光，螢光粉設為黃光，其晶片尺寸為 $1 \times 1 \times 0.1$ mm³ 及螢光粉半徑 1.05mm，光線的數量經過校正後調整為 1,000,000 條。光學透鏡材質可以設定為常見的聚碳酸脂（Polycarbonate; PC），其折射率為 1.585。接下來設定檢測面在距離 LED 80mm 處，可以打出一照度均勻且直徑達 150mm 的能量分佈。回顧一下，如果對於遠場而言，則沒有面積照度的意義，但有角度強度的意義（角度強度於可見光內的單位稱為燭光）。

最後設定模擬誤差限制 5% 以下，這樣可以選取適當的解析度。根據這樣的原則以本例而言照度圖解析度需要設定為 41×41 以下，在高就會失去模擬的準確性。

12.3　光源設定

接下來設定光譜部分。圖 7.18 所示為白光 LED 螢光粉在操作電壓 2.4V 時的發光情形，發現中間 LED Chip 所發的光為藍色的光及周圍螢光粉則為黃色的光。

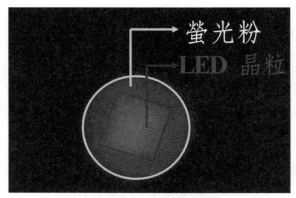

圖 7.18 實際 LED Chip 與螢光粉發光情形。

由此現象可以看出，對於這樣的 LED 的光源本質可以考慮為以雙光源來建立。要建立二次光學模型必須要先了解光源的光譜。下圖 7.19 為利用光譜輻射儀 PR-650（一種 LED 業界常用的光譜量測儀器），測出該白光 LED 螢光粉的光譜。以下所謂單光源模型就是把 LED 的晶片（方形區域）或連同螢光粉（圓形區域）都直接設定成為如圖 7.19 的全波長範圍。

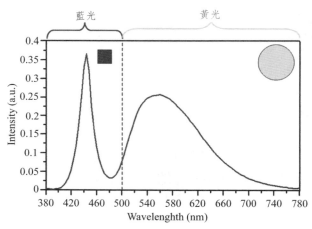

圖 7.19 白光 LED 全光譜以及個別光譜指定。

另一種雙光源模型，則是根據圖 7.18 的證據，以波長 500nm 為界線分成左右兩個光譜，分別給定 380nm～500nm 為藍光，504nm～780nm 為黃光。如

圖 7.20（a, b）則為雙光源模型的示意圖，當光學模擬設定雙光源模型時，其方型區域（LED 晶片為主）的大小為 $1 \times 1 \times 0.1 mm^3$ 發藍光，其光譜設定為圖 7.20(a)。另外原形區域（螢光粉為主）其半徑為 1.05mm 的圓發黃光其光譜設定為圖 7.20(b)。

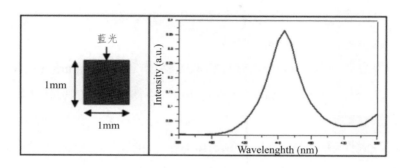

圖 7.20(a)　方形區域光譜。

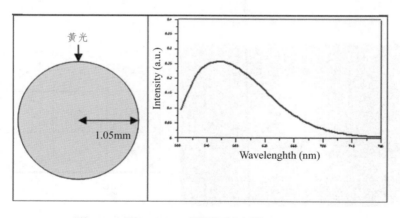

圖 7.20(b)　圓形區域光譜。

因此作為總結：光源部份要以實際的發光行為來設定，二次光學的初始設計為利用基本光形以及應用目標（如均勻度等）來設定。

12.4　封裝設計

LED 透鏡造型變化，對於光均勻度之影響，實作上可以分成三種方式來探討：

①完全以非球面設計之透鏡；

②以一段非球面並結合特定區域近似 R 設計之透鏡；

③所有區域全部近似 R 設計之透鏡。

設計的過程中，如同成像光學有類似光點圖（Spot Diagram）或是調變傳遞函數（MTF: Modulation Transfer Function）等作為優化的目標函數，二光光學設計也會根據廠商的需求以及規格有獨特的目標函數。最常見的目標函數為特定區域內空間照度的均勻度（Uniformity），至於均勻度的定義則視廠商的規格。對於車燈、路燈、照明燈等要請各位讀者參考相關產業的規範進行。以本範例的說明中，均勻度的定義是利用 13 點量測的方式來進行。

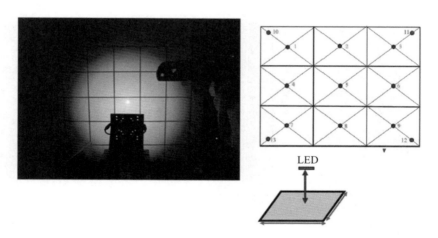

圖 7.21　13 點量測示意。

對於 13 點的定義舉例而言可以使用如下的定義：

$$\frac{(L_{10}, L_{11}, L_{12}, L_{13})_{\min}}{L_{average}}$$

（7.3）

　　要注意範圍大小與均勻度這兩個條件時常有衝突。因為照度分佈的範圍大小已經包含了角度分佈的資訊。首先可以根據之前提到的透鏡收斂與發散的原理，把初始的封裝結構改成為中間移除的透鏡結構。比較照度圖可以發現到指定範圍內的均勻度可以提升。接下來如果修改透鏡的兩側可以讓兩邊的光能資訊更適當的利用。但如果以上的程序完成後，常會發現原本中間區域設定的條件又要進行修改。因此重複修改的方式在二次光學的設計過程中是時常接觸到的。基本的原則在於先根據光形的要求找出影響該光形最大的區域，先大刀闊斧的進行大修改。接下來設計者會發現有一些區域的幾何外形可以進行小修正就規格的某一部分達到提升的功能。但幾個區域之間幾何變化會導致規格之間好壞的衝突就由製造過程的合宜性來做最後的判斷。

　　下圖 7.22 為經過三回修改過後的封裝透鏡的外形變化。注意每一回的包含多次的修正。此外照射面積範圍與均勻度在本例中每回為一個要相互妥協的條件。但整體的交互修正後有機會共同的提升目標的需求。在這個設計階段的優化時，注意光源的能量部分不見得需要輸入真實的能量，可以用單位能量或設計者方便的相對能量值作為優化過程的參考。不同的軟體有不同的優化能力，這一點讀者需要詳細了解光學軟體的優化技術背景。

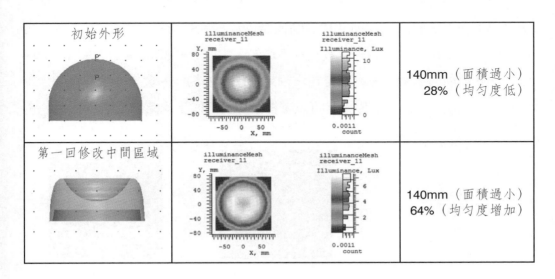

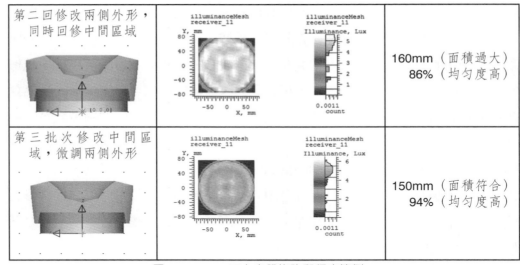

第二回修改兩側外形，同時回修中間區域		160mm（面積過大）86%（均勻度高）
第三批次修改中間區域，微調兩側外形		150mm（面積符合）94%（均勻度高）

圖 7.22　LED 二次光學修改和程序範例。

12.5　模擬結果與實驗的比對

　　接下來就可以比較不同光源模型的結果。由於這個分析階段有可能與實際的實驗量測結果比對，因此光源的能量部分就要需要輸入真實的能量。當模擬光源為單光源時，下圖 7.23 進行比較沒有二次光學元件、加上傳統半球型透鏡與本範例示範的非球面凹透鏡的模擬以及實驗的結果。由圖 7.23 中，可以明顯發現傳統半球型的光發散並且不均勻，中間會有較強的光強度而周圍較弱，而非球面凹透鏡其光發散會在一固定範圍內內均勻的發光。由此可知適當的掌握到二次光學的設計原則，可以讓模擬與實際的量測結果相吻合。

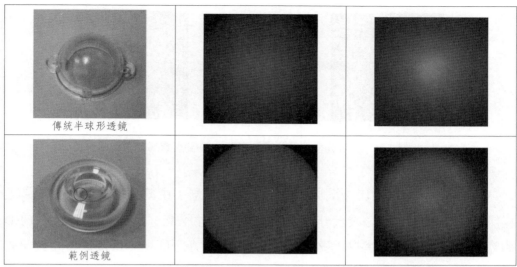

傳統半球形透鏡

範例透鏡

圖 7.23　二次光學元件使用單波長光源之實驗結果與模擬的結果比較。

　　一般的二次光學設計者當完成圖 7.23 時就會認為工作已經完成。但如果使用的波長為全光譜時，則實際上問題才會開始。這是因為許多人於初步於設計階段時將發光晶片之發光顏色先設為單一的波長。因此接下來將指出螢光粉與發光晶片的混光情形對於二次光學設計所造成的問題。本範例藉由來討論使用雙光源模型的結果，來協助各位學員了解並分析非單一光譜之下（例如螢光粉混光型 LED）的二次光學設計的一些重點。

　　在實際的情況之下，非球面凹透鏡對白光 LED 光譜時常會發生黃圈與顏色分佈不均勻的現象。下圖 7.24 為真實的實驗。左圖為未加透鏡之裸光的情形，這時就會發現已有偏黃的情形發生。這個現象的原因如前所述的發光源本身的特性。可能包含有螢光粉濃度與分佈不均勻產生。當加入本範例的非球面凹透鏡的時候，如右圖可以觀察出黃色部分將會分佈在特定的環形區域內。這樣的現象表明主要是對於單一光譜設計良好的透鏡，移用到全光譜的應用時，則透鏡的本身設計變成有缺陷，因此會產生黃圈的現象。

未加透鏡	有透鏡

圖 7.24　二次光學元件改作為白光 LED 封裝實驗結果。

　　由圖 7.24 可以看出中間與外圍有黃圈的情形。由此情形可以證明如果工程師僅以單光源的觀念設計非球面凹透鏡時，並不能符合封裝後的白光 LED 的需求。因此二次光學的透鏡必定要與 LED 發光源匹配。直接把不同公司的 LED 透鏡移植到不同公司的發光源一定會造成問題。因此如前所述，本教學範例建議雙光源的模型來建立光源，在此藉由預測出缺陷並與實際白光 LED 做比較來說明雙光源模型在二次光學透鏡的設計可以預測缺點以及不均勻，進而協助與優化改善。

　　藉由圖 7.18 的現象以及 7.20（a, b）的原則建立雙光源模型後，從模擬的結果可以發現出雙光源模型與實際白光 LED 的發光情形其顏色分佈上有明顯的相近（如圖 7.25）。可以向各位讀者說明的，使用雙光源模型設計時，照度的均勻度與從單光源模型時的差距雖然不大，但是但從顏色分布上就有明顯的差異在，因此二次光學的設計中，對於光源的精確模擬相當重要。

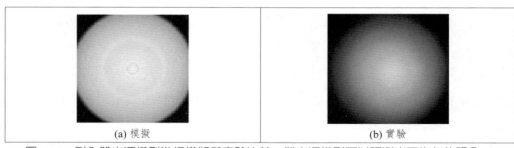

(a) 模擬	(b) 實驗

圖 7.25　引入雙光源模型進行模擬與實驗比較－雙光源模型可以預測出不均勻的現象 。

12.6 未來的建議

未來對於二次光學有兩點需要注意的。首先關於反射罩的部分，實際上反射罩具有如圖 7.26 將 LED 的光線聚焦以及偏折方向的功能。因此這部分的設計原則以及理念與前述類似，但需要注意到的在於反射罩也有最佳參數的極限。所以一個好的二次光學的設計必須要與 LED 晶片的光源設定、反射罩的關鍵尺寸一起相互搭配。

另外 LED 晶片的表面實際上會有電極的結構，因此在空間上並非完全的均勻發光。這部分也必須要注意到對於近場的應用是否會有影響。而能夠與有限元素法的軟體結合進行整體模組的封裝分析的工作，將會是日後光學工程師需要參與的一部分技能。

最後好的光學工程師對於 LED 光譜空間的分佈以及光譜解析度影響的特性，需要多花一些時間研究與了解。如下圖 7.27 表明 LED 光譜解析度變化導致混光色座標變化的情況。希望本章的這些說明可以提供各位讀者對於 LED 二次光學元件設計中初步參數的了解。並且引起各位日後作為 LED 光學設計工程師的設計理念參考。

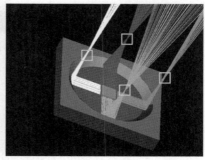

圖 7.26　反射罩具有將光偏折以及聚焦的功能。

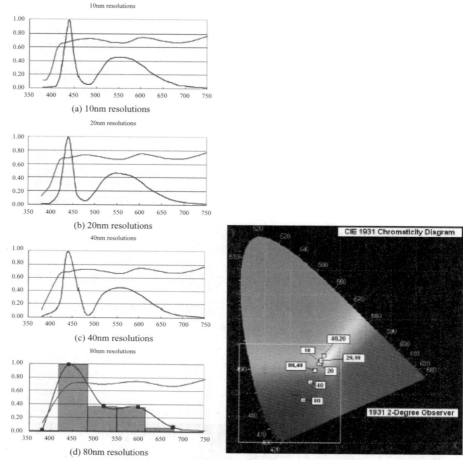

(a) 10nm resolutions

(b) 20nm resolutions

(c) 40nm resolutions

(d) 80nm resolutions

圖 7.27　光譜解析度變化導致混光色座標變化。

13. 系統模組效率

　　效率為輸出與輸入之特性參數比值，常以輸出功率除以輸入功率表示，並以沒有單位的百分比呈現。LED 模組的整體效率，可以拆解為多段轉換效率的乘積，如圖 7.28 所示的每個階段，各自有其效率。初始輸入 LED 模組的電功率，經過驅動電路的整流或昇／降電壓的過程，會產生功率的損耗。注入 LED 晶粒的電流，經輻射複合（radiative recombination）後，以發光或發熱的形式

釋放出能量，而在 LED 晶粒內所產生的光，並未全部離開 LED 封裝體，部分在多個界面間因為反射、吸收而侷限在 LED 封裝體內。可以離開 LED 封裝體的發射光，經透鏡、擴散膜、反射鏡等光學配件後，又再次產生損耗。效率低的 LED 模組，輸入功率貢獻在光輸出的比例很低，也代表耗電、耗能，並把大部份的輸入功率轉換為熱，同時這些熱又進一步再降低效率。有效提升 LED 模組的效率，需從輸入到輸出的各個功率耗損過程，進行審慎的評估，並擬定與執行可行的改善措施，以達到效率提升之目標。

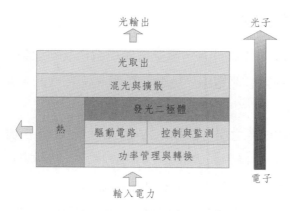

圖 7.28　電子注入到產生光子輸出，需經過多個效率損失過程。

LED 模組的效率評估，可以透過插座效率（wall-plug efficiency）或發光效率（radiant efficiency），其定義為全部光輸出功率與輸入電功率的比值，也就是系統轉換電能為光能的能量轉換效率，也就是

$$\eta_{wp} = \frac{P_{out}}{P_{in}} \eta_v \times \eta_{EQE} \qquad (7.4)$$

其中 P_{out} 為全部光輸出功率，P_{in} 為輸入電功率，η_V 為電源轉換效率，η_{EQE} 為 LED 外部量子效率（external quantum efficiency）。

外部量子效率 η_{EQE} 定義為注入電子可以轉換出多少光子離開 LED，因此包含兩個部份，一為注入電子可以轉換出多少光子，也就是內部量子效率

（internal quantum efficiency）η_{IQE}，另一為在 LED 內部產生的光子，有多少比例離開 LED，也就是光萃取效率（light extraction efficiency）η_{ext}，故 η_{EQE} 可以表示為：

$$\eta_{EQE} = \frac{P_{out}/hv}{IV/q} = \eta_{IQE} \times \eta_{ext} \qquad （7.5）$$

其中 I 為輸入 LED 的電流，h 為普朗克常數（Plank constant），ν 為光頻率，V 為電壓降，q 為電子的電荷量。

13.1　驅動電路效率

LED 都操作在定電流條件下，驅動電路模組包含電源轉換（交流轉直流、直流轉直流）、控制與感測電路、驅動電路等，而每次的電源轉換，均會產生能量損耗。

美國政府主導的能源之星（ENERGY STAR），規範了 LED 燈泡的電源轉換效率，除了功率 5 W 以下的燈泡外，功率因數均須大於 0.7，部份專家則建議把功率因數拉高到 0.9。大功率燈具要求電源有較高的功率因數素（PF）和較小比例的 THD，以減小電網的損耗和提高電網的品質。驅動電源最好是隔離電源，以達到安全可靠。

13.2　功率因數（Power Factor，簡稱 PF）

交流電路的電壓與電流間相位差之餘弦（cos）值，也是作用功率（或稱為實功）除以總功率（或稱為視在功率；apparent power）的值，功率因數越高，作用功率與總功率間的比率便越高，代表系統運行較有效率。

13.3　諧波失真 THD- total harmonic distortion

代表諧波失真程度，所有諧波的功率總和除以基頻功率的值，較低的 THD 代表具有較小的電路諧波，並可以較真實地呈現原本的訊號

透過多顆 LED 串／並聯，直接以交流電源驅動的 AC LED，順向/反向偏壓各點亮一組 LED，透過適當地設計，可以不使用外部的驅動電路，直接輸入市電點亮。10 W 以下直流 LED 的定電流電路功率因素低，因此 AC LED 在小功率、使用市電、體積嚴格受限的電子裝置上，有其應用的優勢。但 AC LED 仍需克服峰值電壓高密度電流效率降低（droop）、閃爍倍頻（flicker）、電壓差異（voltage fluctuation）等應用上的問題，同時在 LED 生產製造時也需要有高良率與嚴格的品質篩選，才不致於有過高的成本。

14. LED 效率

應用在可見光的 LED，光輸出功率會經過人眼分辨敏感特性轉換後，以流明（lm）為單位表示，LED 的效率也以每輸入 1 W 的電功率所獲得的流明輸出值表示。日本日亞化學所開發的第一顆氮化物白光 LED，在操作電流 20 mA 下的發光效能（Luminous Efficacy）僅約 5 lm/W，但目前高功率白光 LED 的量產品，發光效能可以超過 150 lm/W，已經超越大部份的傳統光源。如圖 7.29 所示，預期白光 LED 的發光效能，將可以遠遠超過傳統光源。影響 LED 發光效能的主要因素為外部量子效率。

14.1　內部量子效率

LED 的內部量子效率主要由 LED 的晶格品質所決定，缺陷（Defect）所產生的非輻射複合中心密度（density of nonradiative recombination center）會明顯影響內部量子效率。透過變溫光激光譜（Photoluminescence）檢測內部量子效率是普遍被採用的方法。假設低溫下缺陷所導致的非輻射複合中心並不動作，因此內部量子效率為 100%，隨著檢測溫度的上升，光激光譜強度也隨之衰減，比較不同溫度下的光激光譜強度，進而獲得內部量子效率。對以 AlGaInP 為基礎的四元材料 LED，因為磊晶所產生的缺陷密度低，所以變溫光激光譜檢測法，可以有效獲得近似的內部量子效率。對以 InGaN 為基礎的氮

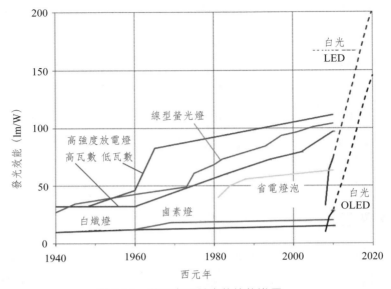

圖 7.29　各種光源發光效能的進展。

資料來源：Navigant Consulting, Inc - Updated Lumileds' chart with data from product catalogues and press releases.

化物 LED 而言，因為與磊晶基板的高晶格不匹配，導致磊晶衍生的缺陷密度高，低溫下非輻射複合中心並未被完全凍結，而光激光譜強度也與激發光源的功率密度相關，因此應該要一併考慮光激光譜強度的影響。

　　內部量子效率的峰值出現在相對低的電流密度（<10 A/cm^2），導致當注入電流密度增加時，光輸出特性無法相對應等比例增加，被稱為大電流注入效率降低（droop）效應。目前 LED 燈具相較於傳統光源，仍有成本過高的問題，這也是 LED 跨入一般照明市場的最大阻礙，若可以讓 LED 操作較大的輸入功率，而達到相對較高的光輸出特性，將可以減少使用的 LED 面積或數量，進而達到成本的節省。Droop 效應產生的原因仍有爭議，歸納可能的原因有：高電流密度下電子溢流、歐傑複合（Auger recombination）、多層量子井中電洞傳輸特性差、多層量子井中的極化場導致電子溢流。要解決 Droop 效應的可能方法包括：採用非極性或半極性結構、採用極性匹配 AlInGaN 電子阻障層、耦合多層量子井結構、採用厚異質結構主動層（發光層）或厚量子井結構、量子井中使用 P 型摻雜能障層。

14.2　光取出效率

除了透過改善磊晶品質提升 LED 的內部量子效率外，要提升 LED 的外部量子效率，可以透過多種提升光取出效率的方法。GaN 材料的光折射係數趨近 2.5，與空氣間具有很大的光折射率差，根據司乃耳定律（Snell's Law）計算，全反射臨界角僅約 23°，若忽略 LED 背面與側壁的光取出，則僅有 4% 的光可以自 LED 取出。透過 LED 磊晶、製程與封裝技術可以有效提升光取出效率。

在 LED 磊晶提升光取出效率的方法：使用透明基板（transparent substrate）、圖型化基板（patterned substrate）、設計漸變光折射係數磊晶層結構、厚視窗層（window layer）等。在 LED 製程提升光取出效率的方法：移除原生吸光基板、晶圓鍵合（wafer bonding）、加入光反射層（金屬或介電質）、表面或側壁粗化（蝕刻或雷射切削）、斜切側壁、不透明電極墊下方加入電流阻障層、採用透明或局部區域覆蓋電極、透過適當的電極墊位置設計減少金線遮光、覆晶結構等。在 LED 封裝提升光取出效率的方法：使用具有高光反射率的導線架、使用具有高或多層漸變光折射係數的封裝膠體。

14.3　螢光粉轉換效率

透過短波長藍光激發螢光粉製作白光 LED，是目前市場的主流。藍光 LED 所發出的藍光，部分在激發螢光粉產生黃光後，再與沒有被螢光粉吸收的藍光，混合成為白光，藍光與黃光的混光比例，直接影響白光 LED 的色溫與色度座標值。螢光粉吸收藍光的效率，與螢光粉將藍光轉換為黃光或其他色光效率的乘積，即為藍光轉換為黃光或其他色光的效率。

14.4　燈具與光學效率

燈具是由光源模組、光學組件、外殼所構成，其中光學組件因應燈具光形需求，可能包括光反射鏡、光學透鏡、擴散片等，並在每次的光作用產生損

失。傳統白熾燈泡的發光效能約 17 lm/W，因為是大角度發光，實際應用時，常會使用光反射燈罩，光反射罩的效率約 58% 時，以白熾燈泡為光源的燈具發光效能約 10 lm/W。若使用發光效能約 100 lm/W 的白光 LED 光源，因為 LED 具有較高的光指向性，所以光反射罩的效率可以提升到 90%，在考慮驅動電路的效率 85% 與熱效率 90%，以白光 LED 為光源的燈具發光效能約 69 lm/W。若僅考慮光源的發光效能，以進行燈具的效能預估，容易被誤導。應該要針對不同光源的出光特性，與其相關效率影響因素，一同進行估算，才能正確地進行光源間燈具效率的比較。

15. 封裝材料特性

封裝的功能在保護 LED 晶粒，避免因為振動撞擊產生的應力、環境導致的電極氧化，劣化 LED 的操作穩定性與壽命；此外透過封裝也可以提升 LED 的導熱、散熱特性，增加 LED 的光取出效率，因應應用的需求修飾輸出光形。封裝製程主要的步驟有固晶、打線、封膠，品質良莠決定在材料的選擇與製程參數的掌握，成本降低的關鍵則在量產規模的大小，儘管目前並沒有統一的封裝型式標準，但市場還是有所謂的主流規格，該些主流規格的產生，通常呼應系統端的規格需求。

不同的應用有對應的不同封裝型式，在過去 LED 效率低、光輸出通量小的階段，LED 主要應用市場為低亮度的指示燈，而所對應的主流封裝型式為砲彈型（如圖 7.30 所示），透過模條將具有光學功能的樹脂，封裝在金屬導線架（Lead Frame）上，並以封裝體的直徑命名，譬如 5φ 的砲彈型 LED，代表封裝體直徑為 5 mm 的 LED 燈。隨著效率與光輸出通量的提升，LED 大量被採用在手機的螢幕與按鍵背光應用，LED 的封裝型式也隨著其他電子零件轉為表面粘著型（SMD-surface mount device），以達到縮小體積、擴大光輸出角度的目的。因應 LED 跨入一般照明領域，發展出多種高功率 LED 封裝型式，主要包括單顆晶粒操作在高功率型式、多顆晶粒操作在較低功率的陣列型式。

圖 7.30　傳統使用砲彈型 LED 封裝。

　　目前 LED 在各應用領域，特別是取代傳統光源，所遇到的最大瓶頸是相較於傳統光源售價較高，要降低 LED 光源的成本，主要的努力方向有：1. 提高 LED 的輸入功率以減少 LED 的使用顆數。2. 降低材料成本。提高 LED 的輸入功率將可能衍生電或熱的效率下降（droop）效應，需要改善磊晶材料的品質減少缺陷、增加注入電流分散程度以降低電流擁擠效應、使用高導熱封裝材料並搭配散熱器（heat sink）、搭配妥善的光學設計。在使用相同晶粒面積的條件下，達到較高的光輸出；或者在相同的光輸出條件下，使用較小的晶粒面積。原物料的價格持續增漲，特別是貴重金屬與含有稀土元素材料，增加材料的使用效率與開發替代材料，也是發展趨勢。

16. 導線架（lead frame）

　　導線架是 LED 封裝體的支架，如同高樓大廈中的鋼骨，可以提供 LED 晶粒進行固晶、電性連接、封膠承載、散熱、修飾輸出光形等功能，因此需要兼具良好的電／熱傳導路徑、耐熱、低吸濕、堅固、與膠體具有良好的密合度與可靠度、高光反射率等特性。導線架通常具有凹槽（俗稱碗杯），導線架凹槽的設計，會影響到封裝後 LED 的輸出光形，因此儘管封裝後的幾何尺寸相當，搭配不同上游製造商所生產的 LED 晶粒，需要使用不同的對應導線架，

因此封裝廠會自行設計適合產品特性需求的導線架，而導線架廠則根據封裝廠的設計製作模具，也就是市場俗稱的【私模】；導線架製造商也會自行設計、開發、生產導線架，並提供給沒有特殊要求的封裝廠，這就是市場俗稱的【公模】。

不具凹槽的導線架，儘管對 LED 的輸出光形影響較小，但導線架表面的光反射率，仍會影響封裝後 LED 的光取出特性。此外，在點入封裝膠時，因為導線架不具膠體承載功能，封裝膠體將會流散四溢，透過導線架上預製的圍阻體或灌模技術，仍可在平坦的導線架上，進行 LED 晶粒的封裝。

根據 LED 導線架的核心材料分類，主要可分為：金屬導線架、陶瓷導線架、矽或其他半導體材料導線架，以下就不同的導線架材料進行簡要的介紹。

16.1　金屬導線架

傳統的 LED 封裝型式包括：砲彈型、食人魚型，是將 LED 晶粒固晶在金屬導線架上，再透過模具以樹脂進行保護封裝，食人魚型的導線架（如圖 7.31 所示）相較於砲彈型，有較好的熱導性，因為電性引腳較一般粗壯，又因為引腳形狀與食人魚的牙齒相近，而俗稱為食人魚型導線架，並已被廣泛使用在汽車的尾燈。儘管樹脂具有良好的光穿透特性，但其耐溫性不佳，長期操作容易產生封裝膠體黃化的現象，故僅能應用在小功率的產品。

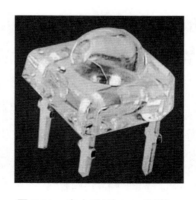

圖 7.31　食人魚型 LED 封裝。

因應電子產品對重量、體積的減量需求，表面黏著型（SMD）的 LED（如圖 7.32 所示）已經成為 LED 封裝市場的主流，使用金屬導線架 SMD 型式的 LED，金屬的本體材質多為銅合金，並在本體材質外層沉積了鎳（Ni）、銀（Ag）等金屬，以達到導電、導熱、反光等功能。透過塑膠射出成型包覆金屬導線架，耐熱的複合聚鄰苯二甲醯胺（PPA-Polyphthalamide）是最常被採用的塑膠材料，因為其形變溫度高達 300°C 以上，連續使用溫度可耐 170°C，可以在寬廣的溫度範圍內和高濕度環境中，保持優越的機械特性，透過噴塗或電鍍，可以達到高光反射性的需求。近年來，隨著 LED 操作功率的提升，對耐熱塑膠的特性要求也越高，因此新塑膠材料的開發與使用，都在進行中。

圖 7.32　SMD 型 LED 封裝。

因應不同的應用，SMD LED 有不同的尺寸，常見的尺寸有 3020、5630、5050、……等等，而這些編號所代表的意義為封裝後 LED 外觀的幾何尺寸，譬如 3020 所代表的是外觀長度 3 mm、寬度 2 mm。應用在照明，通常會使用較大尺寸的封裝體，以獲得足夠的光輸出與導熱特性；應用在側邊發光的背光模組，則會考慮到系統的厚度，並使用寬度較窄的封裝形式。LED 應用在手機螢幕背光，多採用側邊發光的模式，因應這樣的應用，而有所謂的側發光（side view）型式的 SMD LED，其與電路板的電性連接方向，恰與 LED 的出光方向垂直，而傳統的 SMD LED 稱為頂發光（top view）型式，也就是 LED 與電路板的電性連接方向，恰與 LED 的出光方向相同。

16.2 陶瓷（Ceramic）導線架

要提高 LED 燈具的操作功率以提升光輸出量，主要的方法有兩種：一為採用大功率操作的 LED，另一為採用小功率 LED 陣列組合，但不管採用哪種方法，都需要面對傳統導線架，導熱性不佳所衍生的聚合物耐熱性不足的問題；此外，金屬導線架與 LED 晶粒間，存在有很大的熱膨脹係數差，LED 長期操作下所蓄積的熱，可能會導致 LED 晶粒與金屬導線架間，無法維持原本的密合，進而讓主要的熱傳導路徑，具有高熱阻特性。陶瓷導線架因為具有下列優點：高絕緣電阻、高散熱係數、高熱穩定性、與半導體材料相近的熱膨脹係數，故適合應用在高功率 LED 封裝。

目前陶瓷導線架已被許多高功率 LED 光源所採用，是因為可以解決高功率操作時，傳統金屬導線架所難以克服的問題。目前市面上主要的陶瓷支架材料為氧化鋁（Al_2O_3），其熱導率（thermal conductivity）僅 20～27 W/mK，而氮化鋁（AlN）材料，儘管具有 170～200 W/mK 的熱導率，但單價約是氧化鋁的 10 倍。陶瓷導線架的製作過程中，金屬銅與陶瓷板結合的的方式，主要有：1. 高溫燒結。2. 低溫共燒。3. 直接與銅貼合。4. 直接電鍍銅。高溫與低溫共燒等技術會遇到陶瓷收縮率不一的問題，直接與銅貼合則會面臨形成共金，需要精準的溫度參數控制，而直接電鍍銅則可能具有較弱的附著力。

陶瓷板也可以取代傳統的 FR4 印刷電路板（PCB- printed circuit board），把 LED 晶粒直接固晶在具有電路的陶瓷板上，並完成後續的封裝製程，這樣的封裝方式被稱為 chip on board (COB)。除了陶瓷板外，市面上也常見在金屬核心的印刷電路板（MCPCB- metal core printed circuit board）上，進行 LED 的 COB 製程。COB 具有節省空間、降低成本、節省生產時間等優點。除了平板型式的陶瓷導線架外，也有曲面陶瓷導線架被提出，目的在提升 LED 燈具的光輸出角度。

16.3　矽（silicon）導線架

矽材料具有良好導熱性，熱導率（thermal conductivity）約 150 W/mK，且熱膨脹係數 LED 所使用的半導體材料相近，可以減少應力的產生，因此適合應用在 LED 導線架的製作，特別是進行大面積的晶圓級封裝。矽導線架的製作可以透過深穿孔（TSV- through-silicon vias）技術貫穿矽基板，再以化學鍍、電鍍技術，製作正反面與穿孔內電性連接的金屬層。矽基板表面需要沉積絕緣的介電質材料，以避免電性短路，包括穿孔側壁，因此必須要因應高電壓衝擊後，可能產生的漏電流問題進行設計。需要突破的瓶頸，則是矽深穿孔內絕緣層的厚度均勻性控制，此外也需要產量達到規模，成本方能降低，也才能在市場上找到切入點。

為了滿足系統的短小輕薄、快速、智慧操控、多功能、高可靠度的要求，將來 LED 可能會跟隨積體電路（IC）的發展路徑，進行三維（3D）積體化封裝，原本被動的矽導線架，可能會被內含特定功能 IC、驅動電路、處理器、電源控制器、檢測器的主動矽導線架所取代。

16.4　固晶材料

LED 需要透過介質固定在導線架上，才能進行後續的打線製程，以進行電性連接。固晶介質需在進行固晶時，呈現軟化狀態，並在固晶後可以固體化，讓 LED 晶粒與導線架間具有足夠的附著力。透過推力測試可以檢測附著力的大小，使用相同的固晶介質，附著力將隨著晶粒面積而改變，面積越大附著力也越大，根據美國軍規 MIL-STD833H 的描述計算，尺寸 1 mm × 1 mm 的晶粒，必須要通過 1.2 公斤的推力，面積超過 4.13 mm^2 的晶粒，至少要通過 2.5 公斤的推力。固晶介質除了要具備足夠的附著力外，還需要考慮其導熱率，儘管固晶介質厚度僅約 1 μm，但因其位於主要導熱路徑上，因此其熱導率對 LED 的操作特性仍會有明顯的影響。固晶介質需要填滿 LED 晶粒底部，並在晶粒底部周圍產生微量的溢膠；若固晶介質並沒有填滿晶粒底部，不僅可能會

有晶粒附著力不足的問題，也會對導熱產生阻礙。廣泛應用在 IC 固晶的紫外線（UV）固晶膠，儘管可以低溫快速固化，但較不適合應用在 LED 的固晶，因為 UV 固晶膠容易因受熱而劣化。

16.5　環氧樹脂固晶

傳統小功率 LED 的固晶多採用熱固型環氧樹脂（Epoxy），儘管該些固晶膠具有很好的附著力，但熱傳導率低（< 0.2 W/mK），限制了其在大功率產品的應用。膠體均有保存期限，需要依據供應商的建議，進行妥善保存。

透過適當地摻雜銀粉所製作的銀膠，可以製作出導電且導熱性較佳的環氧樹脂，但銀膠的吸光性較純環氧樹脂高，光反射性較弱，所以封裝後 LED 的亮度也因此減少，此外，銀膠固晶後能承受的推力會降低，且隨著增加銀粉的添加比例而降低。

16.6　共晶（eutetic）固晶

因應高功率的導熱需求，許多 LED 晶粒採用合金金屬當作固晶介質，而固晶的方法有：透過加熱加壓在短時間內貼合、透過迴流焊接（Reflow），而採用迴流焊接的方式，可以適當加入助焊劑（Flux）。不同金屬固態組成的合金，熔點溫度隨著不同的金屬固態組成而變，透過相圖（Phase Diagram）可以知道，在某些固態組成比例下，可以直接從固態進入液態，不需要經過膠態（Plastic State），固態組成比例決定最低熔點溫度。在共晶固晶過程中，將基板加熱到恰低於共晶溫度，提供熱能到合金層以促進合金熔化，液化合金蔓延在兩鍵合面上，也就是所謂的潤濕（Wetting）。

常見的金屬合金固晶介質材料為金錫合金，金的含量比例會影響 LED 的操作可靠度。金錫合金共晶製程，可以不使用助焊劑，直接進行迴流焊接，以減少污染與焊墊腐蝕，但需面對較差的焊錫流動率、較多的孔洞形成，良率的損失與可靠度問題。$Au_{80}Sn_{20}$ 是合適的焊錫，儘管 $Au_{10}Sn_{90}$ 價格便宜且具有較

低的熔點（217°C），但在冷卻的過程中通常就已經破裂，無法達到原本預期的導熱效果。每增加金的重量百分比 1%，金錫合金的熔點會增加接近 30°C，因此使用金錫合金進行共晶製程，需要精準控制合金的組成與鍵合溫度。

16.7　金屬焊線（wire bonding）

金屬焊線的功能在透過焊線機，連接 LED 晶粒與導線架間的電性，操作在大功率的 LED，會採用較粗的線徑或多條焊線，避免因為導線的電流密度過高而燒斷。線徑多以 mil (1 mil = 25.4 μm)為單位，常見的線徑有 0.9 mil、1.0 mil、1.2 mil 等。焊線拉出的弧度、焊球大小、溫度、功率、壓力、時間等參數，均需要適當調整，並確保焊線後能通過 5 fg 以上的拉力測試。沒有用完的金屬焊線，需要妥善保管，才能確保下次使用的時的品質。

黃金與鋁是常見的 LED 封裝焊線材料，若不強調 LED 的光電特性，僅考慮成本的降低，則可以使用鋁線；黃金線（黃金含量 99.9%）具較佳的導電度、材料穩定性，因此目前大部分的 LED 焊線材料仍會採用黃金。由於貴重金屬的價格持續飛漲，未來合金線的採用，可能是降低成本的解法之一。

使用覆晶（Flip-Chip）技術進行封裝，則不需要使用焊線製程。透過超音波熱壓合技術，直接把 LED 晶粒貼覆在導線架或電路板上，並完成後續的封膠製程。

LED 焊線製程中，常見的故障模式：焊線打不黏、焊墊剝離、晶粒崩裂。焊線打不黏通常是因為焊墊上有汙染物，可能因為晶粒存放過久或固晶時產生的樹脂污染。透過電漿與紫外臭氧清潔方法，可以去除焊墊表面的汙染物，增進可焊性與可靠度。透過電漿與紫外臭氧清潔方法，可以去除焊墊表面的汙染物，增進可焊性與可靠度。增加超音波功率與力道，也是解決焊線打不黏的方法，但卻也可能導致焊線後 LED 晶粒崩裂的問題。

16.8　**封膠材料**（encapsulate）

　　封膠材料需要具備高光穿透率、與支架間具有良好的黏性、長時間穩定性（熱、光）、容易使用等特性，若應用在戶外，則尚需要具備抵抗紫外線（UV）老化的特性。因為環氧樹脂、矽樹脂均具有高光穿透率，未烘烤前為中性黏度液體，可以填充 LED 支架的碗杯，在混入螢光粉後，可製作光轉換膜，因此被普遍應用在 LED 的封裝。許多具有散射功能的奈米粒，也嘗試被加入封裝膠體中，進而提升 LED 的光取出效率與出光角度，譬如：二氧化鈦（TiO_2）、二氧化矽（SiO_2）等奈米尺寸粒子。

　　高功率 LED 封裝中，環氧樹脂受熱易變黃，影響 LED 的光取出效率，因此目前大多使用矽樹脂進行封裝。相較於環氧樹脂，傳統矽樹脂-聚二甲基矽烷（PDMS）的折射率僅約 1.4，與半導體的光折射率差異大，並不利於光取出，透過加入苯基，可以將光折射率提升到 1.6。苯基含量的提升，會劣化矽樹脂的耐熱性、耐光性，如何兼具高光折射率與高耐熱性、耐光性，是苯基矽樹脂所面臨的技術挑戰。

17. 參考文獻

① W. K. Jeung, S. H. Shin, S. Y. Hong, S. M. Choi, S. Yi, Y. B. Yoon, H. J. Kim, S. J. Lee, and K. Y. Park, "Silicon-Based, Multi-Chip LED Package," 2007 Electronic Components and Technology Conference, pp.722-727, 2007.

② J. Lau, R. Lee, M. Yuen, and P. Chan, "3D LED and IC wafer level packaging," Microelectronics International, Vol. 27/2, pp.98-105, 2010.

第八章

白光發光二極體用之螢光粉結構與特性

作者　劉如熹　黃琬瑜

1. 螢光粉轉換之白光發光二極體（Phosphor Converted White Light-Emission Diode; pc-WLED）種類

　　白光發光二極體（white light-emitting diode; WLED）發展至今，其製作方法大致可分四類，初期為多晶片型，使用紅、綠與藍三晶片之發光二極體，藉由透鏡混合產生白光，優點為可輕易調整所須之光色，具高發光效率與高演色性。但因三色 LED 所屬材料系統、驅動電壓、溫度與光衰減率均有所差異，因而造成設計困難與成本增加，且須三套電路設計分別控制各顏色之電流，故目前商品化之產品與未來發展趨勢仍以單晶片型為主流。下述皆為單晶片型白光 LED，以 LED 激發螢光粉產生白光，故亦可稱之為 pc-LED（phosphor converted LED; pc-LED），pc-LED 以單晶片激發螢光粉而產生白光，螢光粉藉高分子聚合物〔如：silicone（矽膠）、epoxy（環保樹脂）等〕封裝於 LED 晶片上方，製成快速、發光效率佳、成本較低與色域廣之 LED。pc-LED 目前使用之晶片又分兩種，藍光晶片（blue-chip）與紫外光晶片（ultraviolet chip），圖 8.1 所示為單晶片型白光發光二極體，如圖 8.1(a)藍光晶片加黃色螢光粉，圖 8.1(b)為藍光晶片加黃色與紅色螢光粉，圖 8.1(c)為紫外光晶片加紅、綠與藍三種螢光粉。

1.1　藍光 LED 加黃色螢光粉

　　如圖 8.1 (a)所示，利用藍光 LED 激發黃色螢光粉，調配適當 LED 藍光與黃色螢光粉比例，產生 CIE 色度座標上白光，此種裝置優點為只需單一種螢光粉製成簡單與成本較低，發光效率最佳，目前為市面上最普遍使用之種類，但由其放射光譜缺少紅色光之區域，使其演色性約 75，而演色性較低將使被照物體色彩失真，且色溫值偏高約 5000 K 以上，屬冷色系白光。目前此種裝置之螢光粉多採用 $Y_3Al_5O_{12}：Ce^{3+}$（YAG：Ce^{3+}；鋁酸鹽類）或 $Sr_{2-x}Ba_xSiO_4$：Eu^{2+}（矽酸鹽類），其中矽酸鹽類螢光粉於高溫下（約 120°C）耐熱性不佳，其放光將會衰退，[1]此外其又存在耐水性不佳之問題。

1.2 藍光 LED 加上黃色（或綠色）與紅色螢光粉

如圖 8.1 (b)所示，為補足藍光 LED 加黃色螢光粉於紅色光譜區域之不足，加入紅色螢光粉以達補強，可提升演色性由原來之 75 至約 85 與降低色溫，使被照射之物體色彩不失真，呈暖色系白光，且現今照明用燈具需滿足第九號色卡（R_9）之演色性檢測（第九號色卡為飽和紅色），此色卡之演色性必須大於零，故紅色螢光粉勢必加入，現今照明用 LED 多朝此方向發展。其缺點為需多加一種螢光粉，LED 之光能耗損增加以至於整體發光效率下降，且製作成本與程序增加。此裝置採用之紅色螢光粉多以 $CaAlSiN_3:Eu^{2+}$ 為主。

1.3 紫外光 LED 加上藍色、綠色與紅色螢光粉

如圖 8.1 (c)所示，採用紫外光 LED（ultraviolet LED; UV LED）加上藍色、綠色與紅色螢光粉，以紫外光激發三色螢光粉組成白光，又稱紫外光激發白光發光二極體（UV-pumped white light emission），依不同需求調配三種螢光粉比例可組成所需之白光，此裝置演色性可達 90 以上，色溫可調度大，但三種螢光粉之化學性質、物理性質、顆粒大小等皆不同，使製程複雜且困難度提升，成本相對提升，目前市面上雖不普及，但有成為照明用白光發光二極體之潛力，因其具顏色與色溫可調性、色域廣等優點。紫外光 LED 常用之藍色、綠色與紅色螢光粉列於表 8.1，藍色常採用 $BaMgAl_{10}O_{17}:Eu^{2+}$（BAM：Eu）或 $Sr_3MgSi_2O_8:Eu^{2+}$，綠色常用 β-SiAlON：Eu^{2+} 或 $Sr_{2-x}Ba_xSiO_4:Eu^{2+}$，紅色常用 $CaAlSiN_3：Eu^{2+}$ 或 $Sr_2Si_5N_8：Eu^{2+}$。

圖 8.2 顯示 LED 照片與其照射物體之差異 (a)藍光 LED 晶片加上黃色螢光粉與 (b) 藍光 LED 晶片加上黃色與紅色螢光粉。

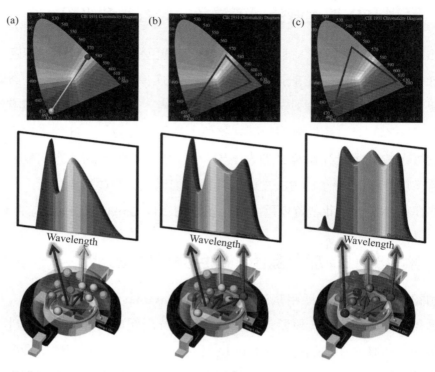

圖 8.1　單晶片型白光發光二極體 (a) 藍光晶片加黃色螢光粉；(b) 藍光晶片加黃色與紅色螢光粉；(c) 紫外光晶片加藍色、綠色與紅色螢光粉。

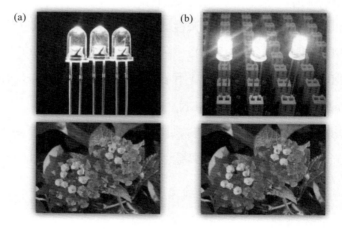

圖 8.2　LED 照片與其照射物之差異 (a) 藍光 LED 加黃色螢光粉（演色性約 75）；(b) 藍光 LED 加黃色與紅色螢光粉（演色性約 85）。

表 8.1　常用於紫外光 LED 之螢光粉

	Color	Phosphor Chemical Compositiort	Emission Characteristic			
			Emission Band Width	Intensig	Durability	Thermal Quenching
UV LED Excitation (350-420 nm)	Blue	$BaMgAl_{10}O_{17}：Eu^{2+}$	Middle	◎	△	○
		$Sr_3MgSi_2O_8：Eu^{2+}$	Middle	○	○	△
		$(Ca, Sr, Ba)_5(PO_4)_3Cl:Eu^{2+}$	Middle	△	△	△
		$Sr_4Al_{14}O_{25}：Eu^{2+}$	Middle	△	△	△
	Grean	$\beta\text{-SiAlON}：Eu^{2+}$	Middle	○	◎	○
		$SrSi_2O_2N_2：Eu^{2+}$	Middle	○	◎	○
		$Ba_3Si_6O_{12}N_2：Eu^{2+}$	Middle	○	◎	○
		$Sr_{2-x}Ba_xSiO_4：Eu^{2+}$	Middle	◎	△	△
		$BaMg_2Al_{10}O_{17}：Eu^{2+}, Mn^{2+}$	Broad	△	○	△
		$CaSc_2O_4：Ce^{3+}$	Broad	△	○	○
	Red	$CaAlSiN_3：Eu^{2+}$	Broad	○	◎	◎
		$Sr_2Si_5N_8：Eu^{2+}$	Broad	○	△	△
		$(Ca, Sr, Ba)S：Eu^{2+}$	Broad	◎	×	×
		$K_2SiF_6：Mn^{4+}$	Sharp	○	×	○
		$Y_2O_2S：Eu^{3+}$	Sharp	○	×	○

　　由此可知螢光粉於白光發光二極體中扮演重要之角色，但目前處於魚與熊掌不可兼得之狀況，如欲得高強度 WLED 則採用藍光 LED 加黃色螢光粉，但其演色性不佳，如欲得高演色 WLED 則採用紫外光 LED 加藍色、綠色與紅色螢光粉，但其強度不佳，藍色 LED 配上黃色與紅色螢光粉則介於兩者之間。圖 8.3 所示為高演色性與高亮度之關係及常使用之材料。如何開發圖 8. 右上角之高強度與高演色性之螢光粉，成為現今科學家重要追尋之課題。

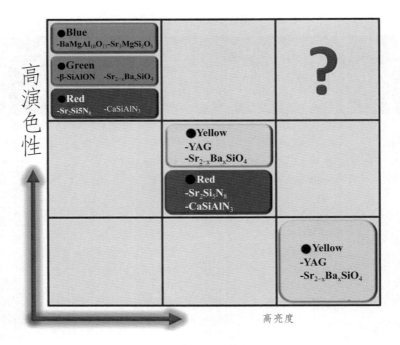

圖 8.3 LED 常用螢光粉趨勢圖。

2. 螢光粉之組成

螢光粉主要包含三部分：主體晶格（host; H）、活化劑（activator; A）、增感劑（sensitizer; S），如圖 8.(a)所示，主體晶格提供配位環境，活化劑取代主體晶格之原子，其為主要放出光之位置，增感劑（sensitizer）之作用為吸收外來能量並將其傳遞給活化中心，使活化中心產生放光，其不一定要存在，如圖 8.(b)所示。於化學式之表示方式以 $BaMgAl_{10}O_{17}$：Eu^{2+}為例，冒號左側為主體晶格之化學式，冒號右側為所摻雜之原子，即為活化劑或增感劑，其表達方式亦可寫為 $Ba_xMgAl_{10}O_{17}$：Eu_x^{2+}，x 為活化劑之莫耳比例，當 x = 0.1 時化學式為 $Ba_{0.9}MgAl_{10}O_{17}$：$Eu_{0.1}^{2+}$，即銪離子（Eu^{2+}）取代鋇離子（Ba^{2+}）。

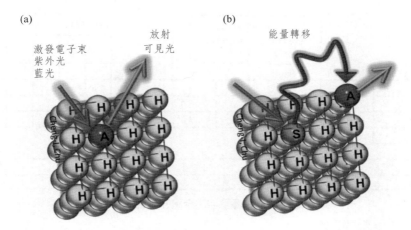

圖 8.4 螢光粉結構示意圖 (a) 主體晶格（黃色圓球；H）與活化劑（紅色圓球；A）示意圖；(b) 增感劑（綠色圓球；S）扮演能量傳遞之角色。

2.1 主體晶格（host lattice）

　　主體晶格含括一個或數個陽離子與一個或數個陰離子結合而成，一般主體於激發過程中扮演之角色為能量傳遞者，而主體中之陽離子或陰離子必須不具光學活性（optically inert），如此能量之放射與吸收均由活化劑進行。陽離子之選擇條件須具備如鈍氣之電子組態（如 ns^2np^6、d^{10}）或具封閉之外層電子組態（如 f^0、f^7、f^{14}），故不具光學活性，圖 8.5 為週期表中可作為螢光體主體之陽離子分布圖。主體之選擇對發光強度與光譜特性影響極大。其中，活化劑離子所進入晶格位置之點對稱（point symmetry）與配位數（coordination number; CN），以及所取代主體離子之半徑大小均影響發光之行為。

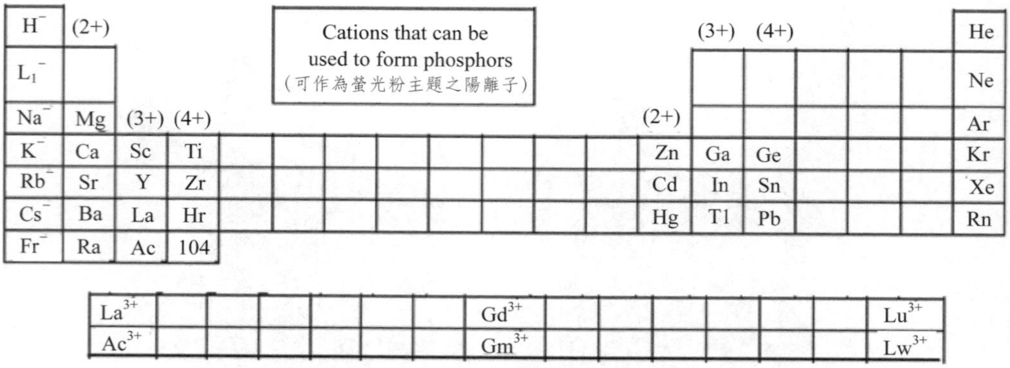

H⁻	(2+)			Cations that can be used to form phosphors（可作為螢光粉主題之陽離子）						(3+)	(4+)			He
L₁⁻														Ne
Na⁻	Mg	(3+)	(4+)						(2+)					Ar
K⁻	Ca	Sc	Ti						Zn	Ga	Ge			Kr
Rb⁻	Sr	Y	Zr						Cd	In	Sn			Xe
Cs⁻	Ba	La	Hr						Hg	Tl	Pb			Rn
Fr⁻	Ra	Ac	104											

La³⁺					Gd³⁺								Lu³⁺
Ac³⁺					Gm³⁺								Lw³⁺

圖 8.5　主體晶格之陽離子分佈圖。

資料來源：本章參考資料 ②。

陰離子團之選擇有二：一為不具光學活性之陰離子團，如圖 8.6 所示，另一則為具光學活性（optically-active）可充當活化劑之陰離子團，後者通稱為自身活化（self-activated）之螢光體，如 $CaWO_4$、YVO_4 等，如圖 8.7 所示。

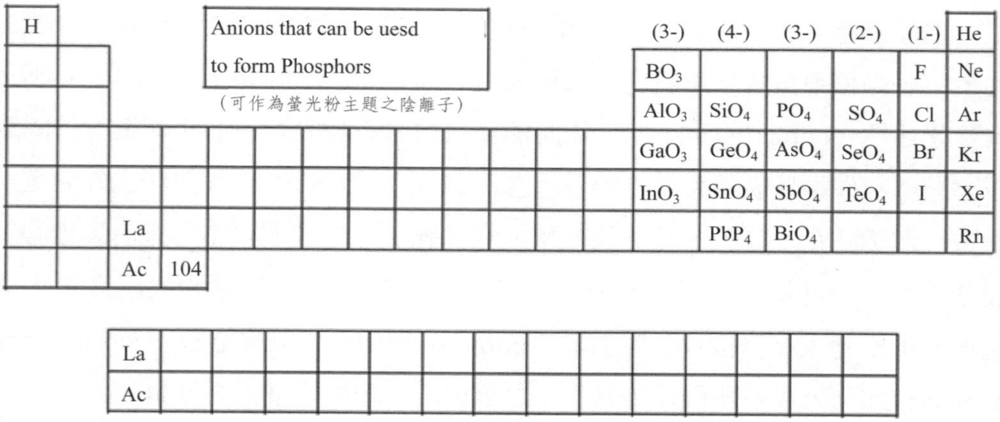

H		Anions that can be uesd to form Phosphors（可作為螢光粉主題之陰離子）							(3-)	(4-)	(3-)	(2-)	(1-)	He
									BO₃				F	Ne
									AlO₃	SiO₄	PO₄	SO₄	Cl	Ar
									GaO₃	GeO₄	AsO₄	SeO₄	Br	Kr
									InO₃	SnO₄	SbO₄	TeO₄	I	Xe
	La									PbP₄	BiO₄			Rn
	Ac	104												

La													
Ac													

圖 8.6　主體晶格之不具光學活性陰離子團分布圖。

資料來源：本章參考資料 ②。

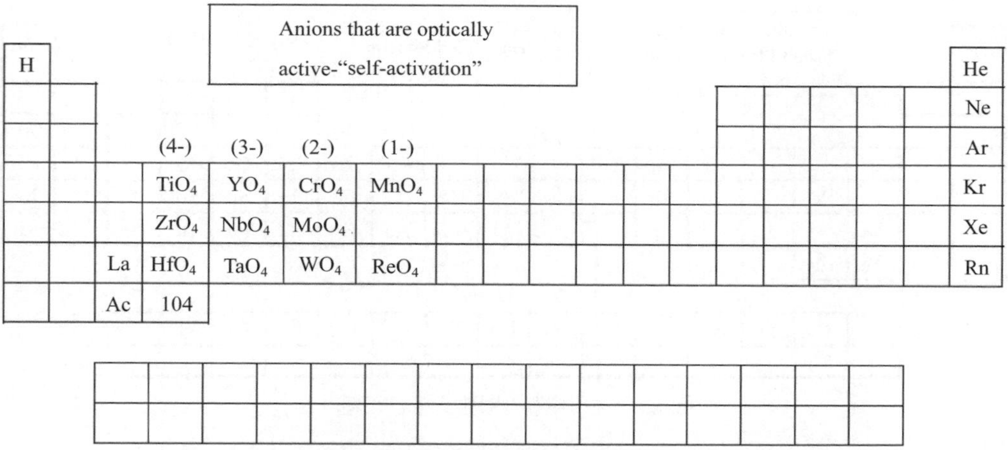

圖 8.7　主體晶格之具光學活性陰離子團分布圖。

資料來源：本章參考資料 ②。

2.2　活化劑（activator）

活化劑一般分為兩類，陽離子團與陰離子團，前者須具正確價數，後者須具自身活化能力且可產生電荷轉移。作為活化劑之陽離子一般具 (nd^{10}) $((n + 1)s^2)$ 電子組態，此類呈現高放光效率，或半填滿軌域，如：Mn^{2+}、Fe^{3+}，如圖 8.8 所示。此外，活化劑之添加本質上屬於取代缺陷，故活化劑與主體陽離子大小須相近，如相差太多將造成晶格扭曲，故活化劑之種類與主體內之添加取代量即受限制。

2.3　增感劑（sensitizer）

某些物質有助於活化劑引起之發光，使發光亮度增加，稱為增感劑（sensitizer）。一般同時添加活化劑與增感劑之材料，其發光機制為以增感劑吸收激發能量躍遷至激發態，再轉移部分能量至活化劑之激發態，因而引起放光。活化劑與增感劑之激發態間能量差需相當始能構成相互共振之條件，以發生能量傳遞。一般可依增感劑之發射光譜與活化劑之吸收光譜重疊與否加以判斷。

H	Cations that can be used to form phosphors（可作為螢光粉主題之陽離子）						Half-filled Shdells（半填滿殼層）			(1+) (2+) (3+)					He
															Ne
			(1+) (2+) (3+)				(1+) (0)								Ar
			Cr	Mn	Fe		Cu	Zn	Ga	Ge	As				Kr
				Tc			Ag	Cd	In	Sn	Sb				Xe
	La			Re			Au	Hg	Tl	Pb	Bi				Rn
	Ac	104													

	Ce	Pr	Nd		Sm	Eu	Gd	Tb	Dy	Ho	Er	Tm	Yb
	Th		U										

圖 8.8 活化劑之陽離子團分布圖。

資料來源：本章參考資料 ②。

3. 影響螢光粉發光之效應與因素

螢光粉本身之發光特性，將受限於主體化學組成、活化劑種類與濃度之不同、熱穩定性等因素，使其發光特性產生變化。以下將介紹影響發光特性之因素與定則。

3.1 螢光與磷光（fluorescence and phosphorescence）

物質經由外界給予適當之能量（如光能、電能等），處於基態能階之電子被激發至高能階之激發態，若經放光形式釋放能量，則可偵測其發光現象（phenomenon of luminescence）。放光現象可細分為螢光（fluorescence）與磷光（phosphorescence），其差異乃由激發態能階電子之特性決定。如圖 8.8 所示，S_0、S_1 與 S_2 分別代表單重態（singlet）基態（ground state）、第一激發態（first excited state）與第二激發態（first excited state），其中每一電子能階可再細分為不同之振動能階（vibrational state）。當發光物質經光能刺激而吸收此能量（hv_0），電子即由基態躍遷至激發態，其後發生下列過程釋放能量：

① 室溫下，大部分之電子經振動緩解至最低振動能階之激發態。

② 激發至較高激態（S_2）之電子經內轉換（internal conversion）而至較低之激發態電子能階。

③ 位於單重激發態之電子以光之方式釋放能量並回至基態能階，此時產生螢光（fluorescence; $h\upsilon_f$）。

④ 於單重激發態之電子經由系統間跨越（intersystem crossing）之方式改變電子自旋狀態至三重態（triplet）能階 T_1。

⑤ 位於三重激發態之電子以光之方式釋放能量並回至基態能階，此時產生磷光（phosphorescence; $h\upsilon_p$）。

⑥ 回至較高振動能階之基態電子經熱平衡而回至能量較低之基態。一般而言，螢光之半衰期約 $10^{-8} \sim 10^{-6}$ 秒，而磷光則經過系統間跨越之過程而不易回到基態，因而有較長之半衰期（$10^{-3} \sim 1$ 秒）。

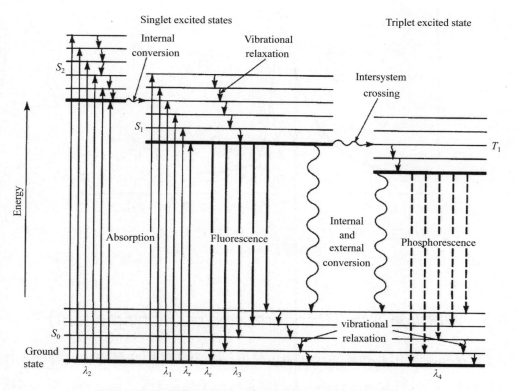

圖 8.8　發光機制示意圖，螢光與磷光之電子轉移機制[3]。

3.2　斯托克位移（Stokes shift）

活化中心吸收光子後，獲得能量並躍遷至激發態之振動能階，經非輻射緩解方式至最低振動能階，再以放光方式返回基態，故其放出光子之能量將低於吸收光子能量，此時放射光譜能帶將往低能量位移，此位移稱為斯托克位移（Stokes shift），如圖 8.9 所示，其為激發與放射光譜最高峰之能量差。一般螢光體之離子半徑越大，即主體晶格環境越軟化（softer），其 Stokes shift 越大。反之越剛性（rigid）之結構其 Stokes shift 越小，其以非輻射緩解方式將能量釋放越少。

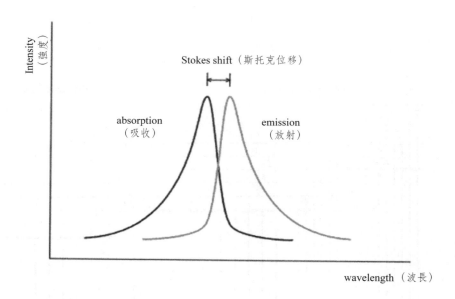

圖 8.9　螢光體之 Stokes shift 示意圖[4]。

3.3　濃度淬滅效應（Concentration quenching effect）

對某特定之化合物起活化作用，使原不發光或微弱之發光材料發光，其乃發光中心受外界能量激發後，並將能量傳遞予其它未受激發之活化劑，因而

產生可見光。當摻雜活化劑之濃度已達或超過一定值後，其發光效率並不再提升，甚至逐漸降低，此現象稱為濃度淬滅（concentration quenching）。如圖 8.10 所示，其乃因活化劑濃度過高，能量於活化劑間傳遞機率超過發射機率，導致激發能量重複於發光中心間傳遞，最終達到毒劑（poison）位置，使能量於主體晶格中消耗，造成發光效率降低。並依活化劑與主體晶格相互作用強弱，可區分為兩類，其中一類，因電子遮蔽效應（screening）造成其與主體晶格相互作用微弱，如具 $4f$ 價軌域之稀土元素。另一類則與主體晶格相互作用較強，如過渡金屬或含 s^2 之離子。

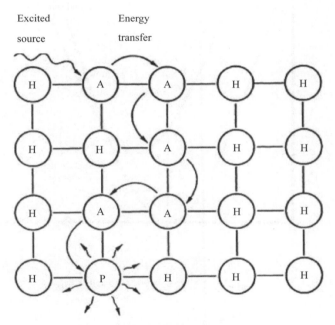

圖 8.10　活化劑於主體晶格之能量轉移示意圖[5]。

3.4　熱淬滅效應（Thermal Quenching Effect）

溫度升高時，光譜之放光強度隨之降低，此現象稱為熱淬滅（thermal quenching）。若以基態與激發態能階之結構座標圖解釋，則如圖 8.11 所

示，於高溫下螢光體之電子被激發至激發態後，其獲得熱能並藉由振動（vibration）至更高之振動能階，而此激發態能階若與基態之位能曲線具一交叉點（crossing point），即其能量相等，則電子可能跨越此交叉點由激發態躍遷至基態能階，並經由非輻射振動緩解回至基態之最低能階，結果造成激發能量耗損於晶格中，而對於發光並無貢獻性。隨溫度升高，電子分布於較高之振動能階機率增加，故增大激發態跨越交叉點回至基態能階之機率。當激發態與基態間之平衡距離差值△R 越大時，非輻射緩解之機制越易發生。

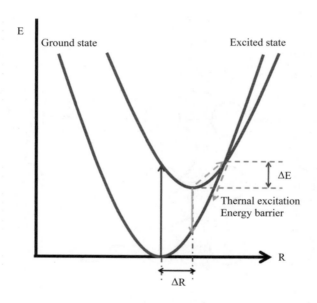

圖 8.11　基態與激發態能階之結構座標圖。

4. 應用於白光發光二極體之主流螢光粉發光特性與優缺點

4.1 適用於白光發光二極體之螢光粉特性需求

適用於藍光或紫外光 LED 激發之螢光粉，各有其優缺點，而選用 LED 用之正確螢光粉須考慮儘量滿足下列五大特性，如圖 8.12 所示：

① 螢光粉對於 LED 所放射波長區段有良好吸收率。

② 螢光粉本身可有效將吸收能量轉換成高量子效率之可見光。

③ LED 之工作溫度約攝氏 85 度，螢光粉需於此溫度下保持熱穩定，即具良好溫度淬滅特性。

④ LED 於通高電流時放光強度增強，螢光粉於高曝光量下，能維持其原有之發光波長，不致於因高電流下而螢光粉產生色偏，於此稱之為電穩定度。

⑤ 螢光粉須具備化學性質之穩定性，即螢光粉於空氣之高濕度（一般於相對濕度 85%下進行測試）狀態下能保持其化學結構穩定，不易分解或潮解。

LED 用螢光粉除須考量上述五大特性外，亦須注意螢光粉顆粒尺寸大小，一般螢光粉顆粒越大，亮度越亮，但粉體大小將影響螢光粉封裝時效果，若顆粒太大則粉體於高分子膠內沉降太快，分散不均勻以致不利封裝，故粉體介於 $10\text{-}20\mu m$ 最佳。此外螢光粉體形貌則將影響入射光之吸收與散射，顆粒近圓形與表面平滑有利於光之吸收。

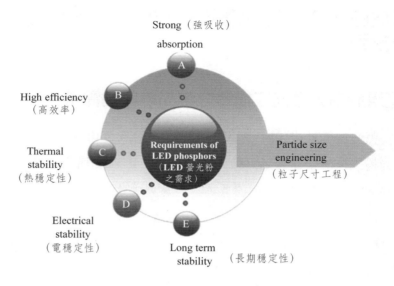

圖 8.12　螢光粉五大特性圖。

4.2　鋁酸鹽（YAG）螢光粉之結構與特性[6]

釔鋁石榴石（YAG），其晶體結構屬於正方晶系（cubic），化學式可表示為 $X_3(A_3B_2)O_{12}$，以 YAG 為例即為 $Y_3(Al_3Al_2)O_{12}$，其中 A 表示為鋁（Al）填於由氧原子所構成之正四面體中心，B 表示為由氧原子所構成之正八面體中心，如圖 8.13 所示。藉由摻雜微量鈰（Ce^{3+}）於晶格中取代釔（Y^{3+}）位置，可被藍光激發產生黃色之螢光。視需要亦可以釓（Gd）取代釔以及鎵（Ga）取代鋁（Al）於晶格中，可調變不同波長之黃色螢光。

在 $YAG:Ce^{3+}$ 中，與最低之兩個 $5d$ 能帶躍遷相關之吸收帶位於 340 nm 與 460 nm。鮮明黃光係因由最低之 $5d$ 能帶躍遷至 $^2F_{5/2}$ 與 $^2F_{7/2}$ 能態所致，其中心波長約位於 565 nm 且為一寬譜帶，此乃 $4f$-$5d$ 躍遷所致，如圖 8.14 所示。當外界給予適當之能量（如光能、電能等），處於基態能階（$4f$ 軌域）之電子被激發至高能階之激發態（$5d$ 軌域），並以放光之形式釋放能量。因 $5d$ 軌域處於最外層，並非如同 $4f$ 軌域一般受外圍軌域之電子雲所遮蔽，其躍遷過程極

易受外圍環境所影響，使其光譜呈現寬光譜形態。

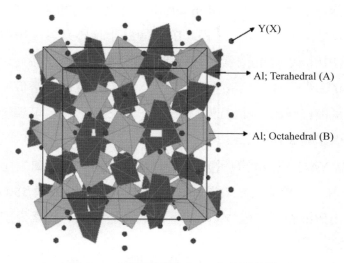

圖 8.13　釔鋁石榴石（YAG）晶體結構。

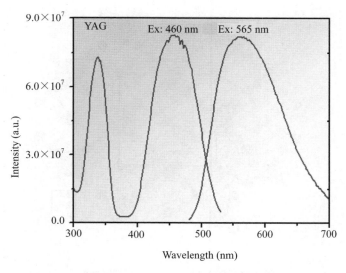

圖 8.14　釔鋁石榴石（YAG）之激發與放射光譜。

4.3　矽酸鹽（silicate）螢光粉之結構與特性[6]

其晶體結構屬於單斜晶系（Monoclinic），化學式可表示為 M_2SiO_4，其中 M 可為鈣（Ca）、鍶（Sr）、鋇（Ba）等鹼土金屬元素。藉由摻雜微量銪（Eu^{2+}）於晶格中取代 M 的位置，可被藍光激發產生黃色之螢光，發射光譜源自於 Eu^{2+} 之 $4f^65d^1 \rightarrow 4f^7$ 之電子躍遷放光，故為一寬放射譜帶。視需要亦可將一部分銪以錳取代或將一部分矽以鍺、硼、鋁、磷取代，可調變不同波長之螢光。晶體結構如圖 8.15 所示。

圖 8.16 為 YAG 與矽酸鹽螢光粉之光激發與放射光譜圖之比較。以藍光 460 nm 為激發源，其最強放光波長皆落至黃光區域 565 nm 與 550 nm。且由激發光譜圖可看出矽酸鹽具有較 YAG 更寬廣的激發頻寬，於紫外線或藍色激發下均有顯著良好之吸收。

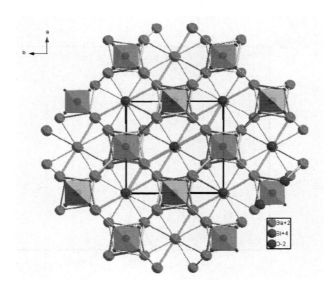

圖 8.15　矽酸鹽（silicate）晶體結構。

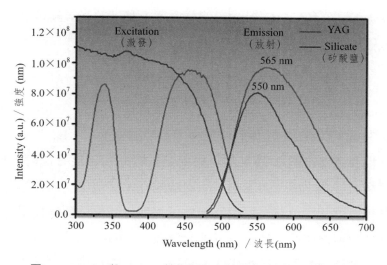

圖 8.16　YAG 與 Silicate 螢光粉之光激發與放射光譜圖。

　　於進行 LED 封裝時之溫度約為 150°C，但單獨螢光粉量測光激發光譜皆位於常溫狀態，所以當螢光粉實際運用至封裝時，其放光強度均降低，甚至最強放光之波長都有所偏移。為解決此問題，熱穩定性分析就顯得格外重要。如圖 8.17 所示，為 YAG 與 Silicate 螢光粉置於室溫 25°C、50°C、100°C、150°C、200°C、250°C 與 300°C 下，分別量測其放光光譜圖以研究其光衰程度與最強放光波長之偏移情形。

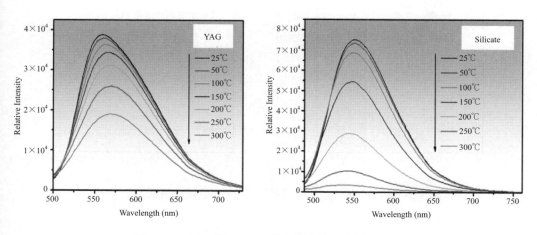

圖 8.17　YAG 與 Silicate 螢光粉之熱穩定性分析。

由圖 8.18 所示，YAG 螢光粉隨著溫度上升其放光圖譜轉換至色度座標位置有紅位移現象，此現象可以方程式（8.1）解釋：[5]

$$E(T) = E_0 - \frac{aT^2}{T+b} \tag{8.1}$$

公式中 E(T) 為在 T 溫度時基態與激發態之能量差，E_0 為在 0 K 時基態與激發態之能量差，a 與 b 為常數。由此公式得知當溫度升高時，E(T) 逐漸降低，基態與激發態之能量差變小，因而造成紅位移現象。而矽酸鹽螢光粉隨著溫度提升其色度座標位置有藍位移現象，先前之紅位移解釋並不符合此現象，必須考慮熱效應之作用，使電子與熱活化聲子（thermally active phonon）發生效應。即受熱活化聲子協助電子由激發態之低能階躍遷至激發態之更高能階，再放光回基態。由圖 8.19 所示，為 YAG 與矽酸鹽螢光粉之衰減速率相對比較。YAG 之熱穩定性較矽酸鹽優異許多，矽酸鹽於超過 150°C 即有明顯光衰現象，發光強度約為室溫之 60%，而 YAG 之發光強度尚有室溫之 90%。

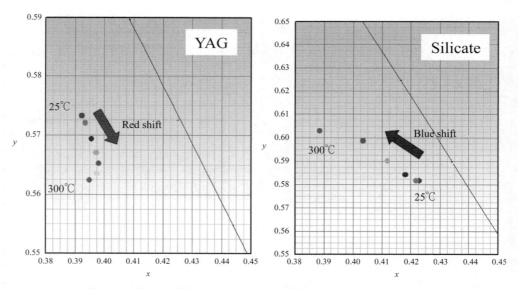

圖 8.18　隨溫度變化之放射波長位置改變於色度座標圖之呈現。

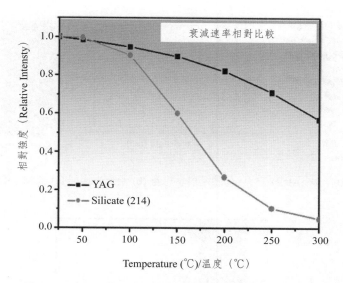

圖 8.19 YAG 與 Silicate 螢光粉之衰減速率相對比較。

4.4 β-SiAlON 之結構與特性

2005 年，日本獨立行政法人物質材料研究機構（National Institute for Materials Science; NIMS）之 Hirosaki 與 Xie 等人研究開發 β-SiAlON 之發綠色螢光粉（專利為 US 7,544,310），其結構以部分 Al-O 取代 β-Si$_3$N$_4$ 中之 Si-N 而形成 β-SiAlON 結構，β-SiAlON 之空間群屬於 P6$_3$。晶體結構如圖 8.20(a)所示，圖 8.20(b)為激發與發射光譜圖 8.20(c)為 SEM 影像。合成條件為 2000°C 及 10 atm 氮氣壓力。β-SiAlON 之發射光譜源自於 Eu^{2+} 之 $4f^65d^1 \rightarrow 4f^7$ 之電子躍遷放光。最高放射峰值座落於 536 nm。

β-SiAlON 雖放射波峰較尖銳，亦即色純度高，但其缺點為顏色並非正綠色，太過於偏黃，如圖 8.21 所示，正綠色界於 500-550 nm 之間，即圖中所標示之綠色範圍。

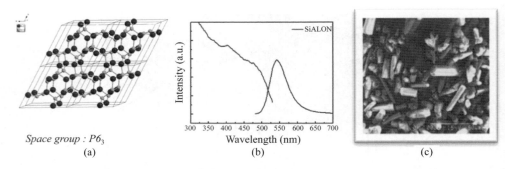

Space group : P6₃
(a)　　　　　　　　　　(b)　　　　　　　　　(c)

圖 8.20　β-SiAlON 之 (a) 晶體結構示意圖 (b) 螢光光譜與 (c) SEM 影像圖。

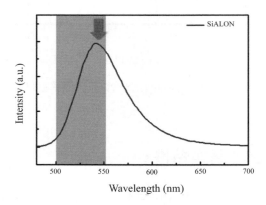

圖 8.21　β-sialon 之放射光譜圖。

4.5　LuAG 螢光粉之結構與特性

　　目前 LuAG 之最主流螢光粉係由日亞公司所擁有之專利配方（專利為 US 5,998,925），其晶體結構與 YAG（$Y_3Al_5O_{12}:Ce^{3+}$）類似，但以 Lu 取代 Y，其包含 Al 之八面體與四面體所構成，LuAG 之空間群屬於 Ia-3d。晶體結構如圖 8.22(a)所示，圖 8.22(b)為激發與發射光譜圖 8.22(c)為 SEM 影像圖。

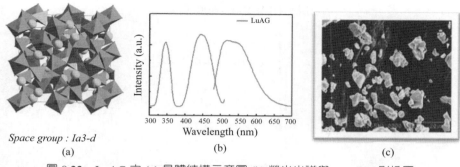

圖 8.22　LuAG 之 (a) 晶體結構示意圖 (b) 螢光光譜與 (c) SEM 影像圖

　　LuAG 之放射光雖比 β-SiAlON 較為正綠色，但其缺點為激發光譜之最高峰值並非於藍光 LED 所最能激發之 460 nm 位置，如圖 8.23 所示，此現象使 LuAG 並非能於 460 nm 激發源下展現其放光效率。

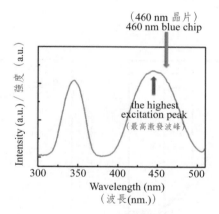

圖 8.23　LuAG 之激發光譜圖。

4.6　$Sr_2Si_5N_8$:Eu^{2+} 之結構與特性

　　1995 年 Schnick 等人合成此氮化物之單晶結構，目前主要為 Osram 公司擁有此專利（US 6,649,946）。其 $Sr_2Si_5N_8$ 之空間群屬 $Pmn2_1$。晶體結構如圖 8.24(a)所示，圖 8.24 (b)為激發與發射光譜圖 8.24 (c)為 SEM 影像。其

$Sr_2Si_5N_8:Eu^{2+}$ 螢光粉之合成條件為 1400-1600°C。

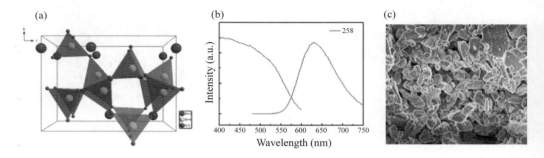

圖 8.24　$Sr_2Si_5N_8:Eu^{2+}$ 之 (a) 晶體結構示意圖 (b) 螢光光譜與 (c) SEM 影像圖。

　　$Sr_2Si_5N_8:Eu^{2+}$ 相較於 $CaAlSiN_3:Eu^{2+}$ 螢光粉，其缺點為熱穩定性較差且放光強度較弱，溫度若高於 150°C，其放射光強度減弱至原先之 90%以下，如圖 8.25 所示。

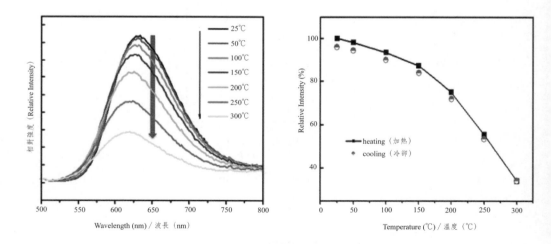

圖 8.25　$Sr_2Si_5N_8:Eu^{2+}$ 之熱特性現象。

4.7　CaAlSiN$_3$:Eu^{2+} 之結構與特性

　　日前日本獨立行政法人物質材料研究機構（NIMS）所開發目前效能最高之紅色氮化物螢光粉 CaAlSiN$_3$:Eu^{2+}（專利為 US 7,573,190），其結構是基於四面體 (Si/Al)N$_4$ 之三維結構，空間群為 Cmc2$_1$。晶體結構如圖 8.26 (a)所示，圖 8.26 (b) 為激發與發射光譜圖 8.26 (c)為 SEM 影像圖。發射波長可用 Sr^{2+} 離子替代 Ca^{2+} 離子或改變 Eu^{2+} 濃度進行調控。

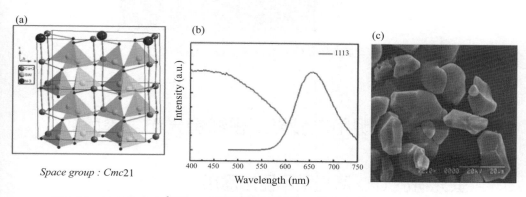

圖 8.26　CaAlSiN$_3$:Eu^{2+} 之 (a) 晶體結構示意圖 (b) 螢光光譜與 (c) SEM 影像圖。

　　CaAlSiN$_3$:Eu^{2+} 雖屬最高效率之紅色螢光粉，但其合成較 Sr$_2$Si$_5$N$_8$：Eu^{2+} 不易，需於高溫高壓（合成條件為 1600-1800°C 及 5 atm 氮氣壓力）下才可合成獲得，圖 8.27 為合成 CaAlSiN$_3$：Eu^{2+} 之氣壓燒結爐系統（gas pressure sintering; GPS）。目前 NIMS 授權三菱化學（Mitsubishi Chemical）生產。近年來亦有利用電弧法（arc-melting）產生 CaAlSi 合金，再於常壓氮氣熱處理合成 CaAlSiN$_3$:Eu^{2+} 螢光粉。

圖 8.27　氣壓燒結爐系統（gas pressure sintering; GPS）。

5. 適用背光與照明用之發光二極體螢光粉差異比較

5.1　螢光粉於 LED 背光顯示器之應用

　　用於 LED 背光顯示器之藍、綠與紅之三原色，主要分別為藍光 LED 晶片、綠色與紅色螢光粉所組成，綠色螢光粉主要以 β-SiAlON、矽酸鹽與 LuAG 為主，紅色螢光粉則以 $CaAlSiN_3$:Eu^{2+} 與 $Ca(or\ Sr\ or\ Ba)_2Si_5N_8$:$Eu^{2+}$ 為主。如圖 8.28 所示，LED 背光顯示器若以彩色濾光片（color filter）過濾三原色，可使其三色光譜之放射波峰更尖銳，色純度更高，故選擇發射光譜窄之螢光粉應用於背光顯示器為最佳。

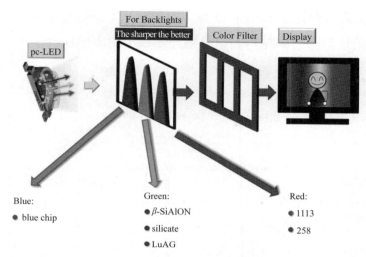

圖 8.28 用於 LED 背光顯示器之三原色示意圖（註：1113 代表 $CaAlSiN_3:Eu^{2+}$、258 代表 $Ca(or$ $Sr\ or\ Ba)_2Si_5N_8:Eu^{2+}$）。

5.2 螢光粉於 LED 照明設備之應用

在白光 LED 中為提高演色性，則須開發多種配製不同顏色之螢光粉方式，若演色性指數越高，則被照明之物體越可表現出其本身之真實色彩，如圖 8.29 所示。

演色性（CRI）

圖 8.29 演色性優劣差異之示意圖。

　　而以目前最為廣泛之 LED 照明系統配製方式，為藍光 LED 晶片激發與黃色螢光粉，此類照明之缺點乃為缺乏紅光區域，故演色性較低，如圖 8.30 所示。

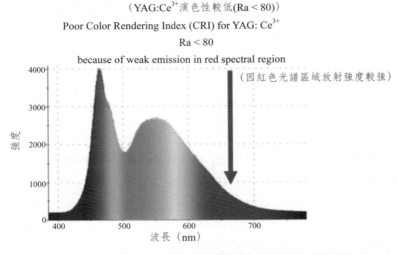

（YAG:Ce^{3+}演色性較低(Ra < 80)）

Poor Color Rendering Index (CRI) for YAG: Ce^{3+}

Ra < 80

because of weak emission in red spectral region

（因紅色光譜區域放射強度較強）

圖 8.30　藍光 LED 晶片與黃色螢光粉之缺點示意圖。

　　如圖 8.31 所示，由 CIE 座標可得之，方法一是利用藍光與黃光之連線，通過 CIE 座標之白光區域混合為白光，其演色性較差（Ra 約 75-80）；方法二是以藍光與黃光之連線，額外加入紅色部分以提升演色性（Ra 約 85-89）；方法三則是以 CIE 之三元色為基準，進而混合為白光，其乃因包含 CIE 最廣之區域，故擁有最佳之演色性（Ra 約 90 以上）。

　　另外於實際 pc-LED 之封裝，需值得注意兩點，(1) 因工作溫度升高而產生之色偏現象；(2) 於封裝時不同顆粒大小之螢光粉，其顆粒沉降速度不同所造成之級聯激發效應（cascade excitation effect）。

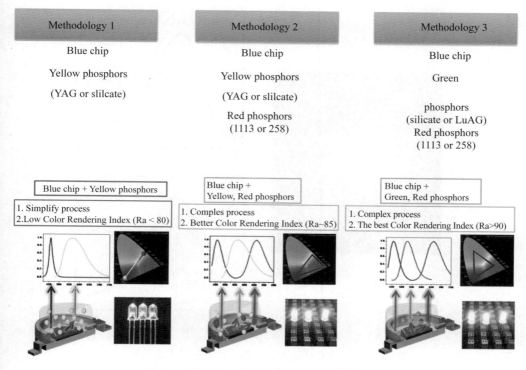

圖 8.31　用於 LED 照明之三大類配製方式。

　　於實際 LED 照明用螢光粉之選擇，需注意其因熱淬熄效應所導致之螢光粉色偏現象，不同螢光粉會有不同之紅或藍位移現象，故若謹慎選擇螢光粉即可中和因工作溫度之升高所導致之色偏現象。以藍光 LED 晶片搭配 1113 與 β-SiAlON 為例，當溫度升高時 1113 會產生藍位移現象，而 β-SiAlON 則是產生紅位移現象，搭配上藍光 LED 且綜合以上二種情況，即可反利用其兩者之熱淬熄效應將色偏之程度降至最低，如圖 8.32 所示。

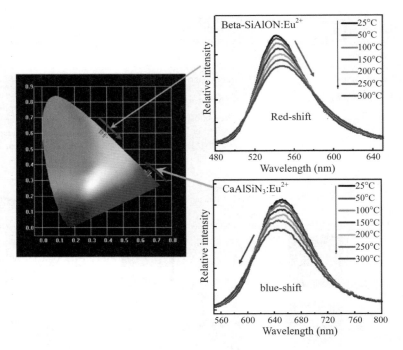

圖 8.32　紅色與藍色螢光粉之熱淬熄效應及色偏現象。

6. 螢光粉於發光二極體之未來發展

6.1　Lumiramic 螢光片（Phosphor Plate）

　　為追求高顏色均勻性與高輸出流明等特性，傳統螢光粉塗佈方式（uniform distribution）已無法達成此要求，因此許多業者陸續發展出新螢光粉塗佈技術 [8]，如：適形塗佈（conformal distribution）與遠程螢光粉（remote phosphor）等方式（如圖 8.33 所示）；適形塗佈方式較著重於改善白光 LED 顏色均勻性，而遠程螢光粉塗佈方式則著重於增進白光 LED 之光輸出。而 Lumileds 公司於 2008 年提出（專利為 US 7,361,938）以螢光片方法取代習用須將螢光粉與膠混合方式，名為 Lumiramic phosphor plate（如圖 8.34 所示），將

YAG:Ce^{3+} 螢光粉燒結形成一高密度均勻厚度之陶瓷薄片（美國專利號 US 7,361,938），其具高量子效率與優異之機械性質，然後直接將此薄片以矽膠貼附在薄膜式覆晶晶片（thin film flip chip）之晶片上即可使藍光 LED 轉換成白光，此方法具有高均勻性之顏色控制與散熱能力。其亦可與放射紅光之螢光片結合而增加其演色性。

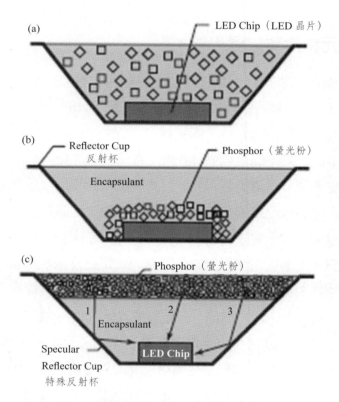

圖 8.33 三種螢光粉塗佈結構示意圖 (a) 傳統螢光粉塗佈方式（uniform distribution）；(b) 適形塗佈方式（conformal distribution）；(c) 遠程螢光粉（remote phosphor）塗佈方式[8]。

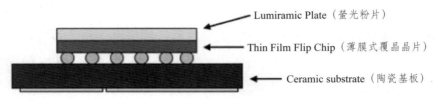

圖 8.34　Lumiramic 螢光片[9]。

6.2　非稀土元素摻雜之螢光粉

　　稀土元素為鑭系元素系稀土類元素群之總稱，包含鈧（Sc）、釔（Y）及鑭系中的鑭（La）、鈰（Ce）、鐠（Pr）、釹（Nd）、釤（Sm）、銪（Eu）、釓（Gd）、鋱（Tb）、鏑（Dy）、鈥（Ho）、鉺（Er）、銩（Tm）、鐿（Yb）、鎦（Lu），共 17 個元素。其中之釔（Y）、銪（Eu）是紅色螢光粉之主要原料，廣泛應用於彩色電視機、計算機及各種顯示器。稀土元素之應用蓬勃發展，已擴展到科學技術各個方面，尤其現代一些新型功能性材料之研製與應用，如：磁性材料、儲氫材料、精密陶瓷、催化劑、發光材料、冶金化工材料、交通電信與軍用設備原料等，稀土元素應用範圍廣泛，已成為不可缺少的原料。稀土元素為螢光燈之發光材料，是節能性光源，特點為效率好、光色好、壽命長，比白熾燈可節省電能 75～80%，故目前為無機螢光材料之關鍵原料。中國大陸之稀土金屬蘊藏量占全球三分之一，2008 年起大陸產量已占全球 97%，其為全球稀土金屬最主要的供應國。市場對稀土金屬之需求不斷增長，但近期中國大陸對稀土金屬出口設限，加上稀土金屬價格日益飆漲，發展非稀土元素摻雜之螢光粉為一新興趨勢。

　　近幾年來，Ogi 等人[10]報導一非稀土元素摻雜之 BCNO 螢光粉，其以硼酸、尿素與聚乙二醇為起始物，於低溫常壓下即可合成，為一全可見光譜可調之發光材料，BCNO 螢光粉無毒性，不需稀土元素為起始物且前驅物價格便宜，其為一新穎之非稀土離子激發之螢光粉。此外，Vanithakumari 等人[11]

發展可應用於白光發光二極體之 Ga_2O_3 奈米柱發光材料，其藍綠光放射光譜為氧原子空位缺陷所造成，以氮原子取代此空位可發紅光。另外，固態溶液（solid-solution）材料 GaZnON，其前驅物為 Ga_2O_3 與 ZnO，亦為一非稀土元素摻雜之發光材料，其於常壓下 500°C 以下之低溫即可合成。[12] 圖 8.35(a)為 Ga_2O_3、ZnO 與 GaZnON 之反射式光譜，由圖可推知 Ga_2O_3 與 ZnO 之能隙分別為 4.9eV 與 3.3eV，而 GaZnON 之能隙為 3.7eV，於 380nm～450 nm 有強吸收帶。圖 8.35(b) 為 GaZnON 螢光粉之激發與放射光譜，激發波長與反射式光譜可相驗證，可知 GaZnON 螢光粉為一適合用於以紫外光或藍光晶片激發之發光二極體。由 GaZnON 之放射光譜可知其放光波長於 450 nm，為一寬譜帶之放光，藍光放射光譜為氧原子空位缺陷所造成。[10]

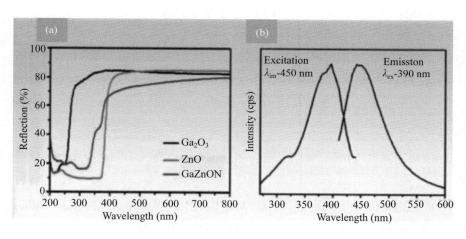

圖 8.35　GaZnON 之(a)反射式光譜、(b)激發與放射光譜[12]。

　　稀土元素為使螢光粉發光之功臣，此種無機發光材料於 LED 更扮演重要角色，使其效率好與壽命長。然考量稀土元素之資源有限、進口受限、價格昂貴與取得須仰賴他國，故發展非稀土元素摻雜之螢光粉為 LED 未來發展之趨勢與希望。此外若讀者希望對螢光粉有更深入之認識，可參考相關書籍。【13-17】

7. 參考資料

① R. M. Clegg, X. F. Wang, and B. Herman, "Fluorescence imaging spectroscopy and microscopy," *Chemical Analysis Series*, vol. 137, pp. 196, 1996.

② R. C. Ropp, *Luminescence and the Solid State*-2nd ed.; Elsevier: Amsterdam, 2004.

③ J. R. Lakowicz, *Principle of Fluorescence Spectroscopy*-2nd ed.; Kluwer Academic/ Plenum Pub.: New York, 1999.

④ J. A. Deluca, "An Introduction to Luminescence in Inorganic Solids," *J. Chem. Edu.* 1980, vol. 57, pp. 541-545, 1980.

⑤ Y. P. Varshini, "Temperature dependence of the energy gap in semiconductors," *Physica*, vol. 34, pp. 149-154, 1967.

⑥ 柯韋志、林群哲、劉如熹，藍光 LED 激發產生白光之鋁酸鹽與矽酸鹽螢光粉特性比較，光連雙月刊，2008 年 7 月（No. 76）。

⑦ 陳韋廷、劉如熹，白光發光二極體用螢光粉原理及其特性，光連雙月刊，2011 年 7 月（No. 94）.

⑧ 鄭景太，高功率 LED 封裝技術的發展現況一下篇，工業材料雜誌，2009 年 2 月（No. 266）。

⑨ Lumileds 公司網站（http://www.philipslumileds.com/newsandevents/releases/pr77.pdf）

⑩ T. Ogi, Y. Kaihatsu, F. Iskandar, W. N. Wang, and K. Okuyama, "Facile Synthesis of New Full-Color-Emitting BCNO Phosphors with High Quantum Efficiency," *Adv. Mater.*, vol. 20, pp. 3235-3238, 2008.

⑪ S. C. Vanithakumari, K. K. Nanda, "A one-step method for the growth of Ga2O3-nanorod-based white-light-emitting phosphors," *Adv. Mater.*, vol. 21, pp. 3581-3584, 2009.

⑫ C. C. Lin and R. S. Liu, "Advances in phosphors for light-emitting diodes," *J. Phys. Chem. Lett.*, vol. 2, pp. 1268-1277, 2011.

⑬ 劉如熹、王健源，二十一世紀人類的新曙光一白光發光二極體，全華科技圖書公司，2001 年。

⑭ 劉如熹、紀喨勝，紫外光發光二極體用螢光粉介紹，全華科技圖書公司，2003年。

⑮ 劉如熹、林益山、康佳正，白光發光二極體用螢光粉專利解析，全華科技圖書公司，2005年。

⑯ 劉如熹、劉宇桓，白光發光二極體用之氧氮化合物螢光粉介紹，全華科技圖書公司，2006年。

⑰ 劉如熹（主編），白光發光二極體製作技術—由晶粒金屬化至封裝，全華科技圖書公司，2008年。

第九章

LED 模組散熱

作者　朱紹舒

1. LED 需要散熱的原因

　　LED 在發展和應用過程中，也面臨著許多問題[1]，首先對 LED 的發光效率和演色特性有待提高，現在的 LED 發光效率比最初提高了約 10^3 倍，但是距離理論效率尚有一段距離；而作為白光 LED 應用的關鍵因素-演色性，也與傳統照明光源有一定的差距。目前激發白光 LED 的方法有螢光粉激發方式，不同顏色混光組合方式或多量子阱方式等等，現今應用最為廣泛的方法是將藍光晶片塗布螢光粉合成白光，但由於這種方法存在較大的能量損失，降低光效率，而利用紅、綠、藍等不同發光顏色的晶片組合產生白光的技術，無需光譜轉換，能量損失較小，提高了外光電效率，但其結構較複雜，驅動電路要求較高，且產生的白光不均勻。多量子阱方式乃通過在晶片磊晶層的生長過程中摻雜不同雜質，使得多量子阱能產生多種互補光顏色，經由不同量子阱發出的多種顏色的光混合產生白光，這種方法技術要求較高，目前還難以大規模應用。

　　此外，LED 的散熱問題已經成為限制 LED 發展的重要因素；隨著 LED 功率的不斷增大，LED 的發熱的問題也更加嚴重，成為 LED 發展的瓶頸。熱效應嚴重影響了 LED 的壽命、效率及色溫等參數，如果熱問題處理不好，LED 晶片結溫升高會導致元件性能變化和衰減，甚至失效（資料來源：本章參考資料②）。接面溫度的上升降低 PN 接面發光複合的幾率，導致發光亮度下降，同時產生熱飽和現象。接面溫度上升也使 LED 發出的光產生紅移現象（往紅外線波長漂移），導致藍光波長與螢光粉激發波長匹配改變，從而降低白光 LED 發光效率，並導致白光色溫的變化（資料來源：本章參考資料③）。

　　LED 為點光源，雖然發出的光亮度高且方向性強，但一般應用都會將多顆 LED 匯聚並進行排列，使其獲得更高的照度，因此若不進行光分配，在照明陣列應用中會形成光點陣列，使得出光的均勻度和美觀性較差。因此，需將 LED 陣列進行二次光學設計，從而達到均勻的光強度分佈和理想的照明效果。當然 LED 驅動電路的設計也對其工作狀態有重要影響，高電能轉換效率且穩定的 LED 驅動電路是 LED 正常工作和節能的保障。

　　由於 LED 晶片尺寸非常小，以 1W 功率單位截面積（m^2）熱通量約為 10^6，若以單位體積估算其熱通量約為 10^9，如前述 LED 須以陣列式的組合，其所產生的熱將十分可觀，瓦數愈高相對熱就愈龐大，因此必須充分考慮對此部分的散熱對策，如果散熱設計不完善，就無法獲得期望的特性。LED 的溫度上升，順向電壓就會降低，不但會導致發光效率惡化，還會縮短壽命。從現階段的應用，照明載具和汽車車燈採用多顆白光 LED 進行排列組合，手機背光也是使用多顆 LED 以增加面板的光通量。為了增加光通量的輸出，因而提高輸入 LED 的電流，使其增加亮度，因而導致散發出更多的熱，良好散熱機構可以使元件維持正常運作。不好的散熱設計不但導致 LED 接面溫度升高，本身產品在進行封裝時更需要考量採用具有耐熱性更高的材料，也因此造成其成本的增加。也就是說，散熱可以關係到元件的效率、成本及壽命等多方面的複雜因素（資料來源：本章參考資料 ④）。

　　溫度對 LED 壽命的影響非常敏感，圖 9.1 所示為飛利浦 LUXEON Rebel 一款 LED 壽命與晶片接面溫度關係圖，在不同操作電流造成不同的壽命結果，以在 350mA 工作電流下，若接面溫度（junction temperature, Tj）控制在 128°C 以下其相對應壽命高達 60,000 小時，若 T_j 溫度升高 2°C 達 130°C 時，壽命降至 47,000 小時；為獲取更高的照度輸出，工作電流可能介於 350～700mA 之間，如上述溫度條件，LED 壽命可能下降至 33,000 小時約最佳值的二分之一。也許有人說，請放心我會將 T_j 溫度控制在 100°C 以下，令其壽命永遠在最佳的狀態。但務必要了解的是圖 9.1 所顯示的結果是在維持環境工作溫度於 25°C 時所做的測試。LED 的應用包羅萬象，同理環境的工作溫度也必然無法維持在 25°C 之定值。以台灣夏季夜間戶外悶熱可能也超出該標準的環境溫度，因此 LED 在應用端散熱有許多值得深入探究。

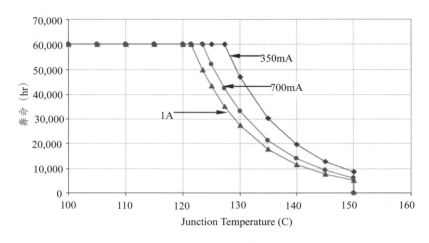

圖 9.1　LUXEON Rebel InGaN LED 在不同入射電流下，壽命與接面溫度的關係。
資料來源：本章參考資料 ⑤。

　　LED 主要是由三五族元素組成的化合物，如 GaN, InGaN, InGaAlP 等，經由製程形成 PN 接面，藉由通過施加在電極兩端的電壓使得 PN 接面通過電流，激發載流子而電致發光。其發光原理是 LED 在正向電壓作用下，電子由 N 區注入 P 區，空穴由 P 區注入 N 區，注入對方的少數載流子和另一部分多數載流子複合而釋放能量發出光子，當產生光子的能量使得光的波長剛好處在可見光區域時，便可產生可見光。

2. 針對 LED 發熱關鍵點的研究

　　過去 LED 功率較低，其產熱的現象一般都會被忽略，一直到藍光問世前 LED 都並未實際應用於照明領域，又因為隨媒體所敘述 LED 是冷光源，令一般民眾產生錯誤觀念「因為冷光所以不會發熱」。隨著科技的進步，晶片工作電流不斷提升，LED 的熱逐漸受到關注，尤其當它應用在照明的光元件時，燈具必須長時間運作，因此一顆顆 LED 所累積的熱就成為工程上必須解決的問題。

　　LED 晶片所輸入的功率，部分轉換成光能其餘的以熱的形式釋出，傳統燈

具（白熾燈）以輻射熱產生熾熱光源，其發光效率極低；LED 約有 15～25% 的能量轉換為光，而熱量傳遞方式大部分以熱傳導（conduction heat transfer）及熱對流（convection heat transfer）的方式向外部環境傳遞，輻射熱傳遞（radiation heat transfer）實際所佔比例甚低。若從 LED 封裝型式分析其熱量傳遞方式，一般而言晶片產生的熱大約有 90% 左右以熱傳導方式傳遞出。以簡單估算 1W 的 LED 可以產生多少熱，假設 80% 能量轉換為熱，90% 熱以熱傳導方式導出，因此 1W 的 LED 約有 0.72W 的熱產生。前一章節提到 LED 所產生的熱量，無論從晶片單位面積或體積，其所生成的熱均為 10 次方級之熱通量。因此從散熱的觀點上，我們無法將此龐大的熱瞬間從 LED 上移除，但卻可以利用材料的特性，將所產生的熱通量分段式地降低其密度，最後傳遞至環境周遭。而如何降低 LED 產熱，我們可以從幾方面論述，針對 LED 晶片研究人員不斷的提高光萃取率，以降低晶片工作時所產生的熱；而在製程上不斷嘗試新的材料建構元件取代現有藍寶石，使用高熱傳導係數的材質、去除藍寶石或封裝支架的材質改善等等，不外是為了使晶片的熱通道不受到阻礙，以免熱堆積在晶片上。當晶片固定在 LED 內部金屬散熱塊後，大部分的熱將會從 LED 的底端導出，而後面緊接的就是電路板，因此電路板的材質又成為降低熱通量密度另一個重要因數。事實上要驅動 LED 也需要將 LED 整合在電路上，傳統的 FR4 或 PCB 的熱傳導係數非常低，對熱的擴散僅能依靠電路板表面的銅層電路，畢竟功效有限，故開發高熱傳導係數材質的電路基板，變成在發展 LED 照明過程中的另一項挑戰。晶片產熱由內而外的傳遞途中存在多種固體材料接合或材料之間存在接觸狀態，由於固體與固體的接觸面上存在的微小凹凸不平整及面的彎曲等現象，空氣或其它物質會夾雜在縫隙之中，導致接觸熱阻的現象，如何抑制熱阻上升是為提高 LED 整體導熱性的關鍵。

圖 9.2 所示為 LED 安裝在鋁基電路板上[6]，各部位散熱大約比例值，依分布以鋁基電路板（MCPCB）和電極引腳（Lead）所佔熱流比例最大。目前商業 LED 晶片接面溫度的承受上限約在 120～150°C；而實際工作溫度一般都希望能控制在 70～75°C 以下，相較於其它光元件的工作溫度，LED 接面溫度實

屬較低，故熱能以熱輻射模式散出機會並不高，絕大部分的熱是以熱傳導的方式將熱擴散至外界，在高驅動電流的作用下，LED 晶片需承受更高的溫度，而良好的 LED 封裝及模組設計，可提供 LED 適當熱傳導途徑，以降低晶片的接面溫度。

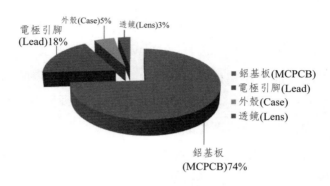

圖 9.2　LED 各部位散熱比例。

　　對於 LED 元件的散熱，散熱基板主要的作用就是吸收晶片產生的熱量，並將熱量傳導到散熱器或熱沉（heat sink）上，以實現與外界的熱交換，常見的散熱基板材料有 PCB、金屬（如鋁、銅）、陶瓷（如 Al、AlN、SiC）和複合材料等，如圖 9.3 所示。其中，鋁基板是一種金屬電路板材料，由銅箔、高導熱絕緣層（或介電質層）及鋁板結合而成，由於銅和鋁金屬材料的導熱係數高，因此絕緣層的導熱性質是影響鋁基板應用的關鍵因素。為了維持 LED 晶片低工作溫度以獲得更高的可靠性和元件性能，基板材料的熱導性為其中的一個重要參數，不同的基板材料其導熱性能會有一定差異；此外 LED 排列間距也會對整體散熱通道有一定的影響。

PCB　　　　　　　　MCPCB　　　　　　　　陶瓷電路板

圖 9.3　部分常用 LED 電路基板。

資料來源：energy focus Inc.。
資料來源：Tensky Inter. Co., Ltd。

　　大功率LED可供選擇的散熱基板主要有金屬芯印刷電路板（metal core printed circuit board, MCPCB）、覆銅陶瓷板（direct bonded copper, DBC）、金屬基低溫燒結陶瓷基板（low temperature co-fired ceramic on metal, LTCC-M）及鋁碳化矽基板（AlSiC）。對於大功率 LED 封裝而言，為了解決晶片材料與散熱材料之間因熱膨脹造成電極引線斷裂的問題，可選用陶瓷、Cu/W 板和 Cu/Mo 板（k ≈ 170~210 W/m・°C）等合金作為散熱材料，但這些合金的生產成本過高；通常使用的高導熱散熱基板主要有陶瓷基板和絕緣金屬基板（如鋁基覆銅板）兩類，陶瓷基板製備程序複雜且易碎，亦難以在基板上安裝散熱器，其大面積製作比較困難，無法製作大功率等級。相較下，絕緣金屬基板在熱傳導、大尺寸基板製作和進行機械加工等方面比陶瓷類基板具有較高的優勢，因此，選用導熱性能好的鋁板或銅板作為散熱基板材料是目前較佳的抉擇。絕緣金屬基板由三層材料構成:電路層、絕緣層（或介電質層）和基層，基層是一層金屬板（鋁或銅），可以選用熱導率高的銅及銅合金，而鋁金屬具有熱導性高、密度低、加工性能良好、表面處理容易及價格等優勢，為有色金屬中使用量最大且應用面最廣的金屬材料。

　　氮化鋁基板是目前導熱係數最高的基板，基本上與陶瓷基板均為燒結而成，因此尺寸大小在燒結前必須要決定，針對的大都為高功率 LED 模組，相對其成本也高。氮化鋁基板有兩個非常重要的物理特性：一為高的熱傳導速

率，另一個則是與 Si 相匹配的膨脹係數。缺點是即使在表面有非常薄的氧化層也會對熱導率產生影響，因此只有對材料與技術上進行嚴格控制才能製造出一致性較好的 AlN 基板。目前大規模的 AlN 生產技術國內尚未成熟，而相對於 Al_2O_3，AlN 價格相對偏高，這個也是受限其發展的瓶頸。然而由於氧化鋁陶瓷具有較優越的性能，在目前微電子、功率電子、混合微電子、功率模塊等領域還是處於主導地位而被大量運用。

　　部分研究為驗證絕緣層對金屬基板熱導性能的影響，對 LED 與金屬基板進行數值模擬，在僅考慮熱傳導與熱對流環境狀態下，估算封裝結構模型的內部通道熱阻，依不同絕緣層的熱傳導係數值及厚度分析其導熱性能；根據模擬穩態數值解顯示，晶片產生的熱量通過下面的鋁板傳遞到外圍環境；其中，晶片表面的溫度隨著基板絕緣層的增厚，熱量沿絕緣層橫向的擴展慢慢變小，說明熱量傳遞速度減慢，因此內部熱通道熱阻與基板絕緣層厚度近似於線形關係，熱通道之熱阻隨絕緣層厚度增加而上升，上升趨勢逐漸減緩，當絕緣層厚度為 10 μm 時，通道熱阻為 2.34 W/K，當絕緣層厚度增大至 90 μm 時，通道熱阻增大至 9.13 W/K，故金屬基板之絕緣層厚度是影響內部熱通道的熱阻的主要參數，亦是散熱管理的控制因素，可以通過減小絕緣層的厚度或是提高其熱傳導性來減小內部熱通道熱阻，圖 9.4 所示為內部熱通道熱阻隨著絕緣層厚度變化的關係（本章參考資料 ⑦～⑧）。

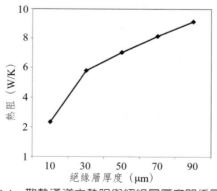

圖 9.4　散熱通道之熱阻與絕緣層厚度關係圖。

此外，有關 LED 排列間距，實驗與理論均以驗證，當 LED 以陣列方式排列，若間距太小聚集在中間的晶片接面溫度會有偏高現象，兩側會呈現溫度不均現象，越靠近中間則溫度越高；金屬基板絕緣層對散熱有很強的阻滯作用，隨著 LED 間距的增大，散熱通道熱阻先增大後減小，當 LED 間距為 20 mm 時溫差最小，即其熱阻最小，如圖 9.5 所示，LED 在不同間距及外部環境，造成接面溫度變化；當晶片間距是 25 mm 時，中間晶片溫度反而比兩側的溫度低，這主要因為兩側 LED 可能以靠近基板邊緣，其周圍有效的散熱面積減小。在多晶片 LED 陣列封裝中，LED 陣列的總功率較大，模組將會產生更多的熱量，晶片間的排列影響內部通道熱阻，晶片間適當的距離有利於基板的散熱，相對間距較小會導致各 LED 晶片間所產生的熱交互影響，因此須進一步改善散熱性能才能使 LED 接面溫度保持在允許工作溫度下運作；但總而言之，模組總熱阻主要需以外部散熱環境決定，諸如外部對流狀態需考慮至整體散熱設計。

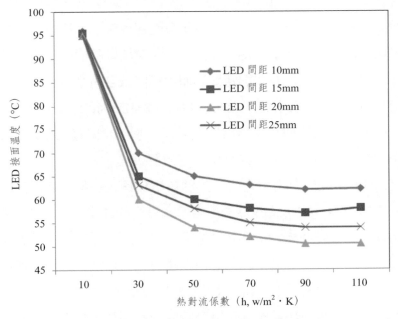

圖 9.5　LED 在不同間距及外部環境之接面溫度變化。

3. 封裝結構與散熱途徑

隨著 LED 亮度的提升，單顆發光二極體的功率也從微瓦提高 1、3 至 5W 以上。為了避免這些熱量累積，務必將熱快速傳遞至外界，因此 LED 封裝模組的熱阻值務必降低，目前熱阻已降低至小於 50°C/W。熱阻值的定義是某物質在每瓦的功率驅動下，介質兩測試端所能維持的溫度差。例如，以功率 60mW，熱阻抗值為 2500°C/W 的材料封裝 LED 為例，晶片接面溫度可估算為 2500°C/W×0.060W ＋ 室溫(250°C) ＝ 400°C。若把功率提高為 0.5W，其晶片接面溫度將高達 150°C，發光二極體元件可能會嚴重受損。

由於高功率技術的發展，使得 LED 面臨到日益嚴苛的熱管理挑戰，溫度升高時不僅會造成流明輸出下降，而且當晶片接面溫度超過 100°C 時會加速 LED 本體及封裝材料的劣化程度。因此 LED 元件本身的散熱技術必須進一步改善，以滿足高功率發光二極體的功能性需求 (資料來源：本章參考資料 ⑨) 。

早期的砲彈型 LED（T5 型）的熱源，除了小部分經由熱傳導不佳的樹酯封裝材料往大氣散出外，其餘的僅能透過細小的導線朝電路基板散發，其封裝熱阻值較大（約 250～350°C/W），因此僅能適用於小功率發光二極體的封裝。平板型 LED 由於與金屬基板貼合在一起而增加散熱面積，除了往大氣方向散熱之外，也可經由基板方向加速散熱而大幅降低熱阻值，因此是目前高功率 LED 所採用的主要封裝形式。表面貼黏式（SMD）發光二極體封裝也可以結合散熱片或更大面積的鰭片來增加散熱面積，進一步降低 LED 晶片接面溫度，如圖 9.6 所示為表面貼黏式 LED 焊接在電路板上。

目前提高 LED 亮度有兩種方式，分別為增加輸入驅動電流提升晶片亮度及多顆晶片集排列等方式，這些方法都需輸入更高的功率，而輸入 LED 的功率，根據估算大約 15～25% 會轉換成光源，剩餘百分比都轉成熱能；在單顆封裝內送入加倍的電流，其產生的熱量自然也會相對增加，因此在如此小的晶片體積，散熱未能有效處理下，LED 性能會逐漸惡化。如果以傳統封裝應用在 1～4 顆 LED 的閃光燈，由於閃光燈點亮時間非常短暫，故模組累積發熱現象

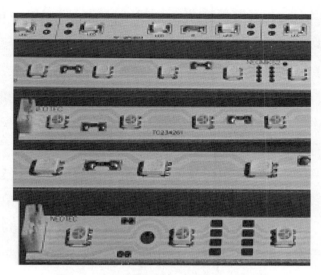

圖 9.6 表面貼黏式 LED 焊接在電路板上。

資料來源：新德科技。

並不明顯；但如果應用在液晶電視的背光模組光源上，使用高亮度 LED 且須要密集排列且長時間點亮，在有限的散熱空間內很難適時的將這些熱排除到外界。若產生的熱持續累積，將會對晶片的形成嚴重的傷害。當晶片接面溫度升高時，量子轉換效率降低導致發光強度下降，其壽命也會隨著下降；放射波長因高溫產生改變，使得色彩穩定性降低；受熱時因不同材質的膨脹係數不同，亦會有熱應力累積使產品可靠性降低導致失效，因此散熱是高功率 LED 極需解決的問題。

4. 熱傳遞與熱阻

　　傳統光源白熾燈有 73% 以紅外線輻射方式進行散熱，在周圍可以感受到高溫高熱，所以燈泡本體熱累積現象輕微，而 LED 產生的光，大多分布在以可見光或紫外光居多，無法以輻射方式進行散熱，又因 LED 封裝後體積較小及使用材質等因素，難以將熱量散出，導致 LED 照明品質有很大的問題產生，由此得知 LED 熱能是目前急待解決的問題。

　　熱傳基本上有三種傳遞機制並已在前面敘述，表 9.1 將此三種熱傳遞機制進行整理歸納。以 LED 顆粒或模組主要乃透過對流方式來進行熱傳遞，對流散熱機制一般分為自然對流及強制對流；自然對流簡單的說就是沒用使用機械或機電動力來進行熱的傳遞，而僅以自然力如重力、溫度差或密度梯度變化等等，進行熱的交換。相反的，所謂強制對流就是應用機電力或機械動力設施，強迫物體對外進行熱交換行為，例如風扇或膜片震盪式裝置。

　　熱對流是物體在流體介質中，熱量被較冷的流體帶走而達到熱傳遞的行為。高溫物體靜置在空氣中、冷卻水內或以風扇降溫，都屬於熱對流的傳遞。較低的流體溫度、較高的流體流速及較大的接觸面積，都有助於熱對流的效果。基本上，增加散熱面積、使用較佳熱傳導的材料、外型設計及搭配風扇，都是目前解決發光二極體散熱問題常用的方法。

表 9.1　基本熱傳遞學

熱傳類型	數學公式	參數說明
傳導散熱	$Q = -KA\Delta T/L$	Q = 傳導散熱量（W） K = 熱傳導係數（W/m · °C） A = 截面積（m²） ΔT = 路徑兩端溫差（°C） L = 傳導路徑長度（m）
對流散熱	$Q = -hA\Delta T$	Q = 對流散熱量（W） h = 熱對流係數（W/m · °C） A = 有效散熱面積（m²） ΔT = 表面與流體溫差（°C）
輻射散熱	$Q = \sigma \varepsilon AT^4$	Q = 輻射散熱量（W） σ = 史提芬波茲曼常數 5.68×10^{-8}(W/m² · K²) E = 散熱表面輻射率（W/m² · °C） T = 絕對溫度（K）

　　了解熱傳型態之後也必須進一步理解所謂熱歐姆定理。傳統的電流歐姆定理：V = IR，電壓降 = 電流×電阻，電阻愈大，壓降就愈大，表示電壓在元件中消耗量愈大；同樣的，熱傳的近似歐姆定理，有人稱為熱歐姆定律，

即 $\triangle T = Q \cdot R$，溫差 ＝ 熱流×熱阻值，當熱阻值愈大時，就有愈多的熱殘留在元件內，這說明了散熱效果要好，熱阻值就要低。此近似歐姆定理是以熱阻（thermal resistance）將熱傳遞以物理量量化，計算方式為 LED 接面溫度與室溫的溫差除以單位輸入功率。簡單來說，例如熱阻值為 10°C/W，表示每驅動 1W 的功率會使 LED 上升 10°C。

　　熱傳是以等向性的方式傳遞，傳遞方向可大致區分成垂直與水平方向。垂直方向相當於歐姆串聯，可將熱阻串聯，串聯數愈多，熱阻愈大。水平傳遞則類似歐姆並聯相當於是熱阻並聯，並聯熱阻數愈多則熱阻越低，表示增大傳導面積和加強傳熱速率。因此要有較佳的散熱效果，所傳導的層數要越少且截面積要越大。圖 9.7 為 LED 元件垂直熱阻圖，熱源由介面產生再垂直向上下傳遞，因外表保護層的封裝採用低熱傳係數材質，加上面積又小，所以僅有極少量熱能向上傳遞而常被忽略計算，所以傳遞總熱阻＝接面到接黏點熱阻+接黏點到基板熱阻＋基板到載板熱阻＋載板到空氣熱阻，熱會由接面迅速傳遞到大面積之載板或散熱片，再經由水平傳遞到大面積的表面上與空氣熱交換對流完成散熱（資料來源：本章參考資料⑩）。

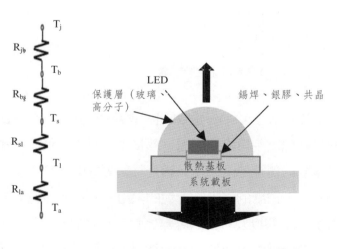

$R_{j\text{-}a} = (T_j - T_a)/P_b$
$R_{j\text{-}a} = R_{j\text{-}b} + R_{b\text{-}s} + R_{s\text{-}l} + R_{l\text{-}a}$
LED 熱阻

T_j：介面溫度
T_a：環境溫度
P_d：LED 功率

圖 9.7　LED 元件熱阻圖。

　　LED 光源模組一般由多個 LED 聚集所構成，當同時運作時每個 LED 均相當於一個熱源，由於使用不同的電路及製程問題，各 LED 元件之間存在差異，而且各個光源之間還會存在熱的交互影響，所以模組的熱阻模型比單顆 LED 的要複雜得多，圖 9.8 為 LED 模組簡化之熱阻圖。在此進行初步分析，將考慮如下的簡化模型：假設所有排列的高功率 LED 安裝在同一電路板上，並以串聯電路連接，每個 LED 均為同一規格的，不存在差異，每顆晶片工作時溫度一樣且消耗的功率相同，同時忽略晶片之間的熱交互作用，所得到的熱阻計算模型類似並聯電路模型。

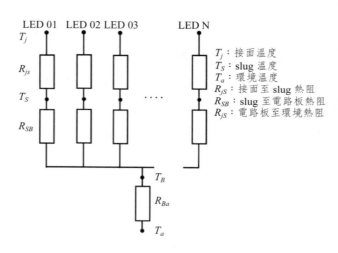

圖 9.8　LED 模組簡化之熱阻圖。

　　為了便於分析，圖 9.8 忽略部分 LED 內部熱阻。模組中的每一顆 LED 元件內部，晶片接面是為元件熱源產生與集中之處，熱量由晶片向外傳輸的過程中，向下需克服晶片材料本身的傳導熱阻、晶片鍵合材料等等的傳導熱阻；向上則需考慮螢光粉混膠的熱阻、矽膠的熱阻及透鏡的熱阻。故所有垂直方向的 LED 熱阻並聯，由於螢光膠、矽膠以及透鏡的導熱係數非常小故熱阻很大，在並聯模型中可以將其忽略，即所謂往上傳遞的替的路徑可以假設為絕熱。另外忽略側向金線作為熱通道。所以 LED 熱通道一般認為主要是向下傳遞，而熱

阻包括晶片、鍵合材料、基底材料等。當熱量傳遞出至外部，通過散熱器向周圍環境逸散，忽略導熱膏的熱阻，故此時的熱阻主要是散熱器的對流熱阻。由於 LED 工作溫度不是很高（相較於白熾燈），其熱輻射非常低，因此為了簡化分析模型又忽略熱通道中的熱輻射。

5. 熱阻（thermal resistance）

　　LED 元件的散熱強弱效能是決定接面溫度高低的重要因素。散熱性能佳時接面溫度下降，反之，散熱性能差時接面溫度將上升。由於環氧膠是低熱導係數的材料，因此 P-N 接面處產生的熱量很難通過透明環氧向上散發到環境中去，大部分熱量通過基板、導熱塊（slug）、銀膠、外殼、環氧黏接層與 PCB 向下發散。顯然，相關材料的導熱特性將直接影響元件的散熱效率。一個普通型的 LED，從 p-n 接面到環境溫度的總熱阻值在 300 到 600°C/W 之間，對於一個具有良好結構的功率型 LED 元件，其總熱阻值約為 15 到 30 °C/W。巨大的熱阻值差異表明了普通型 LED 元件只能在很小的輸入功率條件下，才能正常的工作，而高功率型元件的耗散功率可大到瓦的等級甚至更高。

　　LED 的熱阻值是指 LED 點亮後，熱量傳導穩定時，晶片表面每 1W 耗散，P-N 接面的溫度與連接的支架或散熱基板之間的溫度差就是 LED 的熱阻 R_{th}，如下式所示[10]：

$$R_{th} = (T_j \times T_x)/P \qquad (9\text{-}1)$$

　　熱阻值一般常用 R 表示，其中 T_j 為接面位置的溫度， T_x 為熱傳到某檢測點位置的溫度，P_H 為輸入的發熱功率。熱阻類似電學中的電阻特性，同時也存在著相同的運算法則。當 n 個熱阻 R_{01}，R_{02}......R_{0n} 相串聯時，系統的總熱阻為所有熱阻的相加，即

$$R_{0\_總和} = R_{01} + R_{02} + R_{03} + ... + R_{0n} \qquad (9\text{-}2)$$

當 n 個熱阻 R_{01}、R_{02}、R_{03}……R_{0n} 相並聯時，系統總熱阻的倒數等於各個熱阻的倒數之和，即

$$1/R_{0\_總和} = 1/R_{01} + 1/R_{02} + 1/R_{03} + ……1/ + R_{0n} \qquad (9\text{-}3)$$

熱阻值大表示熱不容易傳遞，因此物件所產生的溫度就比較高，由熱阻可以判斷及預測物件的發熱狀況。R_{th} 數值越低，表示晶片中的熱量向外界傳導越快。因此，降低了晶片中 p-n 接面的溫度有利於 LED 功能呈現及壽命的延長。

顯然，熱阻是熱傳學中的一個重要物理量。實驗上，只要我們測得兩量測點間的功率及溫度，我們就可根據式（9-1）求得該兩個節點間的熱阻。同理，只要知道某系統兩個節點間的熱阻與功率值，我們就可以求得兩節點間的溫度差，並且可以根據量測某點處的溫度，求得另一個節點的溫度值。

6. 熱阻量測

目前被 CNS（中華民國國家標準）建議採用的 LED 熱阻量測方法分為兩個步驟，首先需在溫控環境下量出晶片上溫度感應器的順向偏壓隨溫度變化的關係，也就是溫度靈敏度參數（temperature sensitivity parameter; TSP），其斜率的關係稱為 K 因子（K factor）（本章參考資料 ⑪～⑫。），如式

$$K = \left(\frac{T_{high} - T_{low}}{V_{high} - V_{low}} \right) \qquad (9\text{-}4)$$

其中 T_{high}、T_{low}、V_{high}、V_{low} 等值如圖 9.9 示，圖 9.10 則為電源供應切換量測接面溫度示意圖。

一般溫控環境可為對流形式（Convective Type）的恆溫箱或恆溫油槽，或是傳導形式（Conductive Type）的溫控環境。為避免自發熱（Self-heating），在量測時需輸入微小電流，其範圍為 $100\mu A \sim 10mA$（資料來源：本章參考資料 ⑬）。

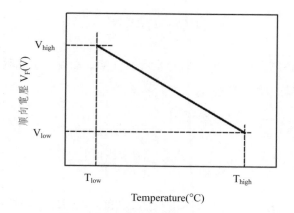

圖 9.9 TSP 量測方法示意圖。

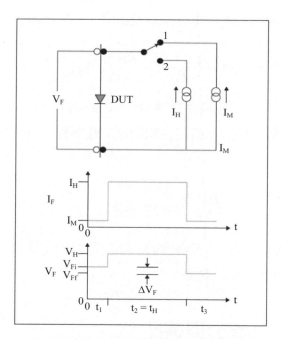

圖 9.10 電源切換式 T_j 量測方法示意圖。

接下來則需量測元件發熱時的晶片溫度，輸入操作電流，量測電壓變化後，利用下式計算出晶片接面溫度：

$$T_j = T_A + (V_{Fi} - V_{Ff}) \left| \frac{T_{high} - T_{low}}{V_{high} - T_{low}} \right| \qquad (9\text{-}5)$$

其中 T_j 為晶片溫度、T_A 為參考溫度、V_{Fi} 為輸入操作電流前的電壓值，V_{Ff} 為輸入操作電流後的電壓值。

熱阻值可由（9-1）的定義算出：

$$R_{thj-x} = \frac{\Delta T_i}{P_H} = \left[\frac{R \times \Delta V_F}{I_H \times V_H} \right] \qquad (9\text{-}6)$$

其中 x 表示 LED 廠商所定義的量測位置，故 $R_{thj\text{-}x}$ 表接面至該參考位置之熱阻。

若考慮較準確的熱阻值定義（扣除光功率），計算如下：

$$R_{thj-x} = \frac{\Delta T_i}{P_H - P_O} = \left[\frac{K \times \Delta V_F}{(I_H \times V_H) - P_O} \right] \qquad (9\text{-}7)$$

熱阻量測時最重要的條件是要讓 LED 處於熱平衡狀態（thermal equilibrium），一般是以 V_{Ff} 讀值已無明顯的趨勢變化來判斷，亦能用下列方程式計算結果判定：

$$\frac{dV_f/dt}{\Delta V_f} \leq 0.1\%/min \qquad (9\text{-}8)$$

其中 $\Delta V_F = V_{Fi} - V_{Ff}$，若每分鐘的順向電壓變化除以 ΔV_F 小於 0.1%，即可稱此 LED 為穩態的熱阻量測。

7. LED 散熱器的設計與選擇

　　LED 產業是近年來被認為最有潛力的產業之一，主要原因是大家期待 LED 能夠進入照明市場，成為新照明光源，這會是最有希望的潛在市場。LED 體積小、效率高、反應時間快、產品壽命較其他光源長、不含對環境有害的汞，這些都是優點。然而通常 LED 高功率產品輸入功率約為 20% 能轉換成

光，剩下 80% 的電能均轉換為熱能[13]，所以 LED 的主要缺點除了散熱還是一大問題（這會降低 LED 發光效率）外，亮度不均勻及成本遠高於其他光源，尤其是在一般照明應用上，也是 LED 急待解決的。

目前影響 LED 壽命及亮度，最大問題在於散熱[14]，主要發光都集中在小小的晶片中，如果 LED 溫度能控制在 30 度以下，則有 30 萬小時的壽命，（連續點亮 34 年多）（資料來源：本章參考資料 ⑮。），但這侷限於特殊實驗環境下，因此散熱問題對 LED 是很重要的議題，散熱除了使用良好導熱材質外，還需考慮到表面積、空氣力學、及外在因素，熱它是一種能量，散熱需考慮熱傳方法，（熱從高溫處向低溫處轉移過程）而熱傳則有傳導、對流、輻射，三種方法，目前熱傳導效果最好材料是鑽石，依不同之組態是銅的 2-6 倍。

對於金屬導熱材料而言，比熱和熱傳導係數是兩個重要的參數。比熱的定義為：單位質量下需要輸入多少能量才能使溫度上升攝氏 1 度，單位為卡／（千克‧°C），數值越大代表物體的容熱能力越大（資料來源：本章參考資料 ⑯）。以下是幾種常見物質的比熱表（表 9.2）：

表 9.2　常見物質比熱表

物質	單位：卡／仟克‧°C
水	1000
鋁	217
鐵	113
銅	93
銀	56
鉛	31

熱傳導係數的定義為：在每單位長度（m）與溫度（K）下，可以傳送的單位能量（W），單位為 W/m°K。其中「W」指熱功率單位，「m」代表長度單位米，而「K」為絕對溫度單位。該數值越大說明導熱性能越好。以下是幾種常見金屬的熱傳導係數表（表 9.3）：

表 9.3　常見金屬的熱傳導係數表

材質	單位：W/m·K
銀	429
銅	401
金	317
鋁	237
鐵	80
鉛	34.8
1070 型鋁合金	226
1050 型鋁合金	209
6061 型鋁合金	155
6063 型鋁合金	201

　　在散熱器設計過程中，存在著許多問題。例如，以散熱器所需散熱面積許多設計人員都是使用等效電路的熱阻計算大功率 LED 模組之熱阻，並估算得到所需散熱器的面積。散熱器鰭片安排不合理，忽視傳熱的均衡性，可能會導致鰭片的溫度分布不勻，而使得散熱器部分的鰭片無法發揮作用或輔助散熱作用有限，導致散熱器效率低。故散熱器結構參數的正確選擇，將使散熱器設計獲得結果最合理、性能最好、質量最小，並符合市場需求。

　　鋁合金散熱器是最為常見的散熱器。鋁製品散熱器加工技藝簡單且成本低，目前仍然為市場主要產品。其最常用的加工工法為鋁擠壓技術。鋁合金散熱器的優劣主要指標是散熱器底部的厚度（t）、鰭片高度（h）與間距（d）比。鰭片的高度是指散熱器底部至頂端的長度（不含底座厚度），間距是指相鄰的兩鰭片之間的距離。其比值是用鰭片的高度（h）除以鰭片間距（d），比值越大意味著散熱器的有效散熱面積越大，散熱效果愈佳（如圖 9.11 所示）。

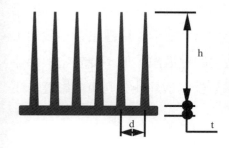

圖 9.11　鋁擠散熱器與尺寸示意圖。

資料來源：Towda Metal Products Co., Ltd.

　　而散熱器底部的厚度事實上可以有效降低 LED 接面溫度，圖 9.12 所示就以三種不同散熱鰭片的高度依散熱器底部厚度 2mm~6mm 不同，對接面溫度的影響，所測試環境條件一致下圖 9.12(a) 顯示，散熱器底部愈厚對接面溫度下降愈為有效，同時圖 (b) 也指出當底部厚度加厚，鰭片高度加高，散熱器的熱阻值亦會明顯降低，有助於降低接面溫度。然而需注意的是，散熱器底部增厚，將會導致散熱器本身重量增大，使用材料增加，對成本或造型外觀並無加分效果；此外，對密度高的材質更突顯整個散熱器的笨重。

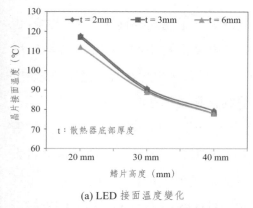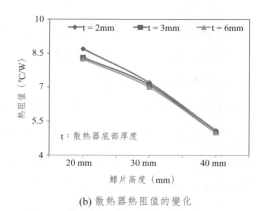

(a) LED 接面溫度變化　　　　　　　　　　　　(b) 散熱器熱阻值的變化

圖 9.12　散熱器不同底部厚度 (t) 與鰭片高度 (h) 對接面溫度與熱阻的影響。

　　圖 9.12 僅顯示鰭片高度所造成的差異，散熱器底部厚度主控接面溫度與熱阻值之物理量的變化。若將鰭片數目增加，而鰭片高度維持上述三種高度，

我們發現無論是接面溫度或是熱阻值均隨著鰭片數量而下降，而且鰭片高度與數目對上述兩種物理量均有顯著之影響，如圖 9.13 所示。這裡也告訴我們，當散熱器的表面積增大可以有效將 LED 所產生的熱散逸，但不要忘記散熱器的幾何外型以及環境的條件限制可能都會對散熱器的散熱能力有負面影響，在設計上必須全盤考量應用上的主要因素。

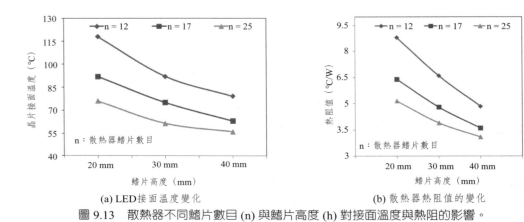

(a) LED接面溫度變化　　　　　　　　　(b) 散熱器熱阻值的變化

圖 9.13　散熱器不同鰭片數目 (n) 與鰭片高度 (h) 對接面溫度與熱阻的影響。

純銅散熱器，銅的導熱係數是鋁的 1.69 倍，所以在其他條件相同的前提下，純銅散熱器理應獲得比純鋁更好的散熱效果。不過銅的種類眾多其性質也有所差異，很多標榜「純銅散熱器」其實並非是真正的 100% 的銅。在銅的種類中含銅量超過 99% 的被稱為無酸素銅，下一個檔次的銅為含銅量為 85% 以下的丹銅。目前市場上大多數的純銅散熱器的含銅量都在介於兩者之間。而一些劣質純銅散熱器的含銅量甚至連 85% 都不到，雖然成本很低，但大大影響了散熱性。但用銅作為材質也有明顯的缺點，成本高，加工難，而工件重量太大都阻礙了全銅散熱片的應用。其它例如紅銅的硬度不如鋁合金 AL6063，某些機械加工（如剖溝等）性能不如鋁；銅的熔點比鋁高很多，不利於擠壓成形（Extrusion）等等問題。

目前散熱器的主流成型技術如鋁擠壓（Extruded）成型。鋁為地殼中含有量最高的金屬，成本低是其主要特點，並且由於鋁擠壓技術含量及設備成本相

對較低，所以鋁材質很早就應用在散熱器市場。鋁擠技術簡單的說就是將鋁錠高溫加熱至約 520～540°C，在高壓下讓鋁液流經具有溝槽的擠型模具，作出散熱片初胚，然再對散熱片初胚進行裁剪、剖溝等處理後就做成了我們常見到的散熱片。不過由於受到本身材質的限制散熱鰭片的厚度和長度之比不能超過 1：18，所以在有限的空間內很難提高散熱面積，故鋁擠散熱片散熱效果會因外型受到限制，對於其散熱效能會隨功率的上升體積隨之而增大，否則很難勝任高功率系統的散熱。

此外另一常見的則為鋁壓鑄型散熱片。其製程係將鋁錠熔解成液態後，填充入金屬模型內，利用壓鑄機直接壓鑄成型，製成散熱片，採用壓注法可以將鰭片做成多種立體形狀，散熱片可依需求作成複雜形狀，亦可配合風扇及氣流方向作出具有導流效果的散熱片，且能做出薄且密的鰭片來增加散熱面積，因工藝簡單而被廣泛採用。常用的壓鑄鋁料為 ADC12，由於其壓鑄成型性佳，較適用於做薄形鑄件，但其熱傳導係數值較低約 96W/m°K；製程加工經常存在問題，如壓鑄時表面形成流紋或氧化渣，導致熱傳性能差；鑄件冷卻時內部產生縮孔；材質較軟易變形等等問題。

隨著散熱功率需求不斷提升，為了達到較好的散熱效果，採用壓鑄工藝生產的鋁質散熱器體積不斷加大，使得散熱器的安裝帶來了很多問題，並且這種工藝製作的散熱片有效散熱面積有限，要想達到更好的散熱效果勢必提高風扇的風量，而提高風扇風量又會產生更大的噪音及能源損耗，此又與綠能基本概念相互牴觸，因此如何從材料的特性提升散熱的效能是未來散熱器設計的另一概念。

8. 參考文獻

① Daniel D. Evans, High Brightness Matrix LED Assembly Challenges and Solutions, Electronic Components and Technology Conference, 2008.

② N. Narendran, Y. Gu, J. P. Freyssinier et al, Solid-state lighting: failure analysis of white LEDs, Journal of Crystal Growth, 2004, pp. 449～456.

③ 李仁凱，電極佈局對氮化物系列高功率發光二極體之熱與電特性效應研究，碩士，南台科技大學 電子工程系，2010。

④ 科技商情 Digitimes 企劃，LED 散熱設計與材料專輯，2010。

⑤ LUXEONR Rebel Reliability Datasheet RD07, DS64, Philips Lumileds Lighting Company, 2008.

⑥ Digitimes 企劃，高功率 LED 散熱技術與發展趨勢，2010。

⑦ Leonid Braginsky el at., Models of thermal conductivity of multilayer wear resistant coatings, Surface & Coatings Technology, vol.204, pp.629-634, 2009.

⑧ L. Svilainis, LED directivity measurement in situ, Measurement, Vol. 41, pp. 647–654, 2008.

⑨ 李豫華，發光二極體的散熱技術，科學發展，435期，2009。

⑩ 楊士賢，LED背光照明與散熱技術，大毅科技LED散熱研發中心，2009。

⑪ Yue Lin et al., Measuring the thermal resistance of LED packages in practical circumstances, Thermochimica Acta, Vol.520. pp.105-109, 2011.

⑫ 工業技術研究院，LED熱阻量測標準草案，3th，2008/09/01

⑬ Moo Whan Shin, Sun Ho Jang, Thermal analysis of high power LED packages under the alternating current operation, Solid-State Electronics, Vol. 68, pp. 48–50, 2012.

⑭ 戴明吉、劉君愷、譚瑞敏、李聖良，LED熱阻量測技術，工業材料雜誌，281期，2010/05。

⑮ 陳詠升、李仁凱，LED散熱技術簡介，南台科技大學 電子工程系，2010。

⑯ 熊世康，LED散熱分析，國立成功大學，航空太空工程學系，碩士論文，2008。

⑰ 呂宗蔚，高亮度LED散熱系統之熱傳及效益研究，國立成功大學，工程科學系，碩士論文，2007。

⑱ 黃東鴻，晶片尺寸封裝銲接至測試板在功率與溫度耦合循環下之暫態熱傳分析和可靠度評估，國立成功大學，工程科學系，博士論文，2008。

光度與色度學

作者　郭文凱

　　光度學（Photometry）主要是研究人眼對光的「強弱」感知的科學，其不同於輻射度學（Radiometry），光度學把具有相同輻射功率之不同波長的光對人眼視覺的平均強弱感知用一個加權函數來表示，即人眼對不同波長光有不同的強弱感知，而輻射度學在計量上無考慮人眼感知的因素。色度學（Colorimetry）則為人眼對「色彩」的感知的科學，並以數值方式來表示。我們先介紹光度學的概念與量測，再介紹色度學概念與量測。

1. 光度學的概念與量測

1.1　光譜（Spectrum）與可見光（Visible Light）

　　光是電磁波的一種，波長從幾個奈米（nm）至一毫米（um）左右。而人眼只能看見光的一小部份，波長範圍約 380 nm 至 780 nm，這部份光我們稱為可見光，如圖 10.1 所示。

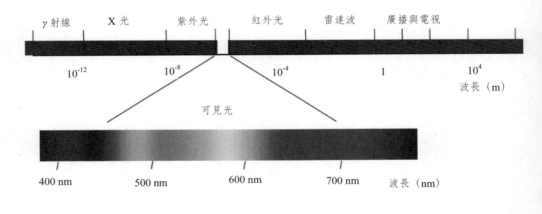

圖 10.1　光譜分佈圖。

　　因波長不同的可見光，引起人眼感覺的顏色就不同，單色光的波長由長至短，對應人眼感覺的顏色為由紅到紫。我們所見到的自然光源都是由許多單色光組成的複合光源，而最接近於理想單色光的光源為雷射光。光譜分佈為光源

的輻射隨波長分佈的關係。一般而言，光源的光譜分佈可分成四種類型：

① 線光譜：由數條明顯分隔的細譜線組成，譜線帶寬一般小於 1 nm，如低壓汞燈的可見光譜分佈就是由 404.7 nm、435.9 nm、546.1 nm、577 nm、579 nm 等譜線構成，如圖 10.2(a)。

② 帶光譜：由一些譜帶組成，光譜帶寬一般為數 nm 至數十 nm，如節能燈中的發光光譜，如圖 10.2(b)。

③ 連續光譜：是一種具有寬頻寬的光源，如太陽和白熾燈等熱輻射光源的光譜為連續光譜，如圖 10.2(c)。

④ 混合光譜：它由連續光譜、帶光譜或線光譜組合而成，日常螢光燈的光譜就屬於這種分布，如圖 10.2(d)。

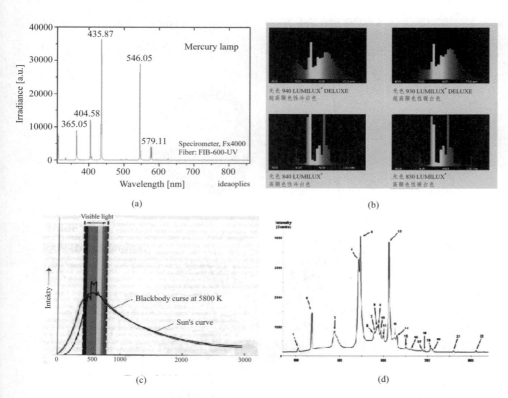

圖 10.2　(a) 低壓汞燈線光譜 (b) 節能燈帶光譜 (c) 太陽連續光譜 (d) 螢光燈混合光譜。

光源的光譜分佈即決定它本身光色，而當它在照明物體時，也影響物體的顏色。

1.2　人眼視覺

人眼視覺主要來自眼睛結構（圖 10.3(a)）中的視網膜（Retina）上兩種光感知細胞：椎狀細胞（Cones）與桿狀細胞（Rods）如圖 10.3(b)所示，在白天或明亮環境中的明視覺（Photopic vision），主要由椎狀細胞負責，此細胞約有八百萬個，半數集中於視網膜的中央區域，為物體影像成像的部分，可感測細部與色彩，對波長黃綠色光（555 nm）最靈敏，感覺最明亮，相對敏感度往可見光譜兩側遞減至近乎零，此圖形（圖 10.4 藍）稱為明視曲線，椎狀細胞若有問題會造成色盲。在夜晚或暗視覺（Scotopic vision）環境中，主要由桿狀細胞負責，此細胞約有一億二千萬個，主要分布在視網膜的週邊，此細胞對

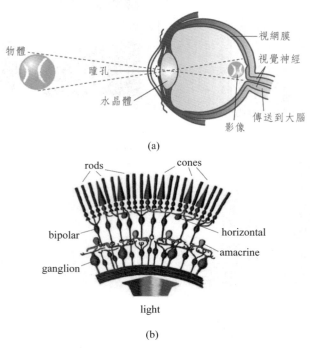

圖 10.3　(a)人眼構造(b)視網膜上兩種光感知細胞。

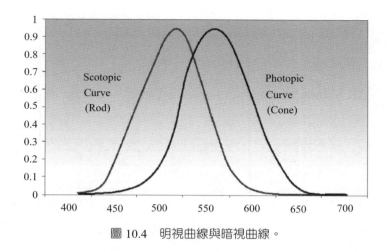

圖 10.4　明視曲線與暗視曲線。

光有較高的靈敏度，無法分辨顏色，桿狀細胞若有問題會造成夜盲。在此暗視覺環境中，人眼尖峰敏感度會轉向較低波長的藍綠色光（507 nm），此圖形稱為暗視曲線（圖 10.4），敏感曲線在暗視覺下往光譜短波長的藍端位移的現象稱柏金杰偏移（Purkinje Shift）。在明視覺下看起來較亮的一表面，可能在暗視覺下反而會顯得較暗，反之亦然；此外，天色漸黑時，辨色力最先喪失的是紅色，早晨最先感應的則是藍色。

　　將人眼對各別波長的敏感度以圖形表示，可說明對不同波長相關亮度的反應，稱為光效能或視見函數（luminous efficiency or visibility function）。如圖 10.5 明視曲線用於決定所有光源光譜能量分佈曲線所代表的光通量（因光通量係按照國際約定的人眼視覺特性所評價的輻射功率）。若以人眼對同瓦數的 555 nm 與 450 nm 的光所感受的光通量做比較，前者高於後者幾乎 25 倍，係因人眼較不敏感於 450 nm 的波長而看起來較暗。對應於明視曲線，光源無法有效產生光譜紅色及藍色區域的光，但高演色性的照明光必需包含此二區域的光，因此這就是為什麼大多數光源無法兼顧效率與演色性之緣故。例如高壓鈉燈產生大量中波的光，在維持其高光效的情況下，在光譜紅色及藍色區域的光成份較少，因此其對演色性的改善有限。

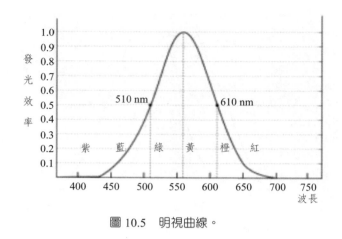

圖 10.5　明視曲線。

1.3　光度學的基本量

(1) 光通量（Luminous Flux）

人眼所能感覺到的輻射能量等於單位時間內某一波長（的輻射能量和該波段的光效能函數 $K(\lambda)$ 之乘積。由於人眼對不同波長光的光視效能不同，所以不同波長光的輻射功率相等時，其光通量並不相等。例如，當波長為 555 nm 的綠光與波長為 650nm 的紅光輻射功率相等時，前者的光通量為後者的 10 倍。光通量之簡單定義為：由一光源所發射並被人眼感知之所有輻射能量總和；某一波長 λ 之光通量 $\phi_{v\lambda}$ 與輻射通量 $\phi_{e\lambda}$ 與的關係為：

$$\phi_{v\lambda} = K(\lambda)\phi_{e\lambda} \tag{10-1}$$

光通量的單位為「流明」（lumens, lm），在理論上其功率可用輻射能量的「瓦特」（Watt, W）來度量，但因視覺感知尚與光的波長有關，所以依標準觀測者，採用度量單位「流明」來度量光通量，對所有波長積分可得光源的總光通量 Φ_V：

$$\Phi_V = \int_0^\infty \phi_{v\lambda} d\lambda = \int_0^\infty V(\lambda) \cdot \phi_{e\lambda} d\lambda \qquad (10\text{-}2)$$

上式中使用歸一化（normalized）函數 $V(\lambda) = K(\lambda)/K_{max}$，美國國家標準局（NBS）在 1970 年發佈白晝光的光效能函數 $K(\lambda)$對應之峰值 $K'_{max} = 683$ lm/w，而微光的光效能函數 $K'(\lambda)$對應之峰值 $K'_{max} = 1725$ lm/w。依國際共同規定，以波長為 555 nm 的單色光，即白晝光的光效能函數峰值所對應的波長，其光效率定為 1，此波長的單色光 1 瓦的輻射通量相當於 683 流明的光通量，因此對其他光效率的波長所對應的光通量為：

光通量（lm）＝ 輻射通量（w）×683×光效率值

(2) 發光強度（Luminous Intensity）

光源在一定方向單位立體角內發出的人眼感知強弱光的物理量。以均勻發光之點光源發射的光通量除以空間的總立體角 4π，就是該光源的發光強度，若其總光通量為 Φ，則發光強度為：

$$I = \frac{\Phi}{4\pi} \qquad (10\text{-}3)$$

如果光沿著 v 方向，取 v 為軸的一個立體角 $d\Omega$，設 $d\Omega$ 內的光通量為 $d\Phi$，則沿 v 方向的平均發光強度為 $I = d\Phi/d\Omega$，如圖 10.6 所示，（發）光強度的單位為「坎德拉」（candela, cd），因為一支標準蠟燭所發出的光強度為 1 cd，所以也稱為「燭光」。

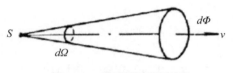

圖 10.6　發光強度示意圖。

(3) 亮度（Luminance）

　　一光源或一發光表面之亮度（或稱輝度）係指每單位面積（dA），單位立體角（$d\Omega$），在某一方向（與表面垂直 N 方向夾 θ 角）上，自發光表面發射出的光通量，如圖 10.7 所示，也可說是人眼所感知此光源或發光表面之明亮程度的客觀量測值。亮度的公制單位為每平方公尺的燭光值（cd/m^2），此單位稱為「nit」，或以英制的呎—朗伯（foot- lambert, fL）表示。亮度一般會隨觀察方向而變，但有某些光源如太陽、黑體、粗糙的發光面，其亮度和方向無關，這類光源叫做朗伯（Lambertian）光源。亮度 L 與發光強度 I 的關係為：

$$L=\frac{dI}{dA\cos\theta}=\frac{d^2\Phi}{d\Omega dA\cos\theta}$$

（10-4）

　　當發光表面的法線與量測方向相同時，即量測方向垂直於發光面時 $\cos\theta = 1$，若此發光面為朗伯光源，為理想的平面漫射光源，若光源的面積為 A，向上空間發射的總光通量為 Φ，此上半空間之立體角為 2π，因此光強度 $I = \Phi / (2\pi)$，光亮度 $L = I/A = \Phi / (2\pi \times A)$，此光亮度與量測方向無關。

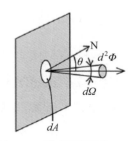

圖 10.7　亮度示意圖。

(4) 照度（Illuminance）

　　落在受照射物體單位面積上的光通量叫做照度，假設在面積 dA 上的光通量為 dΦ，則此面積上的照度 $E = d\Phi/dA$。對點光源來說，照在一微小面積 dS，離光點距離為 l，面的法線與照明方向夾 α 角，光源在此方向的發光強度

為 I，如圖 10.8 所示，由於 $d\Phi = Id\Omega$，在圖 10.8 中的立體角 $d\Omega = (dS \times \cos\alpha)/l^2$，可得 $d\Phi = I(dS \times \cos\alpha)/l^2$，因此微小面積 dS 上的照度為

$$E = \frac{d\Phi}{dS} = \frac{I\cos\alpha}{l^2} \qquad (10\text{-}5)$$

照度反比於光源到受照射面的距離 l 的平方，而正比於光束的照明方向與受照面的法線 N 間夾角 α 的餘弦。照度的公制單位為勒克斯（lux，簡寫為 lx），英制單位為呎－燭光（footcandle, fc），1 勒克斯等於每平方公尺上有 1 流明的光通量，亦稱為「米燭光」。

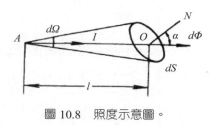

圖 10.8　照度示意圖。

Lambert 餘弦定律：單位面積內之反射通量正比於測量方向和面的法線方向之間夾角的餘弦，這稱為 Lambert 餘弦定律，如圖 10.9 所示，一束準值光在面積 A_0 上的照度為 E_0，入射角為 θ，則通過面積 A 上面的光通量與 A_0 的相同，兩面積之間的關係為 $A_0 = A\cos\theta$，因此面積 A 上面的照度 $E = E_0\cos\theta$。

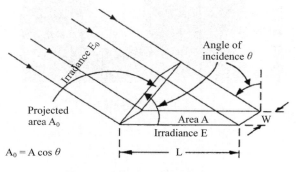

圖 10.9　Lambert 餘弦定律。

1.4　光度量測技術與儀器

相關的光度量測技術與儀器分述如下：

(1) 積分球光度儀（Integrating-Sphere Photometer）

一個積分球光度儀之積分球如圖 10.10 所示，將光源點亮於積分球的中心，球內徑為 r，球內壁塗有白色中性的漫反射材料，反射比為 ρ。則光源發出的光經過球壁的多次漫反射後，在球的內壁上得到均勻的照明，此照度值為：

$$E = E_0 + \frac{\Phi}{4\pi r^2} \cdot \frac{\rho}{1-\rho} \qquad (10\text{-}6)$$

由於光源的各向異性，直接照射所產生的照度 E_0 與光源的方向性有關。若用漫射反射遮板擋去光源的直射光，如圖 10.11 所示，則

$$E = \frac{\Phi}{4\pi r^2} \cdot \frac{\rho}{1-\rho} = K \cdot \Phi \qquad (10\text{-}7)$$

圖 10.10　積分球。

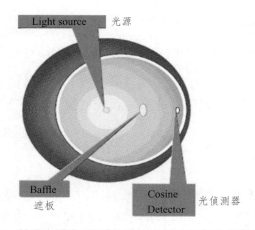

圖 10.11　積分光球內用漫射反射遮板擋去光源的直射光。

　　用光偵測器在球壁窗口測量照度 E，通過光通量標準燈校正測量系統可以得到（10-7）式中響應常數 K 值，之後就可由測量照度 E 得到源的光通量 $\Phi = E/K$。用積分光度儀測量光通量，在測量系統中的矽光偵測器（silicon detector）的光譜響應函數與明視（photopic）視見函數 $V(\lambda)$ 的差異極大，如圖 10.12 所示，一般可在矽光偵測器加入幾種濾光片修正而得到所謂的視函數 $V(\lambda)$ 偵測器（photopic V(λ) detector）。在積分球內壁的塗層需對所有光譜的反射比皆相同，且為理想的漫反射體，一般塗佈的材料為硫酸鋇（$BaSO_4$），也稱為「鋇白」。此外，球體內不可放置其他會吸收光線的異物。

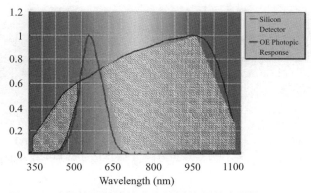

圖 10.12　視效函數濾片與人眼視效函數光譜差異。

(2) 光譜光度計（Spectrophotometer）

光譜光度計（或稱分光光度計）是用光譜輻射分析儀來代替光度計，通過電腦控制自動採集光源在每一波長的光譜功率分布 $P(\lambda)$。然後根據 CIE 推薦的 $V(\lambda)$ 標準數據，由電腦計算積分值來得到光通量，即

$$\Phi = K_m \sum_{380}^{780} P(\lambda) \cdot V(\lambda) \Delta\lambda \tag{10-8}$$

這個方法可避免在積分光度法中由於光偵測器 $V(\lambda)$ 修正或球壁塗層變質，導致光譜反射比不一致所所造成的誤差。兩種光譜光度儀架構如圖 10.13 所示，掃描型光譜光度儀使用繞射光柵旋轉（diffraction grating rotates）可以控制不同波長的光由輸出狹縫（output slit）出射打在光電倍增管（photomultiplier tube, PMT）或光二極體偵測器（photo-diode detector），輸出狹縫越小，所得到的單色性就越高，如圖 10.13 (a)所示，這是所謂的單色式（monochromatic）光譜儀；另一種將繞射光柵固定，不同波長的光經光柵繞射後會打在光二極體陣列（photodiode array）或電荷耦合元件（charge-coupled device, CCD）不同的位置上。與前面的積分光度法比較這種方法結構較為複雜，但測量結果較為精確。此光譜儀可以取代視函數偵測器與上述積分球結合，稱為「積分球分光光度儀」。

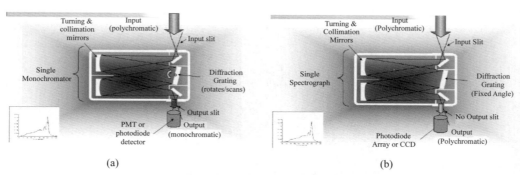

圖 10.13　(a) 掃描型光譜光度儀 (b)陣列偵測器型光譜光度儀。

(3) 雙旋角光度儀（Goniophotometer）

用積分球收集光源的總通量，通過測量球壁上的照度來確定光通量，方法簡單，但對於測量發光方向性非常明顯的光源，或者待測光源的尺寸較大，由於實際光度球的各相異性及內部擋屏、燈頭、導線等影響，可能會來較大的誤差。雙旋角光度法是用雙旋角光度儀（空間光強分布測試儀）測出光源的空間光強度分布，如圖 10.14(a) 所示，由圖可知，光偵測器可以放在立體球面上的所有位置，再由電腦將空間和方向的光通量積分算出光源的總光通量。這種方法特別適合於投光燈，大型光源及燈具的總光通量測量，同時還能得到光源的空間配光曲線，一個以極座標表示的二維平面配光曲線實例如圖 10.14(b)所示。

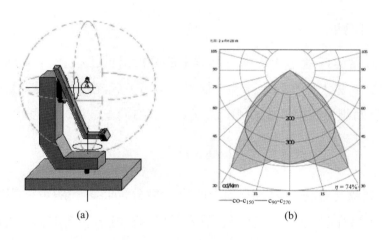

(a)   (b)

圖 10.14　(a) 雙旋角光度儀（NPL, UK）(b) 配光曲線。

(4) 照度計

測量被照表面上的光照度的儀器，稱為照度計。照度計的光偵測器必須滿足 相對光譜靈敏度與人眼的光譜光視效率 V(λ)一致。此外，因為從不同方向投射在光偵測器上的光照，其讀數應符合餘弦定率，如（10-5）式所示，因此一般會在光偵測器前加漫透射餘弦修正器，它是由乳白玻璃或其它漫透射材料

製成一定形狀的平面或半球面，如圖 10.15 所示之光偵測頭。在量測結果顯示部分，一般照度計有幾個數量級的讀數範圍，如 $0.1 \sim 2 \times 10^5$ lux。

圖 10.15　照度計。

資料來源：泰仕 TES 公司。

(5) 發光強度測量

發光強度可以通過測量某一距離上的照度計的讀值算得。如圖 10.16 所示，當距離 r 遠大於光源尺寸（十倍以上）時，該光源可近似為點光源，若在 P 點的垂直面測得照度為 E，那麼該光源在該方向上的發光強度：

$$I = E \times r^2 \qquad\qquad (10\text{-}9)$$

若要測量光源在空間各方向上的光強度分佈時，一般可採用雙旋角光度儀的方法，將光照度偵測器安裝在離光源已知長度 r 的支架上，用電腦控制繞著測試光源沿垂直面或水平面旋轉，以記錄光照度偵測器在光源各方向的發光強度。一般而言，雙旋角光度計的讀數可以用發光強度標準燈進行絕對標準校正。當測量出各方向上的發光強度分佈後，也可以計算出該光源（或燈具）在某一平面上的照度分佈曲線。

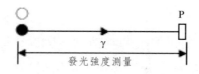

圖 10.16　發光強度測量。

(6) 亮度計或輝度計 （Illuminance Meter）

測量發光表面的亮度，一般需在光偵測器前面加上一個光學成像系統來組成一個固定立體角，光偵測器則位於光學系統的像平面上，如圖 10.17 所示。透鏡的通光口徑為 D，焦距為 f，透射比為 r，若待測物的距離遠大於焦距為 f，其成像的位置約在焦距處，因此該亮度計的測量立體 Ω 為：

$$\Omega = \frac{\pi \cdot (D/2)^2}{f^2} \tag{10-10}$$

光偵測器表面上的照度 $E = \Phi/A = L \times r \times \Omega$，則光源的亮度 L 為：

$$L = \frac{E}{r \cdot \Omega} = \frac{4f^2}{\pi \cdot r \cdot D^2} \cdot E \tag{10-11}$$

一般而言，亮度計接用標準亮度光源校正 r 值，測試亮度值則可經計算後得到。

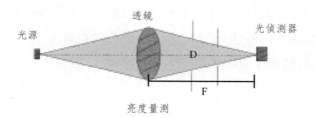

圖 10.17　亮度測量。

2. 色度概念與量測

　　人眼對細微的顏色差別有敏銳的判斷力，因此人眼是最古老的色度測量工具，利用目視的方法來辨別不同的顏色，但用目視的方法常因個人的主觀性而不同，前面有提到色度學是用以數值方式來表示的科學，為了便於顏色的計量及國際上的交流，因此「國際照明委員會」（Commission Internationale de l'Eclairage, CIE）提出國際測色標準，其理論是根據楊（Young）和赫姆豪茲（Helmholtz）的色光三原色理論為基礎，是一種科學的色彩體系。

2.1　三色刺激值

　　人類眼睛中的視網膜上有對色彩敏感的錐狀細胞，此錐狀細胞又可分為三型：S- 錐狀細胞、M- 錐狀細胞、L- 錐狀細胞，分別對於短波長（藍光 430 nm）、中波長（綠光 560 nm）和長波長（紅光 610 nm）的光較為敏感，所以原則上只要三個參數便能描述人對顏色的感覺。如果某一種顏色與另一種使用三色加色混合了不同份量的三種原色的顏色，兩者均使人眼看上去是相同的話，我們把這三種原色的份量稱作該顏色的三色刺激值。

　　國際照明協會 CIE 於 1931 年定訂 XYZ 色彩空間，並推薦「CIE 1931 標準色度觀察者光譜三刺激值」函數 $\bar{x}(\lambda)$、$\bar{y}(\lambda)$、$\bar{z}(\lambda)$ 分別代表匹配各波長等能光譜刺激所需的三原色分量，如圖 10.18，約略對應紅、綠、藍三原色，「色彩空間」是指任何一種替每個顏色關聯到三個數（或三色刺激值）的方法，CIE 1931 色彩空間就是這種色彩空間之一，此色彩空間是基於人類顏色視覺的直接測定，並作為很多其他色彩空間的定義基礎。

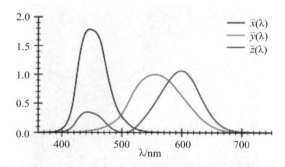

圖 10.18　CIE 1931 標準色度觀察者光譜三刺激值函數。

若光源的光譜輻射通量為 $\Phi(\lambda)$，人眼接收該光譜能量後引起的三刺激值 X、Y、Z 為光譜輻射通量與三分量積分後的值：

$$X = K \int_{380}^{780} \Phi(\lambda) \cdot \bar{x}(\lambda) d\lambda \qquad (10\text{-}12)$$

$$Y = K \int_{380}^{780} \Phi(\lambda) \cdot \bar{y}(\lambda) d\lambda \qquad (10\text{-}13)$$

$$Z = K \int_{380}^{780} \Phi(\lambda) \cdot \bar{z}(\lambda) d\lambda \qquad (10\text{-}14)$$

若人眼接收到的是來自於物體反射光，則

$$\Phi(\lambda) = \rho(\lambda) \cdot P(\lambda) \qquad (10\text{-}15)$$

式中 $\rho(\lambda)$ 為物體表面的光譜反射比，$P(\lambda)$ 為照明光源的光譜功率分布。

2.2　CIE-XYZ 色座標（Colour Coordinator）

對應的 1931 CIE-XYZ 色度圖如圖 10.19 所示，馬蹄形曲線對應於單色光譜的軌跡，自然界中各種顏色用色座標表示，均位於馬蹄形曲線所包圍的區域內，每個點代表一種特定的顏色，中間區域為白色。離開中間愈遠則愈靠近光譜軌跡，顏色愈純，即愈接近單色光。馬蹄形下邊直線為紫色線，由不同比例的紅色和藍色混合得到。

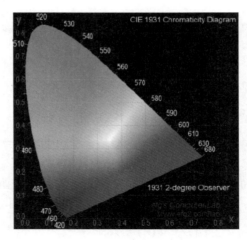

圖 10.19　1931 CIE-XYZ 色度圖。

若某一顏色三色三刺激值為 X、Y、Z，該顏色在 1931 CIE-XYZ 色度圖的色坐標(x, y)為：

$$x = \frac{X}{X+Y+Z} \qquad (10\text{-}16)$$

$$y = \frac{Y}{X+Y+Z} \qquad (10\text{-}17)$$

另外

$$z = \frac{Z}{X+Y+Z} = 1 - x - y \qquad (10\text{-}18)$$

人類眼睛具有不同波長範圍的三種類型的顏色感測器，因此所有可視顏色的空間是三維的，但是顏色的概念可以分為兩部分：明度和色度。例如，白色是明亮的顏色，而灰色被認為是不太亮的白色；因此，白色和灰色的色度是一樣的，而明度不同。CIE XYZ 色彩空間故意設計得 Y 參數是顏色的明度或亮度的測量，而顏色的色度透過兩個導出參數 x 和 y 來指定，在標定一個發光面的色度時，x 和 y 是沒有單位的，而 Y 是亮度的單位，而另外兩個刺激值 X 和 Z 可以由色度座標值(x, y) 與 Y 刺激值計算得到：

$$X = \frac{Y}{y}x \qquad\qquad (10\text{-}19)$$

$$Z = \frac{Y}{y}(1 - x - y) \qquad\qquad (10\text{-}20)$$

上述的 1931 CIE-XYZ 色度圖是根據人眼 2°的視角的觀測結果所得，但實驗發現當人眼的視角增加到 4°以上時，「CIE 1931 標準色度觀察者光譜三刺激值」函數 $\bar{x}(\lambda)$、$\bar{y}(\lambda)$、$\bar{z}(\lambda)$ 在波長從 380 nm 到 460 nm 的範圍內的數值偏低，這是由於在大視角的觀測時視網膜的參與感測的桿狀細胞變多的影響，人眼對短波長的感應會增加，因此對顏色的視覺會產生變化，如圖 10.20(a)所示，若視距為 50 cm，當視角為 2°時的觀測範圍為直徑 1.7 cm 的圓，當視角為 10（時的觀測範圍則增大為直徑 8.8 cm 的圓。為因應大視角顏色量測的需要，CIE 在 1964 年規定一組「CIE 1964 補充標準色度觀察者光譜三刺激值」函數 $\bar{x}_{10}(\lambda)$、$\bar{y}_{10}(\lambda)$、$\bar{z}_{10}(\lambda)$，其與 2°視角的函數比較如圖 10.20(b) 所示，當觀測者的視角在 4°～10°時需要採用這組函數，此組函數與圖 10.18 的 CIE 1931 標準三刺激值類似，較大的差異是在增加 $\bar{z}(\lambda)$ 函數峰值的大小，對應的色度圖比較如圖 10.20(c)所示。

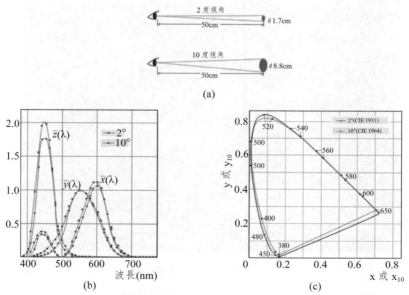

圖 10.20　CIE 1931/1964 (a)視角觀測範圍比較(b)光譜三刺激值比較(c)色度圖比較。

2.3 CIE-UCS 色座標

即使是同一種規格的螢光燈，由於螢光粉的配比不同，顏色會存在一定的差別，而人眼分辨顏色變化的能力是有限的。人眼感覺不出顏色變化的範圍叫做顏色的寬容度。在 1931CIE-XYZ 系統中，人眼對各種不同顏色的寬容度是不同的。藍色部分的寬容度最小，綠色部分的寬容度最大。最小與最大寬容度橢圓的長短軸之比達 1：20。為了克服此缺點，1960 年 CIE 根據 MacAdam 等的實驗結果，制定了 1960 CIE-UCS 色座標圖，UCS 代表均勻色度量尺（Uniform Chromaticity Scale），如圖 10.21 所示。在這個圖上，將原 1931CIE-XYZ 座標的綠色固定，將紅色向右上角拖拉而成，如圖，其色容差是近似圓形，它更適宜於工業上的色度檢驗，也符合人眼的視覺特點。1960

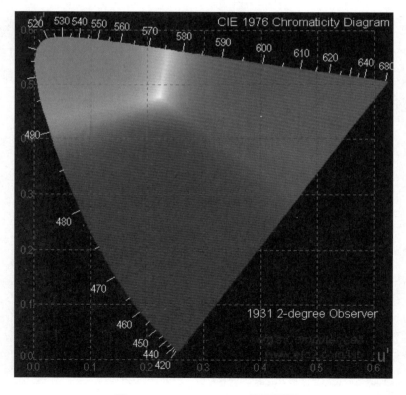

圖 10.21　1960 CIE-UCS 色座標圖。

CIE-UCS 色座標圖的橫坐標為 U，縱坐標為 V。它與 1931CIE-XYZ 色座標圖中的（x, y）坐標的轉換關係為：

$$u = 4x / (-2x + 12y + 3) = 4X (X + 15Y + 3Z) \qquad （10\text{-}21）$$

$$v = 6y / (-2x + 12y + 3) = 6Y / (X + 15Y + 3Z) \qquad （10\text{-}22）$$

2.4 色純度和主波長（Purity and Dominate Wavelength）表示法

除了用色坐標表示顏色外，CIE 也推薦用主波長和色純度來表示。一種顏色的主波長是指的是某一種光譜色的波長，這種波長的光譜色按一定比例與一種確定的參考白光光源相加混合，便能配出此一顏色，用主波長和色純度表示顏色，比只用色坐標表示顏色的優點在於這種表示顏色的方法能給人以具體的印象，反映一種顏色的色調及飽和度的大致情況。如圖 10.22 所示，如果已知一樣品顏色 F_1 的色坐標（x_1, y_1）和白點 W 的色坐標（x_w, y_w），在色度圖上由白光的色坐標顏色 F_1 引一直線，延長直線與光譜軌跡交點 D 的色坐標（x_d, y_d），交點 D 的光譜色波長就是樣品顏色 F_1 的主波長。

並非所有的顏色都有主波長，色座標圖中連接白光的色坐標和光譜軌跡兩端點所形成的三角形區域內各顏色點都沒有主波長，因此引入補色波長這個概念。一個顏色的補色波長是指一種光譜色的波長，此波長的光譜色與適當比例的顏色相加混合，能配出某一種參考白光。如圖所示，我們以樣品顏色 F_2 為例說明如何求得補色波長，在色度圖上樣品顏色 F_2 的色坐標（x_2, y_2），由樣品點 F_2 向白點 W 的色坐標（x_w, y_w）引一直線延長與光譜軌跡相交於 P'，交點處 P' 的光譜色波長就是樣品的補色波長，此直線的另一方向延長與純紫邊界線上的交點 P 的色坐標（x_p, y_p）。

色純度是指樣品的顏色與主波長光譜色接近的程度。在 1931CIE-XYZ 色座標中，它用兩個線段的長度比率來表示。第一線段是由參考白點 W 到樣品

點的距離 W F$_1$，第二線段是由參考白點 W 到主波長點的距離 WP。如果是以符號 P_e 表示色純度，則 P_e = WF$_1$/WD；對於樣品顏色點 F$_2$，則 P_e = WF$_2$/WP。圖中 S$_1$ 樣品的 P_e 約為 60%，S$_2$ 樣品的 P_e 約為 35%。對於光源色而言，參考白點通常選用等能白，即在 CIE XYZ 色彩空間中三刺激值為 X = Y = Z，因此色度座標為 $x_w = y_w = 1/3$。樣品的主波長和色純度隨所選用的白點不同而會出現不同的結果。

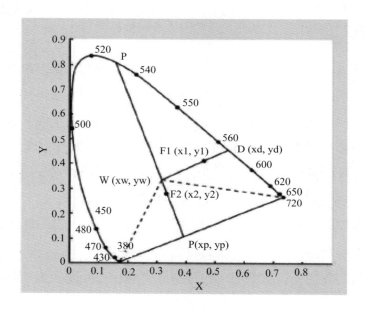

圖 10.22 計算主波長圖。

2.5 色溫（Colour Temperature）和相關色溫 （Correlated Colour Temperature）

當某一種光源的色座標與某一種溫度下的完全輻射體（黑體）的色座標完全相同時，則該完全輻射體（黑體）的溫度稱為該光源的色溫，如圖 10.23(a) 所示，色溫的符號為 T_c，單位為絕對溫度 °K。對於大部分氣體放電光源，它發射光的色度與各種溫度下完全輻射體（黑體）的色品都不可能完全相同，這

時就不能用色溫表示，為了便於比較，而採用相關色溫概念。也就是當光源的色度與完全輻射體（黑體）在某一溫度下的色度最接近，即在色度圖上的色度差距最小時，則該完全輻射體（黑體）的溫度稱為該光源的相關色溫。用色溫或相關色溫表示顏色，比較直觀地反映出該顏色的基本特性。高色溫表示冷色調，低色溫表示暖色調，色溫對應日常生活中之光源如圖 10.23(b) 所示。在圖 10.23(a) 中的直線部分表示色溫相同，因此兩種色溫相同的光源，不一定有相同的顏色，例如：同樣是 5000°K 的螢光燈，一種可能偏綠，另一種可能

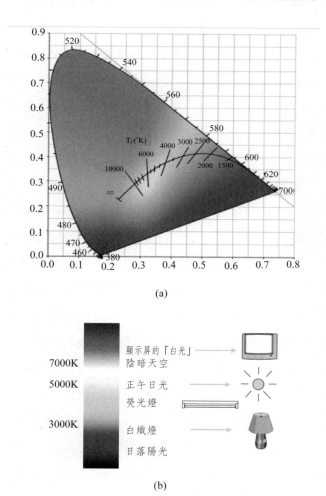

(a)

(b)

圖 10.23　(a) 色溫對應之顏色 (b) 色溫對應日常生活中之光源。

偏紫。因此，要準確地表示顏色，還應確定色偏差值 duv，即光源的色座標點
（u, v）離開完全輻射體（黑體）軌跡的最小距離。因此，用 CCTduv 值也能
準確地表示光源顏色。而且在照明上應用，比色度座標更能直接地反映顏色的
性質和偏離方向。

2.6　光源的演色性（Colour Rendering）

光源之演色特性，稱之為「演色性指數（color rendering index, CRI）」。
演色性指數為物件在某光源照射下顯示之顏色與其在參照光源照射下之顏色兩
者之相對差異。人眼的顏色視覺是在自然光照明下長期地進行各種工作和辨色
過程中逐漸形成的。所謂自然光在白天是指日光，夜間為火光，日光和火光都
是熾熱發光體，它們發光的光譜分布都是連續光。由於人眼長期適應於這類光
源照明，因此在這類光源照明下觀察物體的顏色是恆定的。對物體顏色的辨別
能力是準確的，我們可以認為在日光和火光的照明下看到的物體顏色是物體的
「真實」顏色。隨著科學技術的發展，與日光、火光具有相似連續光譜分布的
白熾燈統治照明工業的時代已經過去，許多發光效率高的光源已經出現。例如
螢光燈、高壓鈉燈、高壓汞燈、氙燈、金屬鹵素燈及發光二極體等。它們具有
新的發光機制，因此它們發出來的光的光譜分布不再完全是連續光譜了，有線
譜、帶譜，更多的是混合光譜。在這些新光源照明下看到的物體顏色與日光和
白熾燈下所看到的顏色會產生一定的差異，人眼在這些光源照明下看到的物體
色會改變，感到物體顏色失真，這種影響物體顏色的特性稱為光源演色性。演
色性好的光源，則物體色失真小。其數值之評定法為分別以參照光源及待測光
源照在規定之八個色樣上逐一作比較並量化其差異性；差異性越小，即代表待
測光源之演色性越好，CRI 為 100 之光源可以讓各種顏色呈現出如同被參照光
源所照射之顏色。CRI 值越低，所呈現之顏色越失真。太陽光之 CRI 為 100，
螢光燈為 60-85，螢光粉白光 LED 為 60-90，雙色白光 LED 在 10-60 間。一般
CRI 值大於 85 可適用於大部分之應用。

　　光源的演色性影響人眼所觀察物體的顏色,所以那些處理物體表面色的工業技術部門如紡織、印染、塗料、印刷、彩色攝影、彩色電視等部門,必須考慮由光源演色性所帶來的後果。對光源演色性進行定量的評估是光源制造部門評價光源質量的一個重要指標。

2.7　色度學的基礎標準

　　照明光源對物體的顏色影響很大,不同的光源有著各自的光譜能量分佈及顏色,在它們的照射下物體表面呈現的顏色也隨之變化,為了統一對顏色的定義,必須要規定標準的照明光源。標準光源(standard light sources)是從事各種光電研究和照明特性量測不可或缺之標準儀器,作為光度計、色度計、以及分光輻射儀等之校對基準。CIE 於 1931 年推出 A、B、C 三種標準光源,另外由於螢光白劑的增加使用,因此需要包含紫外線區域且相似於自然日光的照明光源,因此於 1965 年推出另一系列的光源,其中以 D65 最常使用,其光譜如圖 10.24,其色度約落在黑體輻射軌跡上,說明如下:

① 標準光源 A:可用充氣的捲絲鎢絲燈(tungsten-filament lamp)發出色溫為 2856 °K 的光。

② 標準光源 B:用標準照明 A 經過濾光後具有 4870 °K 色溫的光,相似於中午的陽光。

③ 標準照明 C:用標準照明 A 經過濾光後具具有 6770 °K 色溫的光,相似於自北方 45° 仰角的天空日光。

④ 標準照明 D_{65}:其色溫為 6500 °K,相似於平均自然日光,由於此光源目前無法由實物製造出來,因此只能稱為照明體。若此光源較常使用的原因是由於一般人是生活在太陽光之下。

　　此外,在量測上 CIE 所制定的標準反射率是一個完全的反射漫射體,其反射率在可見的光譜(380 nm 至 780 nm)均為 1。實用上,理想的均勻漫射體,即「工作標準」或俗稱的「標準白」,可用氧化鎂(MgO)或硫酸鋇

（BaSO₄）壓製而成。

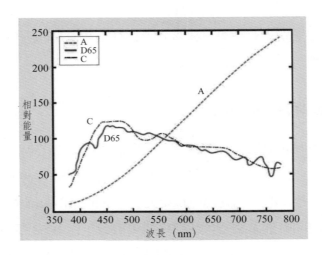

圖 10.24 A、D₆₅、C 三種標準光源光譜。

2.8 色度的測量

在顏色的量測標準化上，依據得到三刺激值的不同方法，顏色測量儀主要可分為三刺激值積分法及光譜光度法兩種。前者是利用三刺激值偵測器直接量測光源的色刺激值 X、Y、Z，光偵測器中裝有經過 $\bar{x}(\lambda)$、$\bar{y}(\lambda)$、$\bar{z}(\lambda)$ 修正的三色偵測器，因此需在光偵測元（photocell）加上一個三刺激濾波片（tristimulus filter）如圖 10.25 所示，其三刺激濾波片可以以不同的玻璃濾波片以串聯（如圖 I）或串聯加併聯的方式達到要求的頻譜。光偵測元之光電信號通過儀器的微機處理後，可計算出三色刺激值 X、Y、Z，色坐標 (x, y) 和光通量，相關色溫及色偏差值（duv）。這種儀器使用簡便，測量快速，適合於工廠產品檢驗、生產線上即時監測使用。

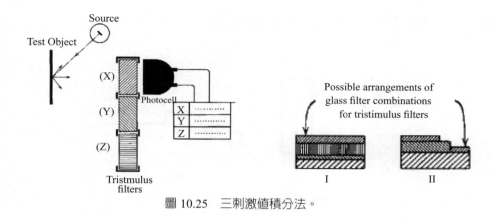

圖 10.25　三刺激值積分法。

　　光譜光度法是用光譜輻射分析儀測出光源的光譜功譜功率分布 $P(\lambda)$，再利用電腦加權計算三色刺激值，若光譜輻射分析儀的光譜解析度為 $\Delta\lambda$，則計算三色刺激值的數學式如下：

$$X = K \sum_{\lambda=380}^{780} P(\lambda) \cdot \bar{x}(\lambda)\Delta\lambda \qquad (10\text{-}24)$$

$$Y = K \sum_{\lambda=380}^{780} P(\lambda) \cdot \bar{y}(\lambda)\Delta\lambda \qquad (10\text{-}25)$$

$$Z = K \sum_{\lambda=380}^{780} P(\lambda) \cdot \bar{z}(\lambda)\Delta\lambda \qquad (10\text{-}26)$$

　　一個典型的利用光譜光度法的色度量測儀如圖 10.26 所示，一般組成的元件有光源、單光儀、探測器及儀表與顯示（電腦）等。在光源部分的要求為必須在整個的波長範圍有連續且足夠強度的光譜分佈，這樣在探測器才有較好的信號雜訊比（signal-to-noise ratio）。在單光儀部分主要功能為將光源轉為不同波長的單色光，此元件為儀器的核心，單光儀的功能可以用菱鏡、光柵或窄頻濾波片來達成，菱鏡及光柵可以將光源的光依不同波長依序在空間中分出排列成光譜帶；利用 10～30 片不同中心波長的窄頻濾波片亦可達到光譜分光的目的。此外，也可以使用波長可調的雷射來取代光源與單光儀，例如染料雷射（dye laser），其輸出光波長範圍可從紫外光（300 nm）到紅外光（900

nm），波長連續可調，單色性高但價格較貴。

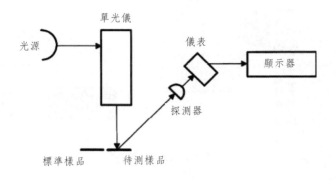

圖 10.26　光譜光度法。

3. 參考資料

① Michael Bass (ed.), Handbook of Optics Volume II - Devices, Measurements and Properties, 2nd Ed., McGraw-Hill 1995

② Optronic Laboratories, Inc.

③ 石曉蔚，室內照明設計，淑馨出版社，1996

④ 色彩工程學：理論與應用。譯者：陳鴻興、陳詩涵。原作者：大田登，全華科技 2008

⑤ 尚澤光電技術交流資料（www.lumenoptimum.com）

⑥ 明道大學 光電工程概論（el.mdu.edu.tw/datacos//09910621007A/光電工程概論）

⑦ 金偉其、胡威捷，輻射度光度與色度及其測量，北京理工大學出版社 2006

⑧ 深圳市天友利標準光源有限公司—精確的色彩交流。

⑨ 顯示色彩工程學（第二版）。作者：胡國瑞、孫沛立、徐道義、陳鴻興、黃日鋒、詹文鑫、羅梅君，全華圖書股份有限公司 2011

作者　謝其昌

1. LED 光學特性與參數

　　在選購或評估 LED 光源時經常會用到 LED 的規格書，規格書上針對 LED 的各項特性有許多不同的標示方式與單位，這些標示方式代表了各個 LED 的基礎特性與發光能力，能夠做為基本的 LED 性能參考，本節針對一般 LED 常見的名詞以及圖表作簡單介紹。

1.1　發光角度

　　LED 發光角度的定義為 LED 發光強度為軸向強度 50% 之位置與中間軸向夾角之角度，常見的標示為 $\theta_{1/2}$，一般來說，LED 的發光角度多是利用圖片表示，依各生產商標示習慣而有所不同，但解讀方法基本上沒有差異，圖 11.1 為常見的發光角度圖標示方法。

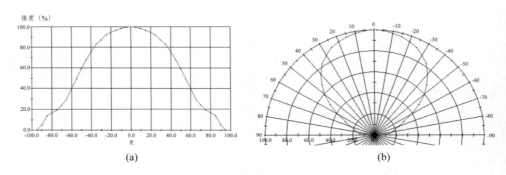

圖 11.1　LED 發光角度圖 (a) 直角坐標圖 (b) 極座標圖。

　　在圖 11.1 中，(a) 與 (b) 雖然形狀相差甚異，但其表示的是同一顆 LED，只因由不同的座標方法表示，圖 11.1(a) 的表示方式對於各角度的細微變化較易判讀，圖 11.1(b) 則具有較直觀的發光強度示意，也有將 (a) 與 (b) 混合表示的例子。橫軸為角度，0° 為 LED 的發光軸，縱軸代表的是 LED 在各角度的發光強度，較常見的是比例表示，100% 者為該 LED 發光強度最大值；要特別注意的是，依 LED 的設計不同，發光強度最大值不一定會在 0° 軸上，但由於發

光角度的定義為軸向光強的 50%，因此，即使 0° 軸上的光強非最大值，發光角度仍是以該值 50% 光強為計算角度之條件。

1.2 發光強度

發光強度（Iv）的定義為，即光源在指定方向的單位立體角內發出的光通量 dΦ，計算公式如下：

$$Iv = d\Phi/d\Omega$$

其中 dΩ 指的是一點光源在某一方向上的立體角

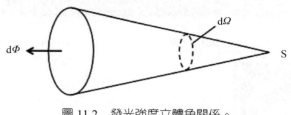

圖 11.2 發光強度立體角關係。

Iv 即為發光強度，表示光源在某一方向的固定範圍內所發出的光通量在涵蓋範圍內的物理量。一般在 LED 檢測時所指的 Iv 通常是 LED 中間軸線方向上的發光強度，如該方向上的輻射強度為（1/683）W/sr 時，則發光強度為 1 candela(cd)，早期 LED 的發光強度較低，單位標示時多為 mcd，近來高功率 LED 發展，使得 LED 的發光強度不斷上升，因此在選購時要多加留意其使用單位。

1.3 常見單位

cd (candela)：又稱為燭光，為發光強度的單位，1cd 指的是一支蠟燭在一公尺的距離所照射的亮度。

流明（Luminous; lm）：為光通量的單位，泛指光源在單位時間內所發出的能量。

照度（Illuminance）：照度指的是光源所投射出的光線照射在單位面積內的強度值，單位為 Lux。

1.4　常見 LED 規格與圖表

本節以 CREE 公司所生產之 X Lamp XR-E LED 規格書作為參考（圖 11.3），針對 LED 規格書中在光學設計較常參考使用之特性規格進行說明，各項說明詳述於下列各節。

圖 11.3　CREE XR-E LED 規格書目錄。

資料來源：http://www.cree.com/products/xlamp7090_xre.asp。

1.5 色溫

色溫的定義為,在一個黑體中,將金屬施以高溫,隨著溫度上升時所產生的顏色變化稱為色溫,目前 LED 的色溫分佈在 3,800~15,000K 之間,較常見的範圍為 4,800K~10,000K,但由於目前白光都是以混色或螢光粉發光,非常容易導致色溫偏移,因此一般業者對於色溫都是以區間分類而非定值。

1.6 光譜特性

光譜指的就是光線的波長所形成的頻譜,光是電磁波的一種,絕大部分的電磁波無法用肉眼看到,但人眼可觀測到介於 380~780nm 之間的電磁波,且當此範圍的電磁波由人眼接收後,會依據不同的波長由大腦判別出不同的顏色,圖 11.4 為可見光在電磁波所涵蓋的範圍。

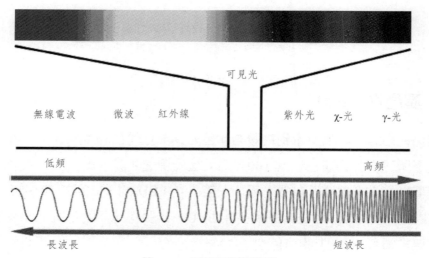

圖 11.4　可見光涵蓋範圍。

資料來源:http://www.lcse.umn.edu/。

而在所有的可見光波長中並不包含白光,所謂白光指的是所有顏色的可見光結合在一起後由人的大腦所認知的顏色,而人眼對紅(R)、綠(g)、藍(b)三

個波長的顏色最敏感，因此我們可以藉由 RGB 三個顏色的組合來辨認所有顏色，而因為所有的 LED 晶體都無法單純發出白光，目前白光 LED 的設計原理辨識刺激主要的 RGB 三個波段的波長來顯示出白光效果，圖 11.5 為 XR-E 白光 LED 的光譜特性，三條曲線則分別不同色溫範圍下的光譜變化。

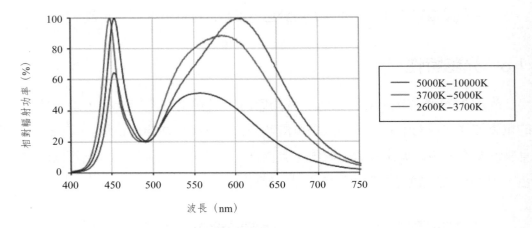

圖 11.5　CREE XR-E LED 光譜特性圖。

1.7　演色性（Ra）

　　演色性指的是人眼所看到物體的顏色與其真正顏色的差異性。一般來說，在日光下所見物體的演色性為 100，而人造光源隨著其光譜特性，其演色性也不同，值越高代表越接近自然光源，一般白光 LED 的 Ra 值在 70〜80 左右，Ra-85 以上的 LED 即可稱為高演色性 LED，一些特殊照明系統，如醫療用燈具更被要求須有 90 以上的演色性。

1.8　電流與電壓特性

　　用以表示 LED 在可驅動範圍內的電流與電壓變化，如圖 11.6 所示，可作為系統設計與耗能的參考。

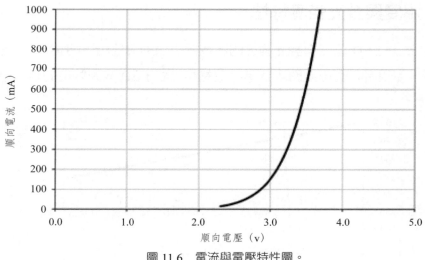

圖 11.6　電流與電壓特性圖。

1.9　電流與發光強度特性

　　用以表示 LED 所加電流與發光強度的比較關係，一般分為直接表示與百分比表示，圖 11.7 為 CREE XR-E LED 電流與發光強度比較圖，由於 XR-E LED 標準啟動電流為 350mA，因此在圖11.7中，350mA 之發光強度為 100%，並可藉由此圖估算各電流值之發光強度。

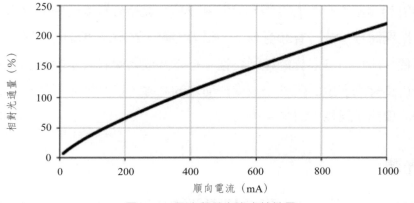

圖 11.7　電流與發光強度特性圖。

1.10　溫度與發光強度特性

圖 11.8 為 LED 溫度與發光強度的比較圖，LED 隨著溫度越高，其亮度會隨之衰減，使用者可藉由此圖評估系統散熱能力對 LED 光源強度的衰減量。

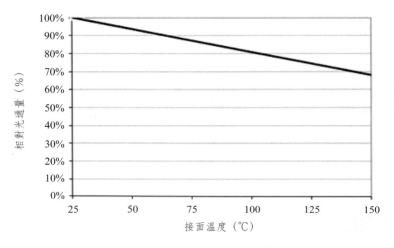

圖 11.8　溫度與發光強度特性圖。

2. 幾何光學基本理論

光本質是電磁波，它以波的形式傳播。由一些光的特性來證明，如光的干涉、繞射和偏振等現象所證明。但僅用波動的觀點來討論光學系統的傳播規律和成像問題將會造成計算和處理上的很大困難，在解決實際的光學技術問題時應用不便。所以將考慮光的粒子特性，把光源或物體看成是由許多幾何點組成，並把由這種點發出的光抽象成像幾何線的光線，以光的粒子特性為研究光的傳播和成像問題稱為幾何光學。

2.1　光源

自行發光或受到其他光源照明後發光的幾何點稱為發光點（luminous

point），在幾何光學中，發光體和發光點的概念與物理學有所不同，故凡是能發出光線（ray）的物體，不論本身是發光體或是因為被照明後形成反射光（reflection ray）的物體，都稱為光源。而當光源的大小與輻射光能作用距離相比可以忽略時，亦或將光源看成幾何光學上的點，只佔有空間位置而無體積與線度時，皆可視為點光源（point light source）。

2.2 光線

發光體（源）向四周圍發出由一粒粒光子所串成的幾何線稱為光線。在幾何光學上認為光線是無直徑及無體積的幾何線，且具有方向性，即光線能傳遞至某個方向與位置。在物理光學認為，在某個均勻的介質中，光線的傳遞方式是以直線前進，若處於同一相位，光會沿著波前的法線方向傳播。

2.3 光束

在幾何光學中光束即為許多光線的集合。發光點在無限遠的地方發出的稱為平行光束（parallel light beam）。若是在有限遠處光束的光源會以錐狀的形式交於某一點，此種光束稱為同心光束（concentric light beam）。而同心光束的傳播方式要是由許多光線集中交會於一點，即稱為匯聚光束（converging light beam），傳播方式由發光點向外散發光線出去即稱為發散光束（diverging light beam），如圖 11.10。

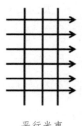

平行光束

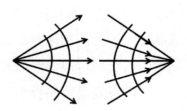

同心光束

圖 11.9　平行光束與同心光束。

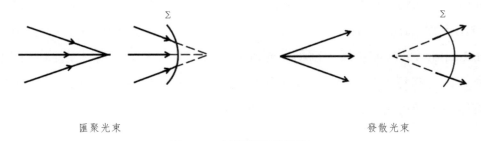

<table>
<tr><td>匯聚光束</td><td>發散光束</td></tr>
</table>

圖 11.10　匯聚與發散光束。

2.4　光的直線傳播定理

在相同性質且均勻的介質之中，光線的傳播以直線方式進行，如日常生活中影子的形成、日蝕與月蝕等現象，傳播光時因受遮蔽物的影響，使光線無法通過，產生與遮蔽物形狀輪廓一樣的影子，而未受遮蔽之光線仍可依原方向直線前進，此現象成為光的直線傳播定律。一些光學測量和光學儀器應用皆將此定律運用於其基礎的規範上。但非所有場合都可依據此定律進行，若在光的傳播路徑上放置一小孔或狹縫亦或不透明的遮蔽物，傳播方式將以非直線進行，亦即物理光學中所描述的繞射現象。因此，只有光在各向同性的均勻介質中且不受阻攔的傳播時，光的直線傳播定律才能成立。

2.5　光的獨立傳播定律

從不同光源所發出的光線，匯集相遇在其傳播路徑上的某點時，每一束光的傳播方向及其性質，與其他光束相互不受影響，各光線皆獨立傳播，即為光的獨立傳播定律。然而利用此定律，可將光線傳播的研究大為簡化，當在研究某一光線傳播時，可以不考慮其他光線的影響，因各光束通過空間某點時，光的合成作用只是簡單的疊加，各光束仍會按照各自的方向傳播。倘若由同一光源上發出的光線，經由不同相近長度的路徑到達空間上某點時，光的合成作用並非簡單的疊加，而可能相互抵消進而光線變暗，此為光的干涉

（interference）現象。

3. 反射定理與折射定理

在幾何光學分析中，透過反射（reflection）與折射（refraction）定律計算光線在平面上的折射或反射的效果是最主要的分析方法，其中曲面也是為一平面，所以反射曲面、透鏡曲面、球面……等，都能將其視為無限多平面所組成，也因此，絕大部分的幾何光學系統都能夠簡單的利用反射與折射定律來計算。

3.1 反射定律

以圖 11.11 為例，假定一個觀測點 P 與一個光源 S，並透過一個反射平面由 P 點觀測 S 點所反射之光線，理論上，S 點會發出無限多的光線，而這其中，僅會只有一條被觀測到，為了找出這一條光線的軌跡，假設 S'為 S 的鏡像，且 S 與 S'隔著反射面相互對稱，如此一來可以畫出多條路徑，由費馬（Fermat）定理可判定，從 S'到 b 點再到 D 點的路徑最短，也就是說從觀測點所觀測的光線路徑是經由 S 點到 b 點反射後到 D 點，且 $\theta_i = \theta_r$，此便為反射定律。

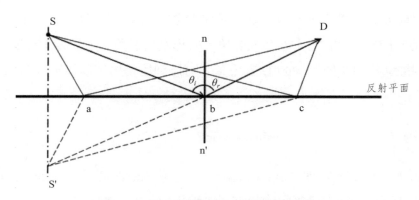

圖 11.11 空間反射幾何光學系統示意圖。

圖 11.12 為單一線條在平面上造成反射之示意圖，$\overline{HH'}$ 為反射面，$\overline{VV'}$ 法線，S 則為光線起點，當光線從 S 點出發，到達 R 點後反射至 D 點，S-R 的光線為入射光，R-D 光線則為反射光，入射光與法線的夾角為入射角 θ_i，反射光與法線夾角則為反射角 θ_r，且 $\theta_i = \theta_r$，此時在 $\overline{HH'}$ 平面上 S-R-D 所行經的面稱為入射面（incident plane）。

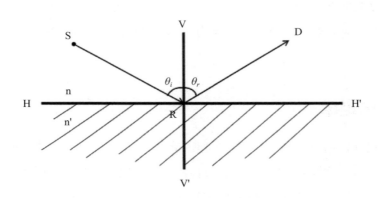

圖 11.12　單一平面反射幾何光學系統示意圖。

3.2　折射定律

圖 11.13 為折射定律之示意圖，當光線從 S 點到達 T 點後進入 $\overline{HH'}$ 平面，此時光線從 n 介質進入 n'介質，最後到達 D 點，這種現象稱為折射。其中 S-T 為入射光，T-D 為折射光，θ_i 為入射角，θ_t 稱為折射角，若想知道光源 S 所發出的光線經過折射後所到達的 D 點位置，可以利用費馬定理找出答案，並可整理成：

$$n\sin\theta_i = n\sin\theta_t \tag{1}$$

上式稱為 Snell's 定理（Snell's Law），透過 Snell's 定理能夠簡單的計算出光線經過介質後的折射角度，也決定了光線折射後的行進方向。

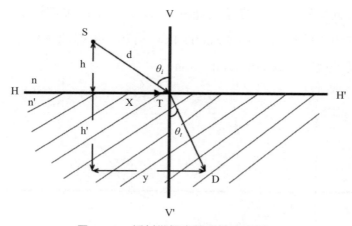

圖 11.13　折射幾何光學系統示意圖。

3.3　折射率

折射率（refractive index）是表徵透明介質光學性質的重要參數之一。光的偏折現象由兩介質的折射率決定，光在不同介質中的傳播速度各不相同，在真空中光速以 c 表示。介質的折射率正是描述光在該介質中傳播速度減慢程度的一個量，即

$$n = c/v \tag{2}$$

因光在真空中的傳播速度為 $c(c = v)$，故由(2)式可知，真空的折射率等於1。第二介質對真空的相對折射率，稱為介質的絕對折射率，簡稱折射率。

3.4　臨界角與全反射

當光線射至透明介質的平面以後，會在平面上同時產生折射與反射線向，此時，一部分的光線被折射，另一部分的光線則被反射，但在某些特殊條件下，入射光將會被完全的反射，此現象稱為全反射（total reflection）現象。

　　當光線由光密較疏的介質進入光密較高的介質時，如圖 11.14，隨著入射角越大，折射角也會越大，但由 Snell's Law 可知，折射角會小於入射角，這種現象，稱之為外反射（external reflection）。

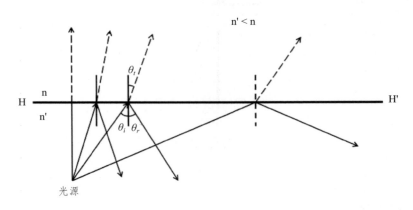

圖 11.14　外反射示意圖。

　　若反過來當光線由光密較高的介質進入光密較疏的介質時，如圖 11.15，依照 Snell's Law 的結果，入射角越大，則折射角也跟著增大，且折射角都大於入射角，這種狀況，我們稱之為內反射（internal reflection）。

　　但倘若反射角等於 90°時，此時反射光的移動方向將沿著平面表面平行移動，若反射角大於 90°時，此時所有的光線都回到反射面，而全朝的反射方向前進，此現象稱為全內反射（total internal reflection），也簡稱為全反射，而當光線折射角等於 90°時之入射角角度則稱為臨界角（critical angle）；此外，也有所謂的全外反射，但此現象僅存在於真空狀態下 x-ray 以極小角度撞擊表面時才會產生，在此不多加贅述。

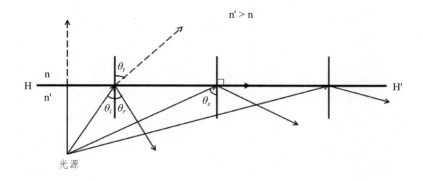

圖 11.15　內反射示意圖。

4. 參考書目

① 李農、楊燕，LED 照明手冊，原著：LED 照明推進協議會，全華圖書股份有限公司，2010，ISBN：978-957-21-7576-7。

② 陳木星、陳傑閎、卓達雄、陳賢堂、孫涵瑛、葉上民、黃宣瑜，幾何光學，新文京開發出版股份有限公司，2010，ISBN：978-986-236-287-7。

③ 耿繼業、何建娃，幾何光學（修訂版），全華圖書股份有限公司，2008，ISBN：978-957-21-6387-0。

④ 耿繼業、何建娃，幾何光學（第三版），全華圖書股份有限公司，2010，ISBN：978-957-21-7840-9。

⑤ 葉玉堂、饒建珍，幾何光學，五南圖書出版股份有限公司，2008，ISBN：978-957-11-5404-6。

索引

十三劃

二十劃

附錄

100 年度 LED 工程師基礎能力鑑定考試試題

科目：LED 元件與產業概況

（ ） 1. 下列何者<u>不是</u>半導體材料？
（A） ZnO
（B） InP
（C） GaN
（D） HCl

（ ） 2. 最先被研製出的白光 LED 商品，其原理為？
（A）以紫外光 LED 激發紅/綠/藍三種螢光粉
（B）組合紅/綠/藍三種 LED
（C）綠光 LED 搭配 $Y_2O_2S:Eu$ 紅光螢光粉
（D）藍光 LED 搭配 $Ce^{3+}:YAG$ 黃光螢光粉

（ ） 3. 假設市售之高功率 LED 元件為 100 lm/W，在 LED 熱效率為 90%、驅動電路效率 90%、燈具設計效率 80 %的情況下，請問整體 LED 燈具效率最佳狀況約為多少？
（A） 81 lm/W
（B） 64.8 lm/W
（C） 72 lm/W
（D） 86.7 lm/W

（ ） 4. 以下哪些為 LED 背光源技術優點？
（A）輕薄省電
（B）使用壽命長
（C）色彩飽和度高
（D）以上皆是

（ ） 5. 相較於白熾燈泡，下列何者<u>不是</u> LED 照明光源的優點？
（A）較省電
（B）每瓦之流明數（lm/W）較高
（C）演色性較佳
（D）使用壽命較長

（ ） 6. 全球第一顆可見光 LED 商品，為下列何種材料製成？
（A）GaAsP
（B）InGaN
（C）GaAs
（D）Si

( ) 7. "LLO; Laser Lift Off" 這道 LED 製程是把 Wafer 上面的什麼拿掉？
 （A） Bonding Metal；接合金屬
 （B） N-Metal； N 金屬電極
 （C） Sapphire；藍寶石基板
 （D） P-Metal； P 金屬電極。

( ) 8. 以下何者為白光 LED 元件生產過程所需原物料？
 （A）螢光粉
 （B）藍寶石基板
 （C）氨氣
 （D）以上皆是

( ) 9. 請問下列何種材料為目前紅、黃光 LED 之主要製作材料？
 （A） GaN
 （B） AlGaAs
 （C） SiC
 （D） AlGaInP

( ) 10. 右圖是哪一標準的Logo？
 （A）日本工業標準
 （B）國際照明委員會的標準
 （C）國際標準組織的標準
 （D）日本電子資訊技術產業協會的標準

( ) 11. 下列何者非照明規範須注意事項？
 （A）節能
 （B）環保
 （C）功能
 （D）美觀

( ) 12. 請問下列何種基板（substrate）為目前 GaN 系列的 LED 所使用的主要基板材料？
 （A） GaAs
 （B） InP
 （C） Sapphire（藍寶石）
 （D） Si

( ) 13. 在藍光 LED 晶粒製程後段，需將藍寶石基板之厚度由 $430\mu m$ 研磨至 $90\mu m$，其最主要目的為？
 （A）後續切割作業較為方便
 （B）減輕 LED 之重量
 （C）增加基板之透光度
 （D）增加 LED 之效能

（　）　14.　下列敘述，何者<u>有誤</u>？

（A）在間接能隙的狀況下，電子在傳導帶與共價帶間之能量轉移時，必須伴隨著晶體動量改變的情形下才得以進行

（B）具有間接能隙的半導體材料無法直接用來製作高效率的發光二極體

（C）採用間接能隙半導體作爲發光層或吸收層（即爲主動層），其電能轉換爲光能之效率比採用直接能隙半導體來得佳

（D）以間接能隙半導體（例如:採用 GaP）作爲主動層，可以將氮（N）加入 GaP，使其產生一個復合中心，而使電子和電洞在復合中心結合，以產生光子

（　）　15.　砷化鎵的晶體結構爲？

（A）簡單立方（simple cubic，SC）

（B）體心立方（body centered cubic，BCC）

（C）面心立方（face centered cubic，FCC）

（D）閃鋅晶格（zinc blende ）

（　）　16.　以下哪種方法<u>無法</u>提升 LED 的光萃取效率？

（A）表面粗化

（B）倒角結構

（C）底層增加布拉格反射鏡（DBR）或是金屬反射鏡

（D）增加 p-型電極面積

（　）　17.　以下哪種方法<u>不能</u>有效降低氮化鎵磊晶成長產生的缺陷？

（A）成長於圖形化藍寶石基板

（B）成長應力釋放磊晶層

（C）使用高溫氮化鎵緩衝層

（D）使用晶格匹配之基板

（　）　18.　以下何者<u>不是</u> LED 常用的基板長晶法？

（A）液封式柴可拉斯基長晶法（LEC）或 CZ 法

（B）垂直水平梯度冷卻式長晶法（VHGF）

（C）凱氏（Kyrolopus）長晶法 （KY 法）

（D） STR 長晶法（string ribbon growth）

（　）　19.　請問下列何者常在照明應用中，被用於判斷光源是否能夠真實表達被照物體真實的顏色？

（A）1931 xy 色度座標

（B）演色性

（C）1960 uv 色度座標

（D）主波長（dominant wavelength）

（　）　20.　下列何單位制定了光與照明領域的基礎標準與度量方式等規範？例如：CIE 177-2007《白光 LED 的顯色性》、CIE 127-1997《LED 測量方法》等。

（A）中央國家標準局

（B）國際照明委員會

（C）美國國家標準學會

（D）國際電工委員會

（ ） 21. 下列哪一種並非製作紫外光 LED 產品之材料？
（A） AlGaN
（B） AlInGaN
（C） AlGaAs
（D） AlN

（ ） 22. 以下何種非提高白光 LED 發光效率的可能作法？
（A）改善螢光粉的轉換效率
（B）降低環氧樹脂折射率
（C）提高藍光晶粒發光效率
（D）提高散熱性

（ ） 23. 請問在 CIE-127 的平均光強度量測的規定中，偵測器的中心線需與待測 LED 的哪一參考軸重合？
（A）機械軸（mechanical axis）
（B）最大強度軸（peak axis）
（C）光軸（optical axis）
（D）以上皆非

（ ） 24. 依照中華民國 LED 路燈國家標準，對遮蔽型、半遮蔽型及無遮蔽型 LED 路燈配光要求的差異，主要是針對路燈可能產生的哪一項特性？
（A）照度均勻性
（B）照度最大值
（C）總光通量
（D）眩光

（ ） 25. 下列關於覆晶結構（Flip-chip structure）的描述，何者有誤？
（A）具有較高的熱阻（Thermal Resistance）
（B）具有較高的發光效率
（C）具有較佳的散熱效果
（D）具有較佳的電流擴散（Current Spreading）效果

（ ） 26. 請問關於光子晶體（Photonic Crystal）應用於 LED 結構設計的敘述，何者有誤？
（A）可明顯改變 LED 發光波長
（B）有較高的光取出效率
（C）具波長選擇性
（D）晶粒之發光角度與一般傳統晶粒不同

（ ） 27. 紫外光 LED 的應用有哪些，其中何者為非？
（A）光樹脂硬化
（B）光觸媒空氣清淨機
（C）紙鈔辨識用
（D）光纖通訊

( ) 28. 未來 LED 照明市場發展的關鍵爲？
(A) 降低成本
(B) 高品質照明與高光效
(C) 系統可靠度提昇
(D) 以上皆是

( ) 29. 對於半導體材料而言，下列何者不是 X-ray 繞射分析（XRD）所能提供的分析結果？
(A) 材料種類的判定
(B) 材料能隙（band gap）的判定
(C) 材料品質的比較
(D) 晶體結構的確認

( ) 30. 假設有一漸變雜質濃度分佈之n型半導體，其濃度分佈由左至右逐漸增加，試判別其內建電場方向爲何？
(A) 無電場
(B) 向右
(C) 向左
(D) 皆有可能

( ) 31. LED 的驅動電壓跟下列何者特性有關？
(A) 驅動電流
(B) 環境溫度
(C) 磊晶材料
(D) 以上皆是

( ) 32. 當施加順向偏壓於一 LED 時，下列何者正確？
(A) 空乏區變寬，電流爲 0，LED 不發光
(B) 空乏區變窄，電流由 p 極流入 n 極，LED 發光
(C) 空乏區變窄，電流由 n 極流入 p 極，LED 不發光
(D) 空乏區變寬，電流由 p 極流入 n 極，LED 發光

( ) 33. pn 接面的空乏區寬度與下列何者無關？
(A) 半導體的摻雜濃度
(B) 半導體的長度
(C) 半導體的材料種類
(D) 外加電壓

( ) 34. 下列何種不是目前 LED 常使用之發光層材料？
(A) GaP
(B) GaAsP
(C) SiC
(D) InGaN

( ) 35. 下列何者的能隙最大？
(A) AlN
(B) GaN
(C) GaAs
(D) InP

( ) 36. 下列何種半導體在一般情況下<u>無法</u>當作LED的發光層材料？
(A) Si
(B) GaAs
(C) GaP
(D) GaAsP

( ) 37. 造成 pn 接面空乏區（depletion region）形成一內建電位（built-in potential）的原因是？
(A) 空間電荷
(B) 電子
(C) 電洞
(D) 少數載子

( ) 38. 下列何種方式可製作白光 LED？
(A) 由紅、綠、藍 LED 合成
(B) 由藍光 LED 和黃色螢光粉
(C) 紫外光 LED+RGB 螢光粉
(D) 以上皆可

( ) 39. 請問下列光源何者之演色性（CRI）較高？
(A) 鹵素燈泡
(B) 白色日光燈管
(C) 水銀燈
(D) 白光發光二極體

( ) 40. 為了設計 LED 穩流電路及調光電路，我們可採用脈衝寬度調變（Pulse width modulation, PWM）進行調光及混光控制。以下有關脈衝寬度調變之敘述何者為真？
(A) PWM 的工作原理，就是以定電壓的方式，改變工作週期 （Duty cycle）的正脈波寬度即可改變其光通量
(B) PWM 的工作原理，就是以定電流的方式，改變工作週期 （Duty cycle）的負脈波寬度即可改變其光通量
(C) PWM 的工作原理，就是以定電流的方式，改變工作頻率的負脈波寬度即可改變其光通量
(D) PWM 的工作原理，就是以定電流的方式，改變工作週期 （Duty cycle）的正脈波寬度即可改變其光通量

二、填充題 10 格（佔 20%）請於答案卷上作答，否則不予計分。

1. 有一 LED 的半導體材料為氮化鎵（GaN），其能隙為 2.8ev，將發出何種顏色的光？
   （　　　　）

2. 為了避免電子（Electron）溢流，通常藍光 LED 結構中會再增加一層（　　　）磊晶結構以阻擋電子溢流。

3. 以 InP 晶格常數（lattice constant）　a $_{InP}$=5.8688 Å 為基板，成長四元材料 In$_{1-x}$Ga$_x$As$_y$P$_{1-y}$ 晶格常數為　aIn$_{1-x}$Ga$_x$As$_y$P$_{1-y}$ =5.8688-0.4176x+0.1896y+0.0125xy Å，若須滿足晶格匹配 （lattice match），當 y=0.2，x=（　　　）。

4. InGaN/GaN 材料系統成為近年發光二極體發展的主要材料，是因該材料可藉由（　　　）含量的改變而控制能隙（Bandgap）的大小，發出紫光至綠光甚至紅外波長的光。

5. 在 T= 300K 時，砷化鎵半導體中 Nd=10^{16}cm^{-3}、Na = 0，
   （A）熱平衡的電子濃度與電洞濃度為（　　　　　）cm^{-3}：
   （B）外加電場為 10V/cm，其漂移電流密度（Jn）為（　　　）A/cm^{-2}；
   （假設砷化鎵半導體的本質載子濃度為 1.8 x 10^6 cm^{-3}，電子遷移率為 8500cm^2/V・s，電洞遷移率為 400 cm^2/V・s，$Jn = nq\mu_n E$，$q = 1.6 \times 10^{-19}$）

6. 某 LED 散熱系統設計，若其熱阻為 Rth=50℃/W ，LED 使用電壓為 3.6V，電流為 0.35A，LED 散熱系統環境溫度為 47℃，此時結溫 Tj=（　　　）℃。

7. LED 全光通量量測的描述下列何者有誤？（複選）　答案：（　　　　　）
   （甲）積分球的尺寸越小越好
   （乙）量測白光 LED 可使用標準紅光 LED 當標準燈
   （丙）可使用鎢絲燈當傳遞標準燈
   （丁）內部檔板越大越好
   （戊）可使用輔助燈做為燈體吸收之修正

8. 一般使用配光曲線儀量測 LED 全光通量何者描述有誤？（複選）　答案：（　　　　　）
   （甲）偵測器一般使用亮度計
   （乙）鏡面式配光曲線儀需考慮光源偏極性
   （丙）配光曲線儀的校正為追溯至亮度單位
   （丁）可由量測各角度之光強度分佈計算得光通量
   （戊）一般無需使用光強度標準燈做為標準傳遞之使用

9. 請問目前交流電 LED（ACLED）之晶粒技術特性為何?（複選）　答案：（　　　　　）
   （甲）不須外加整流器與定電流電路
   （乙）高驅動電流密度
   （丙）雙向導通避免靜電破壞
   （丁）使用微晶粒 LED

100 年度 LED 工程師基礎能力鑑定考試試題

科目：LED 基礎光學與系統模組

一. 選擇題 40 題（佔 80%）

（　）1. 試問 LED 接點溫度與下列敘述的特性有何關係？
（A）封裝熱阻
（B）消耗功率
（C）封裝內部溫度
（D）以上皆是

（　）2. 下圖有四種常見的光源發光強度的角度分布圖(發光場型)，請問哪一種最接近 Lambertian 光源的發光場型？(A)甲 (B)乙 (C)丙 (D)丁

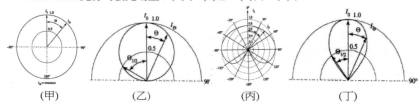

（甲）　　　　（乙）　　　　（丙）　　　　（丁）

（　）3. 一般砲彈型封裝 LED 之發光強度的角度分布圖(發光場型)，最近似上圖哪一種發光場型？（A）甲 （B）乙 （C）丙 （D）丁。

（　）4. 若我們採用螢光粉遠離晶片的封裝型式(Remote phosphor configuration)時，下列何種敘述有誤？
（A）增加背向散射的光直接被晶片吸收的機率
（B）可以降低熱對螢光粉的影響
（C）較傳統封裝型式有較高的封裝效率
（D）螢光粉的濃度與厚度會影響其封裝效率

（　）5. 兼顧絕緣與散熱條件，高功率輸出LED散熱封裝基板材料最佳選擇為？
（A）陶瓷
（B）金屬
（C）樹脂
（D）塑膠

（　）6. 早上時間，人眼最靈敏的感光波長為下列何者？
（A）455 nm
（B）555 nm
（C）655 nm
（D）755 nm

（　）　7.　請問下列白光光源何者的色溫較暖？

（A）3000K

（B）5000K

（C）6500K

（D）10000K

（　）　8.　LED 的輻射光譜理論頻寬 與下列何者有最直接之關係？

（A）能隙 EG

（B）折射率

（C）絕對溫度 T

（D）中心發光波長

（　）　9.　對於 LED 燈具，二次光學設計主要是要改善下列哪一項效率？

（A）LED 的量子效率

（B）熱效率(thermal efficiency)

（C）燈具結構(fixture and optics)的效率

（D）光取出效率(extraction efficiency)

（　）　10.　單色 LED 的光學特性是由下列何種現象所決定的？

（A）自發輻射(Spontaneous Emission)

（B）激發輻射(Stimulated Emission)

（C）吸收作用

（D）以上皆可

（　）　11.　下列關於演色性(color rendering)的敘述何者有誤？

（A）演色性係指光源對物體真實顏色的呈現程度

（B）CRI 或 Ra 為評價演色性常用的定量指標

（C）水銀燈的演色性優於白熾燈泡

（D）國際照明委員會(CIE)將演色性指數最高值定為100

（　）　12.　請問光線從 n_1 介質到 n_2 介質，若入射角為 30 度，請問折射角度為何？

（A）$\sin^{-1}(n_2)$

（B）$\sin^{-1}(n_1)$

（C）$\sin^{-1}(n_1/2n_2)$

（D）$\sin^{-1}(n_2/2n_1)$

（　）　13.　下列常見的白光 LED 封裝結構中（剖面圖），何者的色空間均勻度最佳？

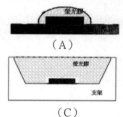

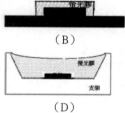

（　）　14. 下圖爲某顆 LED 配光曲線（beam pattern）的量測結果，請問其可視角度（2$\theta_{1/2}$）爲多少？

（A）60°（B）30°（C）20°（D）5°

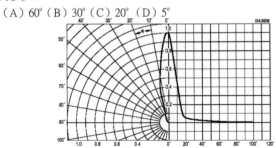

（　）　15. LED 的外部量子效率爲內部量子效率乘上下列何項？

（A）封裝透鏡之界面反射率

（B）螢光粉轉換效率

（C）燈具光學效率

（D）光萃取效率

（　）　16. LED的壽命一般採用何種標準？

（A）發光顏色退化到規定程度

（B）點亮總時間超過指定長度

（C）光通量降低到指定比率

（D）封裝黃化至指定程度

（　）　17. 下列何者爲量測 LED 全光束光通量之儀器？

（A）照度計

（B）輝度計

（C）配光曲線量測儀

（D）積分球

（　）　18. 某公司新開發出一紅光 LED，其主波長爲 609nm，在 350mA 的工作電流下，發光效率(luminous efficacy)爲 168 lm/W。已知對於 609nm 的光，1W 約相當於 344 lm，估計該 LED 在 350mA 的工作電流下的 wall-plug efficiency 約爲？

（A）49%

（B）54%

（C）59%

（D）65%

（　）　19. 對於白光 LED 的封裝材料，矽氧烷樹脂(Silicone)的使用，主要是可以改善環氧樹脂(epoxy)的何項特性？

（A）紫外光劣化

（B）機械強度

（C）熱阻

（D）吸水率

（ ） 20. 下列何項不屬於 LED 之二次光學設計？
（A）LED 車燈透鏡
（B）LED 路燈反射燈罩
（C）LED 之螢光粉
（D）LED 檯燈之光導管

（ ） 21. 對於一般砲彈型 LED 封裝之散熱而言，何種熱傳模式決定了 LED 晶片散熱的優劣？
（A）傳導(conduction)
（B）對流(convention)
（C）輻射(radiation)
（D）以上熱傳模式所占比重相同，沒有優劣差異

（ ） 22. 下述針對多個 LED 以並聯形式進行連接的描述何者有誤？
（A）通過每個 LED 的電流不同
（B）系統中某顆 LED 故障時將造成整個系統的故障
（C）並聯形式的連接適用於低驅動電壓
（D）通過每個 LED 的電壓相同

（ ） 23. LED 燈的光強分佈圖，一般指的是？
（A）水平配光
（B）垂直配光
（C）任意角度配光
（D）中心配光

（ ） 24. 光源照射在單位距離的表面時，其表面的單位面積上所接受的光通量，我們稱為？
（A）照度
（B）發光強度
（C）輝度
（D）色度

（ ） 25. 對於 LED 封裝之散熱而言，下列封裝結構參數中何者具有較差的散熱效果？
（A）使用導熱係數(conductivity)較高的封裝材料
（B）熱源與外界有較長的導熱距離
（C）熱源與外界有較大的導熱面積
（D）熱源對外界有較大的輻射角度

（ ） 26. 若以色度座標為(0.12,0.05)的藍光晶粒與色度座標為(0.46,0.52)的黃光螢光粉製作白光 LED，請問要得到在黑體輻射曲線上的色溫應為？
（A） 1500K （B）2000K （C）3500K （D）6500K

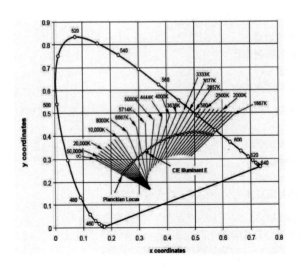

( )　27.　在光度學中，對應到輻射度學中 W(瓦特，輻射功率)的單位是什麼？
　　　　（A）lm (流明)
　　　　（B）cd (燭光)
　　　　（C）lux (勒克斯)
　　　　（D）nit (尼特)

( )　28.　某顆 LED 之熱阻 Rθ_{J-C} = 10 ℃/W，其中 J 點爲 LED 晶粒的溫度，C 點爲 LED 封裝
　　　　外殼的溫度。若該 LED 在 3W 的輸入功率下，其封裝外殼溫度爲 45℃，請問此時
　　　　的晶粒溫度爲？
　　　　（A）45℃　　（B）55℃　　（C）65℃　（D）75℃。

( )　29.　室內照明通常會要求演色性需高於？
　　　　（A）60　　（B）70　　（C）80　　（D）90

( )　30.　螢光粉在材料上是屬於固態發光材料，其粉體在吸收電磁輻射而發光稱爲？
　　　　（A）黑體輻射
　　　　（B）電激發光
　　　　（C）光激發光
　　　　（D）以上皆非

（　）　31.　下列常見的白光 LED 封裝結構中（剖面圖），何者的取出效率最佳？

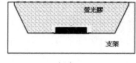

（A）

（B）

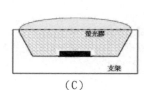

（C）

（D）

（　）　32.　下列對螢光粉的相關論述，何者有誤？
（A）螢光粉主要是由主體晶格(Host lattice)和和活化劑(Activator)所構成
（B）活化劑(Activator)吸收外部光源能量激發後，將能量傳遞到其他未受激發的活化劑，因而產生白光
（C）對螢光粉而言，非輻射緩解過程越少越好，才不會降低發光效益
（D）螢光粉在光激發光的緩解過程，可分為輻射緩解與非輻射緩解，其中輻射緩解即是將能量消耗於本身，非輻射緩解即是放射出電磁輻射

（　）　33.　請問下列何種的 LED 基板的散熱效果最好？
（A）絕緣金屬基板（Insulated Metal Substrate）
（B）FR4 環氧樹脂玻璃纖維板
（C）FR5 耐高溫玻璃纖維板
（D）酚醛樹脂紙基板(電木板)

（　）　34.　LED 使用高折射率的封裝材料，主要是有助於？
（A）提高光取出效率
（B）提高封裝材料的透光度
（C）降低封裝材料的熱阻
（D）降低溫度對封裝材料的影響

（　）　35.　LED 燈光照明產品所顯示的顏色特性稱為？
（A）照明度
（B）光強度
（C）色溫
（D）顯色性

（　）　36.　照明燈具在空間各方向上的發光強度分佈特性稱為？
（A）照度
（B）輝度
（C）發光效率
（D）配光曲線

（　）　37.　目前高功率 LED 封裝中較容易出現的散熱瓶頸為？
　　　　　　（A）固晶膠
　　　　　　（B）模粒之透光材料
　　　　　　（C）金線
　　　　　　（D）螢光粉

（　）　38.　下列關於黑體輻射的敘述何者有誤？
　　　　　　（A）　為一連續光譜
　　　　　　（B）　輻射強度最大之波長(λmax)與絕對溫度成反比
　　　　　　（C）　黑體輻射在 CIE-xy 色度座標上的位置形成一條曲線，稱為普朗克軌跡
　　　　　　（D）　愈高溫的黑體愈偏紅色，愈低溫的黑體愈偏藍色

（　）　39.　對不同波長但相同能量的單色光源，何者之流明(lumen)較高？
　　　　　　（A）　紫外線
　　　　　　（B）　藍光
　　　　　　（C）　綠光
　　　　　　（D）　紅外線

（　）　40.　人眼的視覺函數 V(λ)在夜晚對何種顏色反應較為靈敏？
　　　　　　（A）紅色
　　　　　　（B）藍色
　　　　　　（C）黑色
　　　　　　（D）綠色

二、填充題 10 格（佔 20%）　請於答案卷上作答，否則不予計分。

1.　假設某一遠處的燈塔距離未知，試使用照度計遠近量測燈塔的照度，兩次的照度分別為 36 lx 與 25 lx 且間隔距離為 10 m，當照度為 36 lx 時與燈塔間的距離為(　　　)m(假設該燈塔為點光源)

2.　下圖中為 A、B 兩家公司所生產色溫約為 2900K 的白光 LED 產品之光譜圖，而圖中之黑色曲線為黑體輻射在 2880K 時的光譜分佈。根據下圖的資料，請問 A 公司還是 B 公司的白光 LED 其演色性較佳？(　　　)

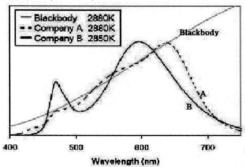

3. 如何從下圖中(延伸色度圖)，判斷其色彩飽和度 = (　　　) [請填寫 a、b 、a/(a+b)**或** b/(a+b)]

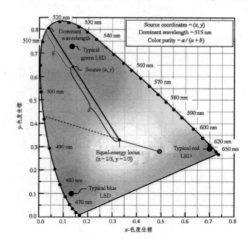

4. 有一藍光 LED，其發光層的材料為 InGaN，厚度為 0.1mm。令 InGaN 對藍光的吸收係數為 1.25(mm⁻¹)，則當一道藍光於此發光層傳播 0.1mm 的距離後，其功率會因材料吸收而衰減為原來的(　　)%。($\frac{I}{I_0} = e^{-\alpha t}$)

5. C.I.E.定義了流明與瓦(W)的關係，在波長為 555nm 時，1W 相當於 683 流明。若由單光儀發出為 555 nm 輻射通量為 2 W 的光，假設當進到儀器其能量衰減為 10 %，則進入儀器的光通量約為(　　)流明。

6. 一般所謂光的直接傳播，乃指觀察者眼睛感覺所產生。另以光線通過「孔徑」為例，則當孔徑(　　)光的波長，可視為光直線傳播。(請填寫＞、＝、＜、≧、≦)

7. LED 加上樹脂的封裝後，光離開半導體層的逃離角(escape angle)會比未加封裝前(　　)。(請填寫大、小、相同)

8. 某 LED 內部之半導體材料之折射率為 3.0，如果該半導體直接接觸空氣，請問光逃逸錐角（臨界角）約為(　　)度

9. 關於下列色彩學的描述何者為非? (複選)　答案：(　　　)
   (甲) 色彩對立理論指的是紅-藍、黃-綠與白-黑之對立色
   (乙) 三原色說為在視網膜上能感受紅、綠、藍三種光接收並以比例來表示色彩
   (丙) 色彩具有加法法則與比例法則
   (丁) 一般而言桿狀體主司色彩與亮視覺感知，錐狀體主司暗視覺感知
   (戊) CIE 1931 為描述 CIE L*a*b*均勻色彩空間

10. 下列描述何者<u>有誤</u>?(複選) 答案：(　　　　　　)

(甲) 韋恩位移定律(Wien's Displacement Law)為當黑體溫度升高時光譜峰值波長往長波長移動

(乙) 當黑體溫度升高總輻射能量減少

(丙) 黑體溫度越高輻射出的顏色越紅

(丁) 相關色溫定義為光源所發出的光色度接近黑體輻射所放射出相同色溫顏色的光

(戊) 日落橘紅色的彩霞其日光的色溫較正中午高

101 年度 LED 工程師基礎能力鑑定考試試題

科目：LED 元件與產業概況

選擇題 50 題(佔 100%)

（　）1.　LED 發光波長與顏色的配對以下何者正確？
（A）波長 470，發紅光
（B）波長 530，發藍光
（C）波長 580，發黃光
（D）波長 630，發綠光

（　）2.　下列敘述，何者正確？
（A）Thin GaN 具有最佳的封裝效率
（B）Flip-Chip 具有垂直導電結構
（C）銀膠的固晶熱阻大於錫膏
（D）熱阻比熱傳率更能代表散熱效能

（　）3.　下列何項<u>不是</u>台灣 LED 照明產業的機會(Opportunities)？
（A）全球綠色照明潮流
（B）LED 價格仍高於傳統螢光燈
（C）LED 轉換效能不斷提升
（D）各國政府推動促進全球產業發展

（　）4.　藍光 LED 對於採用的藍寶石基板，除物理化學特性外，以下何者是主因？
（A）表面加工容易
（B）與 GaN 磊晶晶格接近
（C）適合低溫製程
（D）高導熱性

（　）5.　有關提高白光 LED 發光效率的方法，下列何者正確？
（A）使用銦錫氧化物(ITO)作為電流擴散層
（B）將光輸出表面粗糙化
（C）使用圖形化的藍寶石基板作為磊晶基板
（D）以上皆是

（　）6.　可見光 LED 磊晶材料是？
（A）二六族化合物半導體
（B）三五族化合物半導體
（C）四四族化合物半導體
（D）元素化合物半導體

( ) 7. LED 目前已廣泛運用在汽車工業上，頭燈照明主要技術為何？
    （A） 螢光粉塗佈
    （B） 散熱技術
    （C） 光學設計
    （D） 以上皆是

( ) 8. MR-16(Multifaceted Reflector 16)是一種由眾多製造商所製定的標準規格反射燈具，請問 MR-16 中的 16 代表是什麼意思？
    （A） 前直徑 16mm
    （B） 前半徑 16mm
    （C） 前直徑 50.8mm
    （D） 前半徑 50.8mm

( ) 9. 下列何者非照明規範所須注意事項？
    （A） 節能
    （B） 環保
    （C） 功能
    （D） 美觀

( ) 10. 根據中華民國經濟部能源局能技字第 09704023390 號並於民國 97 年 11 月 17 日公告實施：室內照明燈具能源效率基準，燈具尺寸大於 65 公分，色溫標示範圍在 2580K ~ 4600K，其能源效率要求為何？
    （A） ≥ 68.0 lm/W
    （B） ≥ 70.0 lm/W
    （C） ≥ 72.0 lm/W
    （D） ≥ 74.0 lm/W

( ) 11. 能源之星對 LED 燈規範輸入功率因數(power factor)規範，家庭使用須大於？
    （A） 0.6
    （B） 0.7
    （C） 0.8
    （D） 1.0

( ) 12. 對於做好的發光二極體，除發光波長、光亮度與順向偏壓外，還要測試下列哪一項重要參數？
    （A） 偏極性
    （B） 操作頻率
    （C） 逆向偏壓
    （D） 電阻或阻抗

（　）13. 下列何者為 LED 封裝相關技術？
（A）Flip Chip
（B）COB；Chip On Board
（C）WLP；Wafer Level Package
（D）以上皆是

（　）14. 下列關於覆晶結構（Flip-Chip structure）的描述，何者正確？
（A）具有較高的發光效率
（B）具有較佳的散熱效果
（C）具有較佳的電流散佈效果
（D）以上皆是

（　）15. 未來 LED 照明市場發展的關鍵與以下何者較無關連？
（A）成本更低
（B）照明品質與光效更好
（C）系統可靠度更高
（D）R.G.B 色彩更飽合

（　）16. LED 光源正持續的發展中，欲達成白光光源，以下何者屬於產生白光光源的方式？
（A）藍光 LED 混合紅色螢光粉
（B）藍光 LED 混合黃色螢光粉
（C）紫外光 LED 混合綠色螢光粉
（D）紅光 LED 混合紅色螢光粉

（　）17. 對於一顆 LED 其磊晶結構中有一發光層(多重量子井層 Multiple Quantum Well, MQW)，其結構除決定發光二極體的發光效率外，還決定以下何種參數？
（A）發光波長
（B）電流方向
（C）熱阻大小
（D）發光偏極性

（　）18. 下列何種半導體材料的能隙最大？
（A）AlN
（B）GaN
（C）GaAs
（D）AlGaAs

（　）19. 由 LED 材料的能隙可決定發光波長。以 GaN 為例，其 Eg 為 3.4eV，則發射光的波長為？
（A）550nm
（B）365nm
（C）910nm
（D）700nm

（　）20. 主發光能隙 2.34eV 的 LED 發光材料，會發出以下何種色彩的光？

（A）紅色

（B）琥珀色

（C）綠色

（D）藍色

（　）21. 若要調整氮化鎵發光二極體中主要發光波長，須調整發光層材料摻雜其它元素的含量，這是由於半導體材料中何種變化所造成？

（A）費米能階

（B）能隙大小

（C）電子濃度

（D）電子遷移率

（　）22. 當紅光 LED 操作在高溫環境下時，會產生下列何者現象？

（A）發光效率上升

（B）內部量子效率提高

（C）順向電壓下降

（D）能隙(Energy Bandgap)上升

（　）23. 發光二極體最廣泛使用的雙異質結構（double heterostructure，DH）是由兩限制層包夾一作用層，請問下列哪項敘述是錯誤的？

（A）作用層的能隙較小

（B）限制層的折射率較小

（C）作用層的厚度較厚

（D）雙異質結構可以形成一波導（waveguide）結構

（　）24. 試問在製作市售之垂直式 LED 結構時，何者為沒有利用到之製程技術？

（A）Laser Lift Off (LLO) (雷射剝離)

（B）Electroplating (電鍍)

（C）Laser drilling (雷射鑽孔)

（D）Laser scribe (雷射切割)

（　）25. 紅光 LED 導通時，元件電壓壓降約為何？

（A）0.3V

（B）0.7V

（C）1.6V

（D）5V

（　）26. 目前白熾燈泡正慢慢面臨淘汰的命運，下列敘述何者為非？

（A）白熾燈為熱光源

（B）台灣推出 585 白織燈泡落日計畫

（C）白織燈泡所產生的二氧化碳大幅高出 LED

（D）LED 比白織燈泡的演色性高

（　）27. 1962 年，Nick Holonyk Jr.和 Bevacqua 在應用物理期刊發表了使用以下何種材料做出
第一顆發出可見光的紅光 LED？
（A）SiC
（B）ZnS
（C）GaAsP
（D）GaN

（　）28. 自由載子吸收係在透明半導體基板的 LED 中也很重要，一般透明基板的典型厚度大於
多少 fim？
（A）100
（B）200
（C）300
（D）400

（　）29. LED 模組與光學量測標準中所指的『順向電壓』簡稱代號為何？
（A）I_F
（B）V_F
（C）V_R
（D）I_R

（　）30. IESNA LM-80-08 Measuring Lumen Maintenance of LED Light Sources 定義 L70 為？
（A）光功率衰減至 70%時流明維持的時間
（B）效率衰減至 70%時流明維持的時間
（C）光束衰減 70%後流明維持的時間
（D）功率衰減至 70%時流明維持的時間

（　）31. 將現有白熾燈發光效率 15 Lm/W 替換為 LED 燈泡 60 Lm/W，節省電力百分比為？
（A）25%
（B）50%
（C）75%
（D）100%

（　）32. IESNA LM-79 Electrical and Photometric Measurements of Solid-State Lighting Products
在測試 SSL 產品時，交流電源在規定頻率（一般是 60 赫茲至 50 赫茲）下應該有正弦
電壓波形，諧波分量的 RMS 總和在進行檢測時<u>不超過</u>原來的多少%？
（A）1%
（B）2%
（C）3%
（D）5%

（　）33. 下列何者是世界上第一個計劃全面禁止使用傳統白熾燈的國家。2009 年停止生產，最晚在 2010 年逐步禁止使用傳統的白熾燈？
(A) 美國
(B) 日本
(C) 澳大利亞(澳洲)
(D) 歐盟

（　）34. 以下哪個選項為包利不相容原理的正確解釋？
(A) 描述粒子的行為的共軛變數，無法同時被準確的量測出來
(B) 量子力學中，粒子可以穿透薄的位勢障
(C) 粒子有類似波的特徵，而波有粒子的性質
(D) 不會有兩個電子同時佔據相同的量子狀態

（　）35. LED 驅動電路設計考量需具備何者？1.高可靠性、高效率 2.驅動方式 3.保護功能 4.驅動電源壽命要與 LED 壽命相匹配。
(A) 1.2.3.4.
(B) 1.2.3.
(C) 2.3.
(D) 2.3.4.

（　）36. LED 封裝的填充材料須滿足多種條件，下列何者為非？
(A) 高穿透率
(B) 與 LED 半導體較接近的折射係數
(C) 高溫穩定性
(D) 高導電性

（　）37. 紫外光 LED，近年來常使用在特殊照明，而以下波段何者屬於紫外光？
(A) 1.6~2.2fim
(B) 315~390nm
(C) 1310~1500nm
(D) 0.55~0.75fim

（　）38. 在 CNS 15233〔LED 道路照明燈具〕國家標準中，LED 路燈完成枯化點燈後，在常態下持續點燈，於 3,000 小時後（不含枯化點燈之 1,000 小時）之光束維持率不得低於多少%？
(A) 88
(B) 90
(C) 91
(D) 92

( ) 39. 所謂的 LED 之發光效率，定義為？
　　（A） 內部量子效率(internal quantum efficiency)與 LED 的光萃取效率
　　　　　(extraction efficiency)的乘積
　　（B） (每秒放射到自由空間的光子數)除以(每秒從主動區射出的電子數)
　　（C） (主動區輻射的光功率)除以(提供給 LED 的電功率)
　　（D） (每秒從主動區放射出的光子數)除以(每秒注入到 LED 的電子數)

( ) 40. LED 晶粒面積 1mm×1mm 與何尺寸最為接近？
　　（A） 10mil×10mil
　　（B） 20mil×20mil
　　（C） 30mil×30mil
　　（D） 40mil×40mil

( ) 41. 何者非 LED 產品的特徵優點？
　　（A） 小型化，封裝後體積小
　　（B） 點滅速度快(響應速度快)
　　（C） 發光效率隨溫度增加而提高
　　（D） 環保不含汞

( ) 42. LED 基礎的光與電特性，主要由封裝中的哪一部份決定？
　　（A） 晶粒
　　（B） 銀膠
　　（C） 支架
　　（D） 透鏡

( ) 43. 請問下述何種 LED 的臨界電壓（threshold voltage）最低？
　　（A） 紫外光 LED（$\lambda p=380nm$）
　　（B） 藍光 LED（$\lambda p=470nm$）
　　（C） 綠光 LED（$\lambda p=520nm$）
　　（D） 紅光 LED（$\lambda p=630nm$）

( ) 44. 請問下列光源何者之演色性（CRI）較高？
　　（A） 白色日光燈管
　　（B） 鹵素燈泡
　　（C） 水銀燈
　　（D） 白光發光二極體

( ) 45. 為了提升發光二極體的亮度，目前高功率發光二極體採用薄膜氮化鎵發光二極體可以
　　　　得到較佳的發光效率，請問下列何者非此種結構發光二極體的優點？
　　（A） 不需製作透明電極
　　（B） 易有電流擁擠效應(current crowding)現象
　　（C） 使用高導熱基板，導熱性佳
　　（D） 垂直結構，封裝簡便

（　）46. LED 國際照明標準制定組織中 IEC 的全名為？

（A） International Electrotechnical Commission

（B） International Engineering Commission

（C） International Engineering Committee

（D） International Electrotechnical Committee

（　）47. 試問 LED 封裝的目的何者為非？

（A） 可以保護晶片防禦輻射，水氣，氧氣

（B） 提高 LED 晶粒的光取出效率

（C） 提供 LED 晶粒良好散熱機構，以增加產品壽命

（D） 便於包裝運送

（　）48. 紅綠燈的光源由 LED 取代燈泡的主要原因是？

（A） 反應速度快

（B） 壽命長

（C） 色彩鮮豔

（D） 光具指向性

（　）49. 在 CNS 15233〔LED 道路照明燈具〕國家標準中，其量測條件，所謂的穩定狀態為待測 LED 經 60 分鐘以上之點亮時間後，在累計多少時間內於正向 90°下方之單點光強度及消耗功率之讀值變動率(即(最大值-最小值)/平均值)不超過 0.5%時，視為已達熱平衡之狀態？

（A） 30 分鐘

（B） 60 分鐘

（C） 90 分鐘

（D） 120 分鐘fi

（　）50. 在 CNS 15233〔LED 道路照明燈具〕國家標準中，枯化點燈(aging)為 LED 路燈於輸入端子間施加額定輸入頻率之額定電壓，在室內自然無風之狀態下持續點燈多少小時？

（A） 100

（B） 500

（C） 800

（D） 1000

101 年度 LED 工程師基礎能力鑑定考試試題

科目：LED 基礎光學與系統模組

選擇題 50 題(佔 100%)

( ) 1. 光色(Light color)簡單來說是以色溫來表示。試問下列色溫何者為暖白光？
  （A） 3000K
  （B） 5000K
  （C） 7000K
  （D） 10000K

( ) 2. 下列何項物理量之單位為燭光(cd)？
  （A） 光通量
  （B） 光度
  （C） 照度
  （D） 輝度

( ) 3. 下列何者不為 CIE 標準校正光源？
  （A） D45
  （B） D55
  （C） D65
  （D） D75

( ) 4. 色彩視覺構成之三要素為光源、人眼系統和色物體。下列關於色彩視覺敘述何者錯誤？
  （A） 人對顏色的感覺由光之物理性質和心理等因素決定
  （B） 眼睛長時間看一種顏色後，把目光轉開就會在別的地方看到這種顏色的補色，稱之互補原理
  （C） 人眼中的錐狀細胞和桿狀細胞都能感受到顏色
  （D） 錐狀與樣狀細胞的敏感度相同，因此可以互補

( ) 5. 目前人類用於照明所消耗的能量約佔總能量多少？
  （A） 5%
  （B） 20%
  （C） 30%
  （D） 40%

( ) 6. 二次光學設計一實心的 TIR 透鏡反射罩，主要是使光線在實心的 TIR 透鏡中產生何種現象，可使光線向前方射出？
  （A） 全反射
  （B） 全折射
  （C） 全繞射
  （D） 全散射

（　）7. 哪些為『非』常用的 LED 光學模擬軟體？
 （A） ASAP
 （B） LightTools
 （C） TracePro
 （D） Solid-work

（　）8. 以下何種物理電路特性會讓 LED 有較高之發光效率？
 （A） 低內部量子效率
 （B） 低串聯電阻
 （C） 高 LED 晶片折射率
 （D） 高操作溫度

（　）9. 以下關於 LED 之陳述何者正確？
 （A） LED 表面粗化是為了增加外部量子效率
 （B） 高效率的太陽能電池可以做為高效率的 LED
 （C） 高效率的 LED 可以做為高效率的太陽能電池
 （D） 一般藍光 LED 之輸出光譜寬度不大於 2 nm

（　）10. 針對大功率 LED 照明而言，利用光學設計使 LED 的光場分佈達到照明所需的稱為？
 （A） 零次光學設計
 （B） 一次光學設計
 （C） 二次光學設計
 （D） 三次光學設計

（　）11. 下列關於單位「燭光(cd)」的敘述何者正確？
 （A） 1 燭光 ＝ 每單位立體角 1 流明
 （B） 均勻點光源發光強度為 1 燭光時，其光通量為 6.285 流明
 （C） 波長為 555nm 單色發光源其發光功率 1/682 瓦特時，單位立體角的光強度稱為 1 燭光
 （D） 以上皆是

（　）12. 下列何者『不』是常用之螢光粉材質結構？
 （A） YAG
 （B） TAG
 （C） Silicate
 （D） HCP

（　）13. 若我們採用螢光粉遠離晶片的封裝型式(Remote phosphor configuration)時，下列何種敘述有誤？
 （A） 增加背向散射的光直接被晶片吸收的機率
 （B） 可以降低熱對螢光粉的影響
 （C） 較傳統封裝型式有較高的封裝效率
 （D） 螢光粉的濃度與厚度會影響其封裝效率

( ) 14. 下列何項屬於 LED 之二次光學設計？
(A) LED 封裝透鏡
(B) LED 之螢光粉
(C) LED 手電筒透鏡
(D) LED 晶粒的表面粗糙結構

( ) 15. 對光源進行光度量時，測試距離應隨待測燈具尺寸而調整。一般而言，為使測試誤差小於 2%，測試距離至少須大於待測燈具最大尺寸的幾倍，才可將待測光源視為點光源？
(A) 50 倍
(B) 20 倍
(C) 5 倍
(D) 1 倍

( ) 16. 關於"色溫"的相關說明，下列何者為非？
(A) 色溫以絕對溫度表示，其單位為 K
(B) 暖色光的色溫在 3300K 以下，暖色光與白熾燈相近
(C) 色溫在 5300K 以上的光源接近自然光，讓人有明亮的感覺
(D) 當黑體物質受熱時，隨溫度上升呈現之顏色變化由藍、藍白、白、橙黃、淺紅至深紅

( ) 17. 來自光源之光照射於某一平面上時，其明亮的程度，稱之為照度，其單位為？
(A) 燭光(cd)
(B) 勒克斯(lx)
(C) 流明(lm)
(D) 千瓦(kw)

( ) 18. 隨著科技進步，1W 白光 LED 可達到多少流明(lumen)？
(A) 5000 lm
(B) 1000 lm
(C) 500 lm
(D) 100 lm

( ) 19. 下列何種固晶材料的散熱效果最好？
(A) 銀膠
(B) AuSn 合金
(C) 環氧樹脂
(D) 矽膠

( ) 20. 請問距離某點光源 2m 處的一張 A4 紙上所偵測到的照度為 200lux，若將此 A4 紙再往後移 2m（即距離光源 4m）時，A4 紙上之照度應為？
(A) 200 lux
(B) 150 lux
(C) 100 lux
(D) 50 lux

（　）21. 室內照明通常會要求演色性需高於？
- （A）60
- （B）70
- （C）80
- （D）95

（　）22. 下列是有關凸透鏡成像之敘述，當物體在一凸透鏡之兩倍焦距外，請問此時物體成像在透鏡另一側的哪裡？
- （A）一倍焦距內
- （B）焦點上
- （C）一倍焦距與兩倍焦距間
- （D）兩倍焦距外

（　）23. 以下何者對於 LED 晶粒的散熱沒有幫助？
- （A）降低封裝熱阻
- （B）提升一次光學萃取效率
- （C）提升元件光電轉換效率
- （D）使用大面積單顆晶粒

（　）24. 以波長 405nm 的光源激發螢光體，使螢光體發出 540nm 波長的光，其 Stoke 位移效率 (Stoke shift)之值為？
- （A）1.33
- （B）0.75
- （C）945
- （D）135

（　）25. 照明應用上，對光視效能 k(Luminous efficacy)之描述，下列何項正確？
- （A）與波長無關
- （B）單位為 lm/W
- （C）無論明視覺或暗視覺狀態下，對任何波長之 k 值不變
- （D）波長愈短 k 值愈大

（　）26. 下列何者參數比較不會影響光學設計模擬之正確性？
- （A）材料表面散射狀況
- （B）折射率係數
- （C）發光頻寬
- （D）光線數量

（　）27. 一般市面上使用 LED 燈電源的設定多為？
（A）定電流
（B）定電壓
（C）定電阻
（D）定電源

（　）28. 白光 LED 通常有標示色溫，單位是 K，請問色溫表示的是白光 LED 的？
（A）輸出波長
（B）操作溫度
（C）光譜特性
（D）輸出照度

（　）29. 以下關於 LED 散熱何者為非？
（A）電絕緣層通常為熱不良導體層
（B）目前 LED 被動散熱以傳導與對流為主
（C）散熱不良之 LED 可能產生色偏之現象
（D）LED 的熱輻射負擔 25%以上的散熱

（　）30. 藍色的 LED 晶片與下方何種顏色之螢光粉可以產生演色性超過 90 的白光？
（A）黃、橘
（B）紫、紅
（C）綠、紅
（D）橘、紅

（　）31. 理想點光源置於拋物面之焦點上，所發射的光經拋物面反射後將？
（A）平行於光軸
（B）聚焦於一點
（C）發散
（D）以上皆非

（　）32. 理想的光源有等向性(isotropic)光源及藍伯信(Lambertian)光源，其發光強度
(luminuous intensity, I)之表示各為何？(其中 I_0 為正向光強)
（A）$I=constant$；$I=I_0 \cos fi$
（B）$I=I_0 \cos fi$；$I=constant$
（C）$I=I_0 \sin fi$；$I=I_0 \cos fi$
（D）$I=I_0 \cos fi$；$I=I_0 \cos fi \sin fi$

（　）33. 若以色度座標為(0.12，0.05)的藍光晶粒與色度座標為(0.46，0.52)的黃光螢光粉製作白光
　　　　LED，請問要得到在黑體輻射曲線上的色溫接近？

　　　（A）9500K

　　　（B）6500K

　　　（C）3500K

　　　（D）1500K

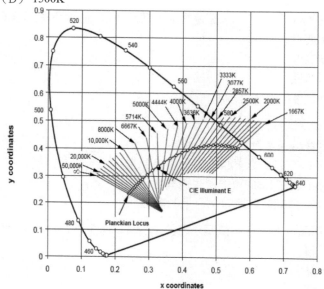

（　）34. 人類可見光譜的波長範圍大約在？

　　　（A）330-650nm

　　　（B）750-1550nm

　　　（C）400-750nm

　　　（D）500-1000nm

（　）35. 關於色溫之描述，何者錯誤？

　　　（A）黑體輻射之主波長可根據維恩定律(Wein's law)計算而獲得

　　　（B）高色溫代表高效能

　　　（C）色溫為一表示白光光色的表現方式

　　　（D）相對於高色溫，低色溫較易使人放鬆

（　）36. GaN LED 的光譜寬度大約為？

　　　（A）2μfi

　　　（B）2Å

　　　（C）20nm

　　　（D）20μfi

（　）37. OSRAM 新開發出一紅光 LED，其主波長為 609nm，在 350mA 的工作電流下，發光效率 (luminous efficacy)為 168 lm/W。波長為 609nm 的光，其 Vnumber 為 344 lm/W，估計該 LED 在 350mA 的工作電流下的 wall-plug efficiency 約為？

- （A）50%
- （B）55%
- （C）60%
- （D）65%fl

（　）38. LED 的壽命一般採用何種標準？

- （A）發光顏色退化到規定程度
- （B）點亮總時間超過指定長度
- （C）光通量降低到指定比率
- （D）封裝黃化至指定程度fl

（　）39. 在 LED 的車燈設計之中，下列何者設計對於光型法規中的截止線對比度要求最為嚴苛？

- （A）LED 汽車近燈
- （B）LED 腳踏車頭燈
- （C）LED 汽車霧燈
- （D）LED 機車近燈fl

（　）40. 下列何者不是 LED 封裝的目的？

- （A）提昇內部量子效率
- （B）防止濕氣由外部侵入
- （C）以機械方式支持導線
- （D）協助將內部產生的熱排出fl

（　）41. 由單光儀發出為 555 nm 輻射通量為 2 W 的光，假設當進到儀器其能量衰減為 10 %，試問進入儀器的光通量約為何？

- （A）116.6 lm
- （B）126.6 lm
- （C）136.6 lm
- （D）146.6 lmfl

（　）42. 激發光譜(excitation spectrum)和輻射光譜(emission spectrum)是螢光粉重要的特性，下列敘述何者正確？

- （A）激發頻譜對色溫的影響大於輻射光譜
- （B）發射光譜的不同會影響白光 LED 的色溫
- （C）螢光物質高能階的激發狀態回到原有的低能階狀態時，能量以聲子的形式釋放電磁波出來
- （D）螢光物質受到應力的影響使電子受激到高能階的激發狀態fl

（　）43. 大功率 LED 照明零件在成為照明產品前，一般要進行兩次光學設計。把 LED 封裝成 LED 光電零組件時需先進行一次光學設計，其目的為調整？
（A）出光角度
（B）光通量大小
（C）色溫的範圍與分佈
（D）以上皆是fl

（　）44. 下列何者方式<u>不可能</u>產生白光？
（A）UV 晶片激發螢光粉
（B）多色晶片混光
（C）藍光晶片激發螢光粉
（D）紅光晶片激發螢光粉fl

（　）45. 覆晶(Flip Chip)焊接方式優點為下列何者？
（A）使用覆晶技術的電阻會降低，所以熱的產生也相對降低
（B）適用於小功率 LED 焊接
（C）因使用較多的金線及電極，故可提高其發光效率
（D）這樣的接合能避免熱轉至下一層的散熱基板fl

（　）46. 何種顏色 LED 發光強度受操作溫度之影響最大？
（A）紅光
（B）藍光
（C）白光
（D）綠光fl

（　）47. LED 封裝中使用的環氧樹脂，對 LED 配光提高出光率的原因為？
（A）增加臨界角
（B）減少臨界角
（C）增加介質折射率差
（D）不影響fl

（　）48. 以下哪一個色溫最為接近晴日中午時分的太陽照射在地面上的光色？
（A）8000K
（B）6500K
（C）4500K
（D）3000Kfl

（　）49. 將發光二極體的表面塑造成半球體的主要目的是？
（A）美觀fl
（B）減少全反射fl
（C）散熱fl
（D）製成簡單fl

（　　）50. 請問光全反射是發生在怎樣的情況下？

（A） 光由光疏介質進入光密介質

（B） 光由光密介質進入光疏介質

（C） 只發生於 TM 偏極

（D） 只發生於 TE 偏極fl

國家圖書館出版品預行編目資料

LED工程師基礎概念與應用／中華民國光電學
　會著. ――初版.――臺北市：五南圖書出
　版股份有限公司, 2012.04　面；　公分
ISBN 978-957-11-6659-9（平裝）

1.光電科學　2.電子光學　3.燈光設計

469.45　　　　　　　　　　101007513

5DF2

LED工程師基礎概念與應用
Fundamental and Applications of LED Engineers

作　　　者 ― 中華民國光電學會

李正中　蘇炎坤　孫慶成　洪瑞華　陳建宇

賴芳儀　呂紹旭　吳孟奇　黃麒甄　梁從主

歐崇仁　林俊良　劉如熹　黃琬瑜　朱紹舒

郭文凱　謝其昌

發 行 人 ― 楊榮川

總 經 理 ― 楊士清

總 編 輯 ― 楊秀麗

主　　編 ― 高至廷

責任編輯 ― 張維文

封面設計 ― 簡愷立

出 版 者 ― 五南圖書出版股份有限公司

地　　　址：106台北市大安區和平東路二段339號4樓

電　　　話：(02)2705-5066　　傳　　真：(02)2706-6100

網　　　址：https://www.wunan.com.tw

電子郵件：wunan@wunan.com.tw

劃撥帳號：01068953

戶　　　名：五南圖書出版股份有限公司

法律顧問　林勝安律師事務所　林勝安律師

出版日期　2012年4月初版一刷
　　　　　2022年3月初版六刷

定　　價　新臺幣380元

經典永恆・名著常在

五十週年的獻禮——經典名著文庫

五南，五十年了，半個世紀，人生旅程的一大半，走過來了。

思索著，邁向百年的未來歷程，能為知識界、文化學術界作些什麼？

在速食文化的生態下，有什麼值得讓人雋永品味的？

歷代經典・當今名著，經過時間的洗禮，千錘百鍊，流傳至今，光芒耀人；

不僅使我們能領悟前人的智慧，同時也增深加廣我們思考的深度與視野。

我們決心投入巨資，有計畫的系統梳選，成立「經典名著文庫」，

希望收入古今中外思想性的、充滿睿智與獨見的經典、名著。

這是一項理想性的、永續性的巨大出版工程。

不在意讀者的眾寡，只考慮它的學術價值，力求完整展現先哲思想的軌跡；

為知識界開啟一片智慧之窗，營造一座百花綻放的世界文明公園，

任君遨遊、取菁吸蜜、嘉惠學子！